国家骨干院校重点建设专业校企合作教材

Gonglu Gongcheng Zaojia Bianzhi

公路工程造价编制

赵　静　主　编
许　云　孙丽霞　副主编
赵群萍[青海省交通运输厅定额站]　主　审

人民交通出版社

内容提要

本书为国家骨干院校重点建设专业校企合作教材，全面系统地介绍公路工程造价编制的相关知识，以公路工程造价测算过程为主线，选取了从项目建设前期、勘察设计、招投标、施工阶段和竣工验收阶段的各种造价文件为工作任务。全书共设置了六个学习章节，通过每个章节的学习，完成与其对应的工作任务，实现职业能力的培养目标。

本书可作为高职高专公路工程造价专业教材，也可作为相关专业培训教材，也可供从事造价工作人员的参考用书。

图书在版编目(CIP)数据

公路工程造价编制/ 赵静主编. —北京 : 人民交通出版社, 2014.3

国家骨干院校重点建设专业校企合作教材

ISBN 978-7-114-11199-0

Ⅰ. ①公… Ⅱ. ①赵… Ⅲ. ①道路工程－工程造价－编制－高等职业教育－教材 Ⅳ. ①U415.13

中国版本图书馆 CIP 数据核字(2014)第 032330 号

国家骨干院校重点建设专业校企合作教材

书　　名：公路工程造价编制
著 作 者：赵　静
责任编辑：薛　民
出版发行：人民交通出版社
地　　址：(100011)北京市朝阳区安定门外外馆斜街 3 号
网　　址：http://www.ccpress.com.cn
销售电话：(010)59757973
总 经 销：人民交通出版社发行部
经　　销：各地新华书店
印　　刷：北京市密东印刷有限公司
开　　本：787×1092　1/16
印　　张：14.25
字　　数：352 千
版　　次：2014 年 3 月　第 1 版
印　　次：2014 年 3 月　第 1 次印刷
书　　号：ISBN 978-7-114-11199-0
定　　价：40.00 元

序

2010年青海交通职业技术学院跻身于全国百所骨干高职院校行列，成为青藏高原和西北地区唯一一所交通运输类国家骨干高职院校，工程造价专业及专业群是中央财政重点支持建设的项目之一。

工程造价专业以造价员职业岗位能力为人才培养的核心；基于公路建设计价过程，将培养过程分为"基础训练与施工组织、工程计量与定额测算、项目管理与造价控制"三个阶段；向公路工程管理与工程经济两个方向进行专业知识拓展的培养。形成符合"自然条件恶劣、地理条件复杂、工程建设艰难"特点的"半工半读、宽基精技"的工学结合人才培养模式。

本套教材基于工程造价专业"半工半读、宽基精技"的工学结合人才培养模式，通过教学安排与施工季节紧密结合的教学过程，培养"懂技术经济、精造价控制、通定额测算"的公路工程造价高端技能型专门人才，在企业调研的基础上，吸收高职高专专业建设与课程体系开发的先进理念，结合现代教育技术，按照"专业与产业和职业岗位对接、专业课程内容与职业标准对接、教学过程与生产过程对接、学历证书与职业资格证书对接、职业教育与终身学习对接"的五对接原则，组织企业技术人员和学院教师共同编写，体现了学校教学和企业实践的有机统一，并贯彻最新的技术标准和行业规范，突出高原特色。编写过程中注重教学对象的认识能力和认知规律，采用图文结合的形式，力求直观明了，提高学生职业素养和职业能力，做到理论够用、重在实践。

本教材的主要特点：

1. 从企业需求出发，重塑教学目标

本教材是从企业的需要级学生职业发展出发，让学生通过对专业学习，能够切实找到自己的职业发展方向或能更好地适应未来企业的用人需要。

2. 从人才培养的目标出发，重整教学内容

根据工程造价专业人才培养目标，与企业合作进行职业岗位分析，确定工程造价专业岗位和岗位群，根据行动体系重新构建学习领域，以工作过程为导向培养学生的知识和能力。

本教材在编写过程中参考了近5年来不同版本的相关教材和规范规程，在此谨向各位参考文献编写的专家们致以诚挚的谢意！

青海交通职业技术学院

国家骨干院校重点建设专业校企合作教材编审委员会

工程造价专业建设委员会

2013年6月

前　言

本教材以交通运输部颁发的现行计价文件为依据，按照“以就业为导向、以培养综合职业能力为本位、以岗位需要为依据、满足学生职业生涯发展需求”的指导思想，内容突出“职业性、实用性、适用性”，目的是能更好地适应“校企合作，工学结合”的人才培养模式。

本教材以公路工程造价测算过程为主线，选取了从项目建设前期、勘察设计、招投标、施工阶段和竣工验收阶段的各种造价文件为工作任务，共设置了6个学习章节，通过每个章节的学习，完成与其对应的工作任务，实现职业能力的培养目标。主要内容包括：工程造价准备工作、投资估算、施工图预算的编制、公路工程招投标阶段造价编制、公路工程施工阶段的造价编制、竣工决算的编制。

在本教材编写的过程中，作者参考了许多同类高校教材及相关资料，结合各项目内容加入了有针对性的例题，力求做到理论和实践相结合，以帮助学生更好地掌握并应用相关知识。

本教材由青海交通职业技术学院的赵静担任主编，青海交通职业技术学院许云、孙丽霞担任副主编，具体的编写分工为：第一章由青海交通职业技术学院付花编写；第二章由赵静、孙丽霞编写；第三章由青海交通职业技术学院关春洁和青海省育才勘察设计有限公司程青霞编写；第四章由青海交通职业技术学院许云编写；第五章、第六章由赵静编写。

本教材由青海省交通运输厅定额站赵群萍高级工程师担任主审，并对本书的编写提出了很多宝贵的修改意见，在此表示深深的感谢。

由于编者水平有限，书中难免存在错误和疏漏之处，请广大读者批评指正。

编　者

2013年6月

目　录

第一章　工程造价准备工作

任务实施

1. 任务1

工程建设各阶段的造价文件，见表1-1。

工程建设各阶段的造价文件　　表1-1

<table>
<tr><td>任务设计</td><td>1. 查询资料
(1)教材；
(2)网络等
2. 具体要求
(1)学生能准确说出造价文件与各个建设阶段的关系；
(2)学生应知道各造价文件的主要编制依据
3. 提交成果
学生独立完成以下表格：
<table>
<tr><th>建设阶段</th><th>造价文件名称</th><th>主要编制依据</th></tr>
<tr><td></td><td></td><td></td></tr>
<tr><td></td><td></td><td></td></tr>
<tr><td></td><td></td><td></td></tr>
<tr><td></td><td></td><td></td></tr>
<tr><td></td><td></td><td></td></tr>
<tr><td></td><td></td><td></td></tr>
</table>
</td></tr>
</table>

2. 任务2

认知公路工程造价，见表1-2。

认知公路工程造价　　表1-2

<table>
<tr><td>任务设计</td><td>1. 查询资料
(1)网络；
(2)补充资料等
2. 具体要求
(1)查阅资料，选择最具有代表性的6个建设工程项目，描述其工程概况，列出其造价；
(2)附有关该工程介绍的文字、图片资料和资料来源
3. 提交成果
<table>
<tr><td></td><td></td><td></td></tr>
<tr><td></td><td></td><td></td></tr>
<tr><td></td><td></td><td></td></tr>
</table>
</td></tr>
</table>

第一节　工程造价文件种类

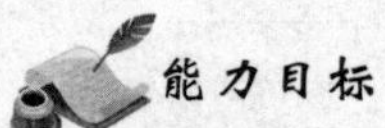

能力目标

1. 能描述工程造价的费用组成。

2. 能准确说出公路基本建设各个阶段的造价文件名称、概念及编制依据。

3. 能分析各种造价文件之间的区别与联系。

知识目标

1. 熟悉工程造价的定义及费用构成。

2. 掌握公路建设项目的划分。

一、工程造价基本知识

1. 工程造价的两种含义

工程造价有两种含义:一是指建设工程费用或称投资额;二是指工程价格或称合同价、承包价。它是指某项工程建设所花费(指预期花费或实际花费)的全部费用总和,包括固定资产投资和铺底流动资金。我国现行的规范规定,建设工程造价由建筑安装工程费用、设备和工器具购置费用、工程建设其他费用组成。

工程造价的两种含义是从不同的角度作出的分析。对建设工程的投资者来说,工程造价就是项目投资,为“购买”项目付出的价格,也是投资者在作为市场供给主体时“出售”项目时定价的基础。对承包人而言,工程造价是他们作为市场供给主体出售和劳务的价格总和,或特指范围的工程造价,如建筑安装工程造价。

公路工程造价,是指建设一条公路或一座独立大桥或隧道使其达到设计要求所花费的全部费用。

2. 工程造价的计价特征

(1)单件性计价特征。建设工程都是固定在一定地点的,其结构、造型必须适应工程所在地的气候、地质、水文等自然客观条件。在建设这些不同的实物形态的工程时,必须采取不同的工艺、设备和建筑材料,因而所消耗物化劳动和活劳动也必定是不同的,再加上不同地区的社会发展不同,致使构成价格和费用的各种价值要素的差异,最终导致工程造价各不相同。任何两个公路建设项目其工程造价不可能是完全相同的,因此,对建设工程就不能像对工业产品那样,按品种、规格、质量成批量生产和定价,只能是单件性计价。也就是说,只能根据各个建设工程项目的具体设计资料和当地的实际情况单独计算工程造价。

(2)多次性计价。建设工程一般规模大,建设期长,技术复杂,受建设所在地的自然条件影响大,消耗的人力、物力和资金巨大,为了满足建设各阶段的不同需要,相应地也要在不同阶段多次性计价,以保证工程造价确定与控制的科学性。多次性计价是个逐步深化、逐步细化和逐步接近实际造价的过程,如图 1-1 所示。

二、公路基本建设程序及各种造价文件

(一)公路基本建设程序

1. 基本建设的定义

基本建设是国民经济各部门为了扩大再生产而进行的增加固定资产的建设工作,即把一

定的建筑材料、机器设备等，通过购置、建造和安装等活动，转化为固定资产的过程。如公路、铁路、港口等工程的建设，属于基础设施基本建设，以及设备、机具的添置和安装。

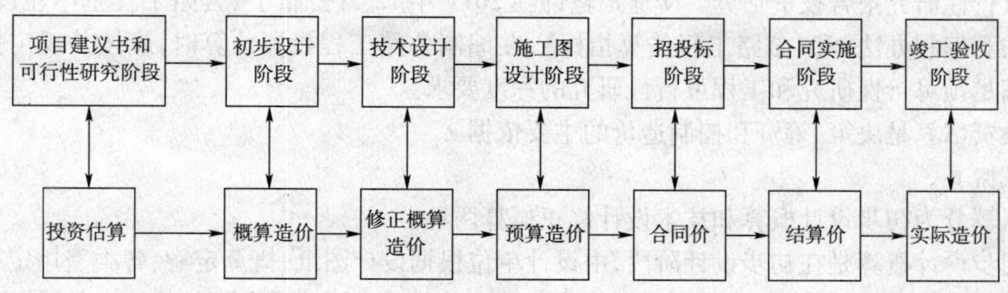

图 1-1　工程造价流程图

公路基本建设是通过勘察、设计和施工，以及有关的经济活动等，将一定的建筑材料按设计要求与技术标准，使用机械设备建造成公路构造物的过程。公路基本建设按项目性质可分为新建、改建、扩建与重建，其中新建和改建是最主要的形式；按经济内容可分为生产性建设和非生产性建设；按项目规模可分为大型、中型和小型，大、中、小型项目是按项目建设总规模和总投资来确定的，国家对其划分标准有明确规定。

2. 基本建设程序

基本建设程序是指基本建设项目从规划、设计、施工到竣工验收的各个阶段及其先后次序，即指基本建设全过程中必须遵循的先后顺序。

3. 公路基本建设程序的内容

(1)编制项目建议书；

(2)编写工程可行性报告；

(3)进行项目建设前评估；

(4)审批工程可行性研究报告；

(5)工程项目初步设计；

(6)审批初步设计，及基本建设计划；

(7)技术设计和施工图设计；

(8)施工招投标；

(9)工程项目施工；

(10)交工验收及运营使用；

(11)缺陷责任期保修；

(12)竣工验收；

(13)工程项目完工后评价。

(二)各种造价文件

公路工程造价编制，一般指通过编制各类价格文件对拟建工程造价进行预先测算和确定的过程。根据编制阶段、编制依据和编制目的等的不同，该过程可分为建设项目的投资估算、设计概算、施工图预算、招投标报价、施工预算、工程结算、竣工决算等。

1. 投资估算

投资估算是指在投资前期(规划、项目建议书、可行性研究)阶段，由建设单位或其委托的咨询机构根据项目建议、“估算指标”和类似工程的有关资料，对拟建工程所需投资的预先测算和确定的过程。

根据前期工作内容，公路工程投资估算可分为两类：一类是项目建议书投资估算，一类是工程可行性研究报告投资估算。交通运输部在 2011 年 12 月公布了《公路工程基本建设项目投资估算编制办法》和《公路工程估算指标》，在编制公路工程投资估算时，应按其规定执行，并应满足预可行性研究和工程可行性研究的深度要求。

投资估算是决策、筹资和控制造价的主要依据。

2. 概算

概算分为初步设计概算和技术设计修正概算两种。

初步设计概算是在初步设计阶段，由设计单位根据设计图纸、概算定额、各类费用定额、编制办法等资料，计算和确定建设项目从筹建至竣工验收的全部建设费用的经济文件；技术设计修正概算是在批准的初步设计概算文件基础上，对初步设计所定的技术方案和施工方案作出进一步的修改，补充必要的资料，以提出的修正工程量为依据来编制的经济文件。两者的作用、编制依据、编制程序和编制方法基本一致。

设计概算是设计文件的重要组成部分，是国家确定和控制公路基本建设投资的最高限额。建设项目的总概算一经批准，其随后几个阶段的造价不能随意突破。

3. 施工图预算

施工图预算是由设计单位在施工图完成后，根据施工图设计、现行《公路工程预算定额》、《公路工程基本建设项目概算预算编制办法》及地区人工、材料、机械等预算价格，编制的反映工程造价的经济文件。施工图预算是考核施工图设计经济合理性的依据，对于进行施工图招标的工程项目，也是编制工程标底的依据。施工图预算应控制在设计概算确定的造价之内，不得超过设计概算。

勘察设计分为初步设计、技术设计和施工图设计三种，所以有一阶段、二阶段和三阶段设计之分。所谓一阶段设计，就是根据批准的可行性研究报告进行定测后，编制施工图文件；二阶段设计则是根据批准的可行性研究报告进行初测后，编制初步设计文件，再根据批准的初步设计文件进行定测后，编制施工图设计文件；三阶段设计则是在初步设计和施工图设计之间增加一个技术设计，其目的是为解决技术复杂又缺乏经验的建设项目的设计方案问题。

4. 招投标价格

招投标价格是指工程招投标段阶段，由建设单位编制的招标标底，投标单位编制的投标报价，及最终确定的合同价。

标底是衡量投标人报价水平高低的基本指标，在招投标工作中起着关键的作用。标底一般是以设计概算或施工图预算为基础编制，以其中的建筑安装工程量为主，且不能超过经批准的概算或施工图预算。

投标报价是由投标单位根据招标文件及相关定额和招标项目所在地区的自然、经济和社会条件、施工组织方案以及投标单位自身条件等，计算完成招标工程所需各项费用的经济文件。投标报价是投标文件中最重要的组成部分，是投标工作的关键和核心，也是决定能否中标的主要依据。报价的高低，会直接影响中标率和投标单位自身的盈亏。因此，能否合理确定报价，是施工企业在投标竞争中能否获胜的前提条件。中标单位的报价，将直接成为工程承包合同价的主要基础，并对将来的施工过程起着严格的制约作用，承包单位和建设单位均不能随意更改价格。

投标报价同施工预算比较接近，但不同于施工预算。投标报价的费用组成和计算方法同概、预算类似，但其编制体系和要求均不同于概、预算，尤其在目前招投标工作中，一般采用单价合同，因而使报价时的费用分摊与概、预算的费用计算方式有很大差别。

5. 施工预算

施工预算是指施工企业在工程实施阶段，根据施工定额（或劳动定额、材料消耗定额、机械台班使用定额）、工程施工组织设计、施工方案和降低工程成本技术措施等资料，计算和确定完成一个单位工程中所需的人工、材料、机械台班消耗量及其相应费用的经济文件。

6. 工程结算

工程结算是指承包人在工程实施过程中，依据承包合同中关于付款条件的规定和完成的工程量，并按照规定的程序向建设单位（业主）收取工程价款的一项经济活动。工程结算是该工程的实际价格，是支付工程价款的依据。

7. 竣工决算

工程竣工决算是指在工程竣工验收交付使用阶段，由建设单位编制的建设项目从筹建到竣工验收、交付使用全过程中实际支付的全部建设费用。竣工决算是整个建设工程的最终价格，是作为建设单位财务部门汇总固定资产的主要依据。

（三）不同造价文件之间的区别

1. 编制阶段不同

投资估算是在项目建议书和可行性研究阶段编制的，概算是在初步设计（或技术设计）阶段编制的，施工图预算是在施工图设计阶段编制的，招投标价格是在工程招投标阶段编制的，施工预算是施工企业在工程实施阶段编制的，工程结算是承包人在工程实施过程中编制的，工程竣工决算是在工程竣工验收支付使用阶段编制的。

2. 编制依据不同

（1）投资估算是依据《公路工程基本建设项目投资估算编制办法》和《公路工程估算指标》编制的。

（2）概算是依据国家发布的有关法律、法规文件、批准的可行性研究报告工程规模及投资估算，现行的《公路工程概算定额》及《公路工程基本建设项目概算预算编制办法》，初步设计图，有关部门发布的人工、材料、设备、机械台班等现行市场造价信息等资料编制的。

（3）预算是依据国家发布的有关法律、法规文件、批准的概算文件，施工图设计，现行的《公路工程预算定额》及《公路工程基本建设项目概算预算编制办法》及有关部门发布的人工、材料、设备、机械台班等现行市场造价信息等资料编制的。

（4）标底是依据招标文件，工程施工图纸，施工现场有关资料，施工方案或施工组织设计，现行公路工程定额、工程项目计价类别以及取费标准、国家或地方有关价格调整文件规定等进行编制的。

（5）投标报价则是依据招标文件，施工图设计图纸，工程量清单，施工组织设计，现行的国家、地方的概算定额和预算定额、取费标准、税金等，材料预算价格、材差计算的有关规定等资料进行编制的。

（6）工程决算文件根据经交通主管部门批准的设计文件以及批准的概（预）算或调整概（预）算文件，招标文件、标底（如果有）与各有关单位签订的合同文件，建设过程中的文件有关支付凭证，竣工图纸，其他有关文件、资料、凭证等资料进行编制的。

(7)竣工决算是作为建设单位财务部门汇总固定资产的主要依据,它的编制依据有经国家或各级交通主管部门批准的设计文件以及批准的概(预)算或调整概(预)算文件;建设单位编制的招标文件、标底(如果有)及与施工单位签订的施工合同文件;建设单位与各有关单位签订的征地拆迁以及安置赔偿合同、勘察设计合同、监理合同、贷款合同、供货合同以及其他经济合同和结算凭证等;按设计变更审批权限批准的变更设计;设计、监理、施工三方签认的工程计量支付凭证;建设单位管理费使用的有关凭证;竣工图纸;其他有关的文件、资料、凭证等。

(四)基本建设各阶段工程造价的联系

工程造价管理的基本内容,包括工程造价的确定与控制两个方面,不但要合理确定工程造价,更要有效控制工程造价。要求造价管理人员在工程建设的各个阶段,采取一定的措施,把工程造价控制在计划的造价限额内,及时纠正发生的偏差,以保证工程取得较好的投资效益。

造价文件之间的关系是:投资估算是决策、筹资和控制造价的主要依据,是国家确定和控制公路基本建设投资的最高限额。建设项目的总概算一经批准,其随后几个阶段的造价不能随意突破,概算不能超过投资估算的10%;施工图预算应控制在设计概算确定的造价之内,不得超过设计概算;标底一般是以设计概算或施工图预算为基础编制,以其中的建筑安装工程量为主,且不能超过经批准的概算或施工图预算;中标单位的报价,将直接成为工程承包合同价的主要基础,并对将来的施工过程起着严格的制约作用,承包单位和建设单位均不能随意更改价格;竣工决算是整个建设工程的最终价格,是作为建设单位财务部门汇总固定资产的主要依据。

(五)工程造价文件组成

工程造价文件通常由封面及目录、编制说明和各种计算表格组成,可全面反映一个建设工程项目的各种资源的需要量,它是指导工程建设的重要文件。

1. 封面及目录

封面应有建设项目和工程造价的名称,起止里程桩号、编制单位、日期等,目录应按照计算表格的顺序填列。

2. 编制说明

一个项目的造价编制完成后,应写出编制说明,一般情况包括以下内容:

(1)项目概况及建设规模;

(2)编制工程造价的依据,含计价依据、工料单价、相关文件、定额依据等;

(3)与工程造价相关的委托书、协议书、会议纪要等的复印件;

(4)总造价金额,人工及主要材料需要量;

(5)其他与造价有关,但未能在计算表格中反映的事项等。

3. 工程造价计算表格

各个阶段的造价文件的计算表格的形式和内容各不相同,详细内容见具体章节。

(六)公路造价软件操作平台

公路工程造价的编制,必须得依靠造价软件操作平台。目前,公路项目造价编制常用的造价软件有同望 WECOST、纵横 SmartCost、中交京纬 XJTW2008 等。

本教材内容主要依托同望 WECOST 造价软件操作平台讲解造价软件的编制过程。

第二节 工程造价管理体制

能描述我国的造价管理体制。

了解我国工程造价管理的发展状况。

新中国成立以来,我国工程造价管理体制的发展过程大约可以分为以下6个阶段。

1. 实现国家计划下的工程预算管理制度阶段(1949~1952年)

新中国成立初期,为适应大规模经济恢复、重建工作的需要,在工程建设方面实行了“工程预算制度”。各部门根据国家的建设计划,凭借以往同类工程建设的经验,编制工程预算作为计划拨款的依据。在工程实施期间,以各部门、各地区成立的工程局编制的工时定额手册和普工、技工两个工资序列确定的工资单价,作为计件工资的依据,以此支付工人的劳动报酬。工程竣工后,以实际的全部支出向国家报销,在这一时期,国家没有实行统一的定额标准。

在这个时期,基本建设是属于“事后算账”,实行“实报实销”的工程造价管理方式,但在“实报实销”中,要求十分严格,各工程细目的工程数量都必须与各种竣工图表所计算的数量一致,而竣工图表的编制与要求,比现行的办法还要烦琐。

2. 建立与计划经济相适应的概预算管理制度阶段(1953~1957年)

在第一个五年计划开始时,我国的工程造价管理,主要采用原苏联的高度集中的工程造价管理模式。国务院颁布了《基本建设工程设计和预算文件审核批准暂行办法》,国家建设委员会颁布了《工业与民用建设设计及概预算暂行办法》,各专业部(委)也相继颁布了各专业工程的预算编制办法。随后,各部委又颁布了概算指标和概算编制办法,建立了全国统一的以各专业概预算定额、指标作为计价依据的,以相应的概预算编制办法作为确定工程造价构成和造价计算方法的造价管理制度和体系。同时,还规定建设项目必须经过经济调查和效益分析,制定了基本建设程序、建设项目和概预算审批权限等一系列规章制度,形成了我国在计划经济体制下建设工程造价管理制度的基础。

在“一五”时期,公路基本建设工程大都实行“承发包”制,当时的交通部颁发了第一部部颁《公路工程预算定额》和《公路基本建设工程预算编制办法》。当时的公路建设工程大都能做到设计有概算、施工有预算、竣工有决算,在施工中十分重视经济活动(效果)分析。

3. 概预算管理制度被削弱阶段(1958~1965年)

在这一时期,由于受到“左”倾思想的影响,过分强调地方和企业的作用,在中央简政放权的大背景下,许多部门的概预算与定额管理权限下放。1958年6月,工业与民用建筑行业将该行业的基本建设预算编制办法、建筑安装工程预算定额和间接费定额交由各省(自治区、直辖市)负责进行管理,造成该行业的工程量计量规则和定额项目在全国的不统一。直到1995年,虽然当时的建设部发布了《全国统一建筑工程基础定额》和《全国统一建筑工程预算工程量计算规则》(土建工程部分)(建标[1995]736号),但在实际应用上仍然各地有所不同(采用本省的地方定额)。公路工程定额和概预算管理权限虽然没有下放,但专业的概预算管理机构被撤销,设计单位概预算人员减少。在这一阶段,投资严重失控,尽管在采取过诸如实行“投资包干制”、“施工单位全面负责制”、“联合指挥部负责制”等组织管理措施,也取得了一定成效,但总趋势未能改变,且概预算制度被削弱。

4. 概预算管理制度受到严重破坏阶段(1966~1976年)

"文化大革命"时期,原建立的造价管理制度被全盘否定,定额被作为"管、卡、压"的工具受到批判,预算人员改行,大量基础资料被毁。其结果是设计无概(预)算、施工无预算、竣工无决算,投资大敞口,致使许多工程项目不讲经济效果、"吃大锅饭"、工期拖长、质量下降、造价增加。虽然国家的"没有概(预)算不得列入年度计划"的规定没有废除,但已名存亡,只是将其作为"争项目、争投资"的手段,一旦项目列入投资计划,概(预)算就算完成了使命。

在此期间,公路工程定额与概预算管理工作也受到严重破坏,原交通部从1964年起用三年时间组织各省力量修订完成的《公路工程预算定额》,被认为是"修正主义"的产物,不予批准执行。公路施工企业实行"经常费制度",即企业的管理费用按企业规模核定经常费标准,工程费用按完工的实际支出核销,其实质是整个工程费用"实报实销"。1972年,为了恢复承发包制,原交通部重新修订了《公路工程预算定额》,编制了《公路工程概算定额》和《公路基本建设工程概算、预算编制办法》,并于1973年颁布执行。公路工程定额和概预算的管理工作开始逐步走上正轨。

5. 概预算管理制度恢复、重建阶段(1976~1989年)

1977年以后,国家加快了经济建设步伐,加强基本建设中的造价管理工作已经刻不容缓,定额和概预算的管理工作得以加强。1983年,原国家计委成立了基本建设标准定额局(1988年划规建设部,成立标准定额司)负责对造价的管理工作,随后组织制订工程建设概预算定额、费用定额等定额标准,使工程造价管理工作逐步进入规范化、标准化阶段。为了使投资决策科学、合理,在基本建设程序中增加了项目建议书和可行性研究两个阶段;为了论证项目在技术上的可行性、经济上的合理性,规定了必须进行项目经济评价。要进行经济评价,就需要对投资额进行测算。于是标准定额局于1985年制定了《投资估算指标编制的原则和规定》,原国家计委1987年颁发了《建设项目经济评价方法与参数》等文件,规范和推动了各部门对投资估算指标的研究和编制工作。1985年,中国建设工程造价管理协会成立,工程造价管理形成了由单纯政府统管转向社会团体参与管理的新格局。

公路工程定额和概预算管理工作,也得到加强并有所发展。原交通部1982年重新修订和颁布了《公路工程预算定额》、《公路工程概算定额》、《公路工程概预算编制办法》。1984年编制颁布了《建设项目投资估算指标》,同年成立了交通部公路工程定额站,负责组织编制全国公路工程定额,检查、监督定额的执行情况,并对定额和概预算管理工作的改革进行研究。1988年原交通部要求各省(自治区、直辖市)建立公路工程定额站,以对公路工程定额和概预算工作实行统一领导、分级管理。

6. 工程造价管理体制改革发展阶段(1990年至今)

在深入进行改革开放、工程建设加速发展的大好形势下,工程造价管理体制也在不断改革、发展、完善。1992年,原交通部对1982年颁布的《公路工程概算定额》、《公路工程预算定额》、《公路工程概预算编制办法》、《交通基本建设项目竣工决算编制办法》;1996年又新颁布了《公路基本建设工程概算、预算编制办法》,并对概预算定额中的"基价"进行了修订;1984年发布了《建设项目投资估算指标》;1993年修订、颁布了《公路工程估算指标》和《公路工程投资估算编制办法》;1996年再次进行了修订,颁布了《公路工程估算指标》和《公路工程投资估算编制办法》。这些文件规定在造价编制中采用市场价,施工企业投标报价不受编制办法的约束。造价按"定额量、市场价、控制费"的原则进行编制;在总造价中列入预备费作为造价的动态费用。工程招投标时,标底应控制在批准的总造价的相应范围内。估算指标采用市场价计价、总估算中要列入动态费用,这进一步提高了投资决策阶段投资估算的准确度。

1995 年,原交通部颁发了《公路工程造价人员资格认证管理办法》,对从事造价工作的人员资质进行了规定,对加强造价管理工作,提高造价编制质量和造价人员素质起了积极作用。

随着市场经济体制的逐步完善和国家经济的快速发展,公路投资的多元化及建设新技术、新材料、新工艺的大量采用,为适应投资体制改革的新形势,交通运输部 2007 年再次修订、颁布了新的《公路工程概算定额》(JTG/T B06-01—2007)、《公路工程预算定额》(JTG/T B06-02—2007)、《公路工程机械台班费用定额》(JTG/T B06-03—2007)、《公路工程基本建设项目概算、预算编制办法》(JTG B06—2007)。新定额和新编制办法的颁布实施,对构建节约型公路行业,合理确定和有效控制工程造价,提高公路建设项目工程造价的编制质量,规范工程造价文件的编制具有重大意义。

第三节　注册造价工程师和工程造价咨询制度

能力目标

能描述注册造价工程师和工程造价咨询制度。

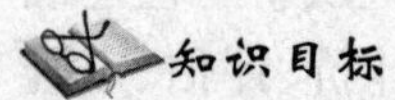

知识目标

了解注册造价工程师和工程造价咨询制度。

一、造价工程师

(一)国外造价工程师

以英国为例,造价工程师称为预算师。预算师、高级预算师资格由皇家测量师学会经过严格的程序而授予的。

工料测量专业本科毕业生可以豁免英国皇家测量师学会组织的专业知识考试,而直接取得申请预算师专业工作能力培养和考核的资格。而对于一般具有高中毕业水平的人,或学习其他专业的大学毕业生,或从事预算专业 15 年以上的人,则要通过自学,参加皇家测量师学会每年组织的专业考试。其中高中毕业生需要经过三次考试,其他专业大学毕业生需经过两次考试,有 15 年本专业工作实践经验的只需考试一次。经专业知识考试合格者,由皇家测量师学会发给专业知识考试合格证书,即相当于本专业大学同等学力毕业水准,取得申请预算师专业作能力培养和考核的资格。

英国皇家测量师学会组织的专业知识考试,要求考生具有建筑技术、建筑管理与经济、工程量和造价计算、法律四方面的知识。

对工程测量专业本科毕业生(硕士生、博士生)以及经过专业知识考试合格的人员,还要通过皇家测量师学会组织的专业工作能力的考核,即通过 3 年以上的工作实践,在学会规定的各项专业能力考核科目范围内,获得某几项较丰富的工作经验,经考核合格后,即由皇家测量师学会(ARICS)发给合格证书并吸收为学会会员,取得预算师职称。

在取得预算师(工料估价师)职称以后,就可签署有关估算、概算、预算、结算、决算文件,也可独立开业,承揽有关业务。再从事 12 年本专业工作,或者在预算公司等单位中承担重要职务(如董事)5 年以上者,经学会批准,即可被吸收为资深会员,相当于获得高级预算师职称。

在英国,预算师被认为是工程建设经济师,在工程建设全过程中,按照既定工程项目确定投资,在实施的各阶段、各项活动中控制造价,使最终造价不超过规定投资额。

(二)我国造价工程师

1. 交通运输部造价工程师

交通运输部造价师不同于注册造价工程师,是交通运输部专门设立的一个岗位,每年只举行一次考试,考试分甲级、乙级。

报考人员必须符合以下条件:

(1)报考甲级资格的人员,应具有工程师(或经济师)及以上职称,从事公路工程造价工作连续5年以上。

(2)报考乙级资格的人员,应具有助理工程师(或助理经济师)及以上职称,从事公路工程造价工作连续3年以上。

(3)经过交通运输部组织的公路工程造价人员统一培训或交通运输部认可的公路工程造价人员培训,考试合格并取得结业证书。

2. 注册造价工程师

注册造价工程师是指由国家授予资格并准予注册后执业,专门接受某个部门或某个单位的指定、委托或聘请,负责并协助其进行工程造价的计价、定价及管理业务,以维护其合法权益的工程经济专业人员。国家在工程造价领域实施造价工程师执业资格制度。凡从事工程建设活动的建设、设计、施工、工程造价咨询、工程造价管理等单位和部门,必须在计价、评估、审查(核)、控制及管理等岗位配套有造价工程师执业资格的专业技术人员。

凡中华人民共和国公民,遵纪守法并具备以下条件之一者,均可申请造价工程师执业资格考试:

(1)工程造价专业大专毕业,从事工程造价业务工作满5年;工程或工程经济类大专毕业,从事工程造价业务工作满6年。

(2)工程造价专业本科毕业,从事工程造价业务工作满4年;工程或工程经济类本科毕业,从事工程造价业务工作满5年。

(3)获上述专业第二学士学位或研究生班毕业和获硕士学位,从事工程造价业务工作满3年。

(4)获上述专业博士学位,从事工程造价业务工作满2年。

上述报考条件中,有关学历的要求是指经国家教育部承认的正规学历,从事相关工作经历年限要求是指取得规定学历前、后从事该相关工作时间的总和。

凡符合造价工程师考试报考条件的,且在《造价工程师执业资格制度暂行规定》下发之日(1996年8月26日)前,已受聘担任高级专业技术职务并具备下列条件之一者,可免试《工程造价管理基础理论与相关法规》、《建设工程技术与计量》两个科目,只参加《工程造价计价与控制》、《工程造价案例分析》两个科目的考试。

(1)1970年(含1970年,下同)以前工程或工程经济类本科毕业,从事工程造价业务满15年。

(2)1970年以前工程或工程经济类大专毕业,从事工程造价业务满20年。

(3)1970年以前工程或工程经济类中专毕业,从事工程造价业务满25年。

根据原人事部《关于做好香港、澳门居民参加内地统一举行的专业技术人员资格考试有关问题的通知》(国人部发[2005]9号)文件精神,自2005年度起,凡符合造价工程师执业资格考试有关规定的香港、澳门居民，均可按照规定的程序和要求，报名参加相应专业考试。香港、澳门居民在报名时应向报名点提交本人身份证明、国务院教育行政部门认可的相应专业学历或学位证书，以及相应专业机构从事相关专业工作年限的证明。

（三）造价工程师在工程建设中的任务和作用

（1）在工程建设开始阶段，作出初步的经济评价，并为业主的资金筹措提供建议。

（2）在可行性研究阶段，根据建筑师和工程师提供的建设项目的规模、厂址、技术协作条件，对各种拟建方案编制投资估算，向业主提供建议。

（3）在初步设计阶段，根据建筑师、工程师草拟的图纸，编制建设项目初步设计概算，制订项目投资限额；根据概算及工程程序，制订资金支出初步估算表，以保证投资得到最有效的运用。

（4）在技术设计和施工图设计阶段，编制修正概算和施工图预算，并将它们与项目投资限额相比较。

（5）就工程的招标程序、合同安排、合同内容方面，向业主提供建议；编制招标文件、工程量清单、合同条款及投标书格式，供业主招标或供业主与承包人议价；研究并分析收回的投标书，包括进行详尽的技术及数据审核，并向业主提交对标的分析报告，为总承包单位及指定供货单位或分包单位制订正式合同文件。

（6）工程开工后，对工程进度进行估计，并向业主提供中期付款数量的计划；工程进行期间，定期制订最终成本估计报告书，反映施工中存在的问题及投资的支付情况；对工程变更情况，代表业主与承包人达成费用上增减的协议；就工程变更的大约费用，向建筑师提供建议；审核及评估承包人提出的索赔，并进行协商；在施工阶段与工程项目的建筑师、工程师等紧密合作，确切控制成本；办理工程竣工决算；回顾分析项目管理和执行情况。

（四）造价工程师必须具备的技能和知识

（1）造价工程师应熟悉工程设计和施工工艺过程，必须懂得技术术语和施工技术，了解一般的设备和常用材料的性能，能与设计、建设、监理、施工等部门的人员共同讨论有关的技术与费用问题，能判断工程造价文件中工程内容及配置资源的合理性。

（2）具有根据图纸和现场情况计算工程量的能力。因为很多应该计价的工程多隐含在图纸里和施工现场，所以造价工程师必须具有一定的施工知识，才能做到不漏不重，正确合理地编制工程造价。

（3）具有编制工程造价的能力。这是造价工程师最重要的专长之一。从项目建议书到竣工交验，估算、概算、预算、标底、报价、结算、决算，以及承包人的索赔，都要能编制相应的造价文件，并使所确定的工程造价的准确度控制在一定的范围内。

（4）在可能引起争议的范围内，要有与承包人谈判的能力和技巧，故造价工程师还应对合同条款有确切的了解，能对合同中的条款作出正确理解和解释。

（5）造价工程师要充分熟悉计价依据，要善于积累和使用工程造价历史资料；能作出科学合理的补充定额。

（6）了解有关法律法规和掌握足够的法律基础知识，能为业主或承包人在合同执行过程中碰到的具体问题提供建议和意见。

（7）在投资决策和投资执行过程中，造价工程师有为业主提供一切费用咨询和投资决策建议和意见。

二、工程造价咨询制度

（一）咨询

所谓咨询，即利用科学技术与管理人才已有的专门知识技能和经验，根据政府、企业以及个人的委托要求，提供解决有关决策、技术和管理等方面问题的优化方案和智力服务活动工程。

工程造价咨询系指面向社会接受委托，承担建设项目的可行性研究投资估算、项目经济评价、工程概算、工程预算、工程结算、竣工决算、工程招标标底、投标报价的编制和审核，对工程造价进行监控以及提供有关工程造价信息资料等业务活动。

（二）我国的工程造价咨询业

我国工程造价咨询业是在改革开放、建立社会主义市场经济的新形势下形成的，历史短暂，管理方法很不完善，经验缺乏，权威性不足，应进一步完善有关法律、法规，逐步与国际惯例接轨。

1. 工程造价咨询单位

工程造价咨询单位是指取得工程造价咨询单位资质证书，具有独立法人资格的企、事业单位。我国工程造价咨询单位的等级分为甲、乙、乙（临时）三级，并规定了相应的等级资质标准。

2. 工程造价咨询单位的职业原则

（1）遵守法律、法规、客观公正。

（2）不参加与委托工程有关的经营活动或任职。

（3）不转让独立承包的委托工程造价咨询业务。

（4）受管理部门的监督与检查。

（5）合法经营，照章纳税。

复习思考题

简答题

1. 简述公路基本建设程序。

2. 试叙述工程建设各个阶段与工程造价的关系。

3. 工程造价文件由哪些内容组成？

4. 简述各种造价文件之间的联系。

5. 何谓注册造价工程师？注册造价工程师的权利和义务是什么？

6. 公路基本建设程序的各阶段相应要编制的造价文件有哪些？

第二章 投资估算

任务实施

投资估算见表2-1。

投 资 估 算 表2-1

任务设计

1. 参考资料

(1)公路工程基本建设项目投资估算编制办法;

(2)大柴旦工业园区饮马峡二级公路,路线全长22.85114km

序号	指标名称		单位	数量	备注
1	路线长度		km	22.85114	
2	路基土石方	路基土方	m^3	171813.4	
		平均每公里土方	m^3	7518.8	
3	M10浆砌片石路基防护		m^3	957.4	
4	M10浆砌片石边沟		m^3	389.3	
5	沥青混凝土路面		km^2	411.73	
6	小桥		m/座	15.04/1	新建
7	小桥		座	1	1~8m钢筋混凝土矩形板桥接长利用
8	明涵		道	2	拆除重建
9	明涵		道	10	新建
10	接长利用		道	7	
11	路线平面交叉		处	7	
12	管线交叉		处	5	

2. 具体要求

(1)掌握公路工程分项指标的内容;

(2)对整个项目的分部分项工程能正确使用分项指标

3. 提交成果

根据所列工程量确定各个分部分项工程分项指标

项目名称	工程数量	分项指标

第一节　项目建议书投资估算

能力目标

1. 能够理解投资估算的分类。
2. 能够理解投资估算的费用组成和编制依据。

知识目标

1. 投资估算的分类。
2. 项目建议书投资估算的编制依据。

一、项目建议书投资估算的基本概念

公路工程投资估算是对拟建公路工程项目的全部投资费用进行的预测估算。项目建议书投资估算是项目建议书的重要组成部分，是对项目进行经济评价和投资决策的重要依据之一，对可行性研究及可行性研究投资估算的编制起指导作用。

项目建议书投资估算是根据项目建议书工作深度，核实工程项目及数量，结合项目所在地建设条件，按《公路工程估算指标》中的“综合指标”和《公路基本建设工程投资估算编制办法》进行编制的。因此，项目建议书阶段的投资估算，不是依靠详细的分析计算，而是依靠粗略的估计来进行的，其误差率一般在30%左右。

项目建议书阶段的投资估算，既是建设项目初步经济评价中计算费用部分的原始资料，也是立项决策的依据，又是项目建设全过程造价管理的“龙头”，表面上看似简单，而实际编制的困难较大，必须由有着丰富经验的造价工程师完成。

项目建议书是国家选择建设项目和进行可行性研究报告编制的依据，是公路基本建设程序中前期准备工作阶段的第一个工作环节，故具有极其重要的作用。

二、项目建议书投资估算的资料调查与收集

项目建议书投资估算的外业调查工作，一般是在具有较丰富建设实践经验并有广泛基础知识的公路勘察、设计和工程经济、交通工程等人员组成的调查研究小组的统一指导下，分工配合共同来完成的。

(1)向建设项目的主管部门或建设单位了解项目的筹资方式，要求贷款的最大额度，以便据以安排年度计划贷款数和计算建设期贷款利息。

(2)了解掌握建设项目的总体实施部署方案，如计划何年开始建设，要求几年建成，是否采用分段建成，分段交付使用，是实行国外招标或国内招标，或者采用其他方式分派施工任务，以及工程监理等安排情况，因为这些因素与取定工资标准和一些费率有关。

(3)调查掌握公路沿线路基土石方的比例，以方便与综合指标的含量进行比较，据以进行必要的换算与调整。

(4)了解收集当地公路(交通)工程定额(造价管理)站发布的人工、材料的价格信息。这

类价格信息,从我国现阶段的情况来讲,是属于指令性的,应严格遵照执行。这也有利于后继造价文件的对比分析。

(5)调查收集拟建项目所在地各种外购材料的供应地点、供应渠道和可能采用的经济合理的运输方式,并计算取定其平均运距;同时,了解有无收取过路、过桥费等情况,以便据以计算材料运费。

(6)调查砂石材料当地市场销售价格及产销情况,今后施工单位自行开采的可能性与开采的条件,以及平均运距、运输方法等原始资料。

(7)调查掌握建设项目所在地的砂石料的规格品种情况,因为综合指标规定了材料预算价格的规格取定数据,如砂与砂砾、碎石与砾石等,是分别按一定的含量(%)综合为单一价格的,而它们彼此之间,不仅供应价格差异大,而且其容重不同,对投资估算的编制会产生一定的影响。因此,若建设项目当地并无砾石可供使用,则应采用碎石的价格作为计算依据;如果有的话,则应合理确定使用的比重,作为综合取定的依据。凡类似综合取定价格的材料品种,均应按此原则加以必要的分析,合理确定,以确保投资估算的质量。这是在外业调查工作中要特别予以注意的一个问题。

(8)调查了解征用土地的各种赔偿费用标准,以及每公里可能需要占用土地的数量,当地政府有无特殊的优惠政策,如暂不征耕地占用税,征地赔偿由地方政府的土地管理部门统一负责等情况。

(9)调查掌握因工程的兴建而需拆迁的建筑物、构筑物的数量与可能需要的赔偿费用,以便与综合指标规定的费额进行比较,如有较大的差异,则可据以进行必要的调整。

(10)调查掌握项目实施时利用电网供电的可能性与额度,以便核查供电贴费计算指标与实际有无较大的差异,是否需要进行调整。

(11)了解并与建设项目的主管部门或建设单位商定应列入投资估算内的设备、工具、器具和大型专用机械设备的规格品种和数量的购置计划清单,以便据以计算这些费用。

(12)搜集当地的工程造价历史资料,以供编制投资估算时参考。

(13)了解当地政府对项目兴建时和建成后的合理要求,及对投资估算会产生影响的有关因素和事项。

三、项目建议书投资估算的编制依据

项目建议书投资估算的编制主要具有以下8个方面的依据:

(1)根据项目建议书的工作深度,核实工程规模、工程数量、路线走向、公路等级及工程所在地的地形、地貌等建设条件,按现行的《公路工程估算指标》中的综合指标及《公路基本建设工程投资估算编制办法》的规定编制;

(2)国家或地方的方针、政策和有关制度;

(3)业主对建设项目中的有关资金筹措、实施计划、水电供应、配套工程的落实情况;

(4)工程所在地的交通、能源供应等生产、生活条件资料;

(5)工程所在地的人工工资标准、材料供应价格、运输条件、运费标准等基础资料;

(6)当地政府有关征地、拆迁、安置、补偿标准等文件或通知;

(7)业主对建设工期、工程监理安排的意见;

(8)项目建议书的委托书、合同或协议。

第二节　可行性研究报告投资估算

能力目标

1. 能够描述可行性研究报告投资估算的文件组成。
2. 能够论述可行性研究报告投资估算的项目划分内容。
3. 能够描述可行性研究报告投资估算的费用组成、计算程序及计算方法。
4. 能够编制可行性研究报告投资估算。

知识目标

1. 可行性研究报告投资估算的文件组成。
2. 可行性研究报告投资估算的项目划分内容。
3. 可行性研究报告投资估算的费用组成、计算程序及计算方法。
4. 可行性研究报告投资估算。

一、可行性研究报告投资估算的概念及作用

可行性研究报告是基本建设程序中决策的前期工作阶段，是建设项目是否可行的重要论证依据。可行性研究报告经批准后，是进行初步设计或施工图设计（采用一阶段设计时）的依据。可行性研究报告投资估算是可行性研究报告的重要组成部分，是建设项目进行经济评价及投资决策的依据，是编制初步设计概算或施工图预算（采用一阶段设计时）的限制条件，也是进行资金筹措的依据之一。

根据公路基本建设程序的有关规定和要求，为科学地组织建设项目的实施，减少失误，根据长期的建设实践经验，可行性研究报告投资估算在项目建设中主要具有以下5个方面的作用。

（1）可行性研究报告投资估算是项目建设投资决策的依据。

一个建设项目能否兴建，主要看可行性研究的结果；而根据投资估算所作的经济评价，对投资的经济效益，已提出了结论性意见，故是投资决策的一个重要依据。

（2）可行性研究报告投资估算是公路建设项目的国民经济评价的依据。

公路建设项目的国民经济评价是支出费用与获得效益的相对比较，即通过效益费用比、净现值、内部收益率、投资回收期四个评价指标来进行的，而所得到的指标是作为评价的定量标准，其支出费用就是在可行性研究报告投资估算的基础上，按照国民经济评价的有关规定和方法进行调整后取定的。

（3）可行性研究报告投资估算，是编制初步设计概算或施工图预算（采用一阶段设计时）的主要依据。

国家规定初步设计概算与可行性研究报告投资估算的误差不能超过10%，所以初步设计概算的编制，必须严格控制在投资估算的允许范围内。

（4）可行性研究报告投资估算，是资金筹措的依据。

目前，世界银行等许多国际金融组织，都把可行性研究报告作为建设项目能否给予贷款的先决条件；国内银行贷款也是通过对可行性研究报告的审查了解，确认该项目有较好的经济效益，并具有偿还贷款能力，才能给予贷款。同时，两者在确定贷款的额度时，都是按投资估算的

一定比例作为贷款的主要依据的。

(5)当采用一阶段设计时,可行性研究报告投资估算,是编制年度建设投资计划的依据。

年度建设投资计划,是国家控制投资规模,综合平衡投资计划,实行宏观调控的重要手段。凡没有列入年度建设投资计划的建设项目,按公路基本建设程序的规定,就不能组织招标或施工。

二、可行性研究报告投资估算的资料调查与收集

可行性研究报告投资估算的资料调查,是指搜集编制投资估算所需的原始基础资料,它是编制投资估算的基础工作。基础资料的全面可靠与否,是关系到投资估算质量的关键因素。

资料调查与收集的工作内容如下:

(1)根据批准的项目建议书的筹资方式,贷款额度,年度贷款计划,向建设项目的主管部门或建设单位进一步了解落实,是否有变动或新的意图,以便确定建设期贷款利息。

(2)有关建设安排和实施方案的调查研究,主要是向建设项目的主管部门或建设单位进一步了解对项目建议书中的总体实施规划有无需要进行调整和补充。同时,对建设项目的建设条件和特点,制约整个建设工程的工期、质量、造价的关键环节,在设计和实施阶段,可能采用的标段划分和合理可靠的施工方案,作必要的调查,搜集涉及投资估算的有关资料。

(3)调查掌握公路沿线的水文地质、地形地貌情况,以便正确摘取工程数量套用分项指标。

(4)了解掌握作为编制项目建议书投资估算的工资标准和材料供应价格情况,同时了解当地公路(交通)工程定额(造价管理)站是否发布了新的价格信息。如果有的话,一则应以此作为编制可行性研究报告投资估算的依据,二则可与项目建议书投资估算所采用的价格水平相比较,以了解其价格的变化情况,从而掌握对可行性研究报告投资估算可能产生的影响程度。

(5)调查落实建设项目所在地的各种外购材料的供应地点、供应渠道,并据以核查原项目建议书投资估算所取定的经济合理的运输方式和计算的平均运距,以及计算的过路费、过桥费和运费标准,有无变化;除应以调查落实的资料作为计算材料运费的依据外,应对存在的差异作必要的分析,掌握其变化规律,达到不断提高投资估算的编制水平。

(6)调查落实公路沿线砂石材料的产供情况和市场销售价格,施工单位自行开采的可能性与开采条件,规格品种、质量、数量,以及在今后实施阶段可能产生的变化,作为计算材料预算价格的原始依据。

(7)调查建设项目占用土地和应予拆迁的建筑物、构筑物的种类和数量,人均占有耕地等资料,以及当地政府颁布的征用土地赔偿标准、耕地占用税等有关规定,并提出拆迁及土地占用数量表,作为计算土地、青苗等补偿费和安置补助费的依据。

(8)调查选定大型混凝土构件预制场和路面混合料拌和场的设置地点和规模,提出需要占用土地的面积和需要恢复耕种土地的有关各项费用。

(9)调查建设项目可利用电网供电的情况,如电压等级、使用期限等资料,以便计算用电贴费。

(10)凡列入可行性研究报告投资估算内的设备、工具、器具购置费和大型专用机械设备购置费,除应以批准的项目建议书投资估算文件内的购置计划清单为依据外,还要调查了解市场新的行情,应以市场供应价格作为计算依据。

(11)搜集当地工程造价历史资料,供编制投资估算参考。

(12)调查收集与可行性研究报告投资估算有关的其他资料。

三、可行性研究报告投资估算的编制依据

可行性研究报告投资估算的编制依据有以下10个方面:

(1)国家发布的有关法律、法规、规章、规程等;

(2)现行《公路工程估算指标》中的“分项指标”、《公路基本建设工程投资估算办法编制》、《公路工程预算定额》、《公路工程概算定额》及《公路工程机械台班费用定额》;

(3)工程所在地省级交通运输主管部门发布的补充计价依据;

(4)批准的项目建议书等有关资料;

(5)项目建议书或工程可行性研究图纸等设计文件;

(6)工程所在地的人工、材料、机械及设备预算价格等;

(7)工程所在地的自然、技术、经济条件等资料;

(8)工程实施方案;

(9)有关合同、协议等;

(10)其他有关资料。

四、公路工程可行性研究报告投资估算费用及文件组成

(一)可行性研究报告投资估算的文件组成

可行性研究报告投资估算文件由封面、扉页及目录、估算编制说明及全部估算计算表格组成。

1. 封面及目录

估算文件的封面和扉页应按《公路工程基本建设项目设计文件编制办法》中的规定制作,扉页的次页应有建设项目名称,编制单位,编制、复核人员姓名,编制日期及第几册共几册等内容,并加盖资格印章。目录应按估算表的表号顺序编排。

2. 估算编制说明

估算编制完成后,应写出编制说明。文字力求简明扼要。应叙述的内容一般有:

(1)可行性研究报告的依据和有关文号,依据的资料及比选方案等;

(2)采用的估算指标、费用标准及人工、材料单价的依据或来源、补充指标及编制依据的详细说明;

(3)与投资估算有关的委托书、协议书、会谈纪要的主要内容(或将抄件附后);

(4)总估算金额,人工、钢材、水泥、木料、沥青的总需求量情况,各建设方案的经济比较以及编制中存在的问题;

(5)其他与估算有关但不能在表格中反映的事项。

3. 估算表格

可行性研究报告投资估算应按统一的估算表格计算。

4. 估算文件

可行性研究报告投资估算文件是可行性研究报告的组成部分,应按《公路建设项目可行性研究报告编制办法》关于文件报送份数的规定报送。

可行性研究报告投资估算文件按不同的需要分为两组见表2-2,甲组文件为各项费用计

算表,乙组文件为建筑安装工程费各项基础数据计算表(仅供批审使用)。

甲、乙组文件包括的内容　　表 2-2

甲组文件	编制说明
	总估算汇总表(01-1 表)
	总估算人工、主要材料、机械台班数量汇总表(02-1 表)
	××段总估算表(01 表)
	××段人工、主要材料、机械台班数量汇总表(02 表)
	建筑安装工程费计算表(03 表)
	其他工程费及间接费综合费率计算表(04 表)
	设备、工具、器具购置费计算表(05 表)
	工程建设其他费用及回收金额计算表(06 表)
	人工、材料、机械台班单价计算表(07 表)
乙组文件	建筑安装工程费计算数据表(08-1 表)
	分项工程估算表(08-2 表)
	材料预算单价计算表(09 表)
	自采材料料场价格计算表(10 表)
	机械台班单价计算表(11 表)
	辅助生产工、料、机械台班单位数量表(12 表)

(二)可行性研究报告投资估算项目

可行性研究报告投资估算项目应按项目表的序列及内容编制,如实际某部分费用不发生时,第一、二、三部分的序号应保留不变。如第二部分设备、工具、器具购置费在该项目中不发生,工程建设其他费用仍为第三部分。估算应按一个建设项目(如一条路线或一座独立大、中桥)进行编制。当一个建设项目需要分段估算投资时,应分别编制总估算表,但必须汇总编制“总估算汇总表”。投资估算项目表见表 2-3。

投资估算项目表　　表 2-3

项	目	节	细 目	工程或费用名称	单 位	备 注
				第一部分　建筑安装工程费	公路公里	建设项目路线总长度(主线长度)
一				临时工程	公路公里	
	1			临时道路	km	新建便道与利用原有道路总长
			1	临时便道的修建与维护	km	新建便道长度
			2	原有道路的维护与恢复	km	利用原有道路长度
				……		
	2			临时便桥	m/座	指汽车便桥
	3			临时轨道铺设	km	
	4			临时电力线路	km	
	5			临时电信线路	km	不包括广播线
	6			临时码头	座	按不同的形式划分节或细目

续上表

项	目	节	细目	工程或费用名称	单位	备注
二				路基工程	km	扣除桥梁、隧道和互通立交的主线长度、独立桥梁或隧道为引道或接线长度
	1			场地清理	km	
		1		清理与掘除	m^2	按清除内容的不同划分细目
			1	清除表土	m^2	
			2	伐树、挖根、除草	m^2	
				……		
		2		挖除旧路面	m^2	按不同的路面类型和厚度划分细目
			1	挖除水泥混凝土路面	m^2	
			2	挖除沥青混凝土路面	m^2	
			3	挖除碎(砾)石路面	m^2	
				……		
		3		拆除旧建筑物、构筑物	m^3	按不同的构筑材料划分细目
			1	拆除钢筋混凝土结构	m^3	
			2	拆除混凝土结构	m^3	
			3	拆除砖石及其他砌体	m^3	
				……		
	2			挖方	m^3	
		1		挖土方	m^3	按不同的地点划分细目
			1	挖路基土方	m^3	
			2	挖改路、改河、改渠土方	m^3	
				……		
		2		挖石方	m^3	按不同的地点划分细目
			1	挖路基石方	m^3	
			2	挖改路、改河、改渠石方	m^3	
				……		
		3		挖非适用材料	m^3	
		4		弃方运输	m^3	
	3			填方	m^3	
		1		路基填方	m^3	按不同的填筑材料划分细目
			1	换填土	m^3	
			2	利用土方填筑	m^3	
			3	借土方填筑	m^3	
			4	利用石方填筑	m^3	
			5	填砂路基	m^3	

续上表

项	目	节	细 目	工程或费用名称	单 位	备 注
			6	粉煤灰及填石路基	m^3	
				……		
		2		改路、改河、改渠填方	m^3	按不同的填筑材料划分细目
			1	利用土方填筑	m^3	
			2	借土方填筑	m^3	
			3	利用石方填筑	m^3	
				……		
		3		结构物台背回填	m^3	按不同的填筑材料划分细目
			1	填碎石	m^3	
				……		
	4			特殊路基处理	km	按需要处理的软弱路基长度
		1		软土处理	km	按不同的处治方法划分细目
			1	抛石挤淤	m^3	
			2	砂、砂砾垫层	m^3	
			3	灰土垫层	m^3	
			4	预压与超载预压	m^2	
			5	袋装砂井	m	
			6	塑料排水板	m	
			7	粉喷桩与旋喷桩	m	
			8	碎石桩	m	
			9	砂桩	m	
			10	土工布	m^2	
			11	土工格栅	m^2	
			12	土工格室	m^2	
				……		
		2		滑坡处理	处	按不同的处理方式划分细目
			1	卸载土石方	m^3	
			2	抗滑桩	m^3	
			3	预应力锚索	m	
				……		
		3		岩溶洞回填	m^3	按不同的回填材料划分细目
			1	混凝土	m^3	
				……		
		4		膨胀土处理	km	按不同的处理方式划分细目
			1	改良土	m^3	
				……		
		5		黄土处理	m^3	按黄土的不同特性划分细目

续上表

项	目	节	细　目	工程或费用名称	单　位	备　　注
			1	陷穴	m^3	
			2	湿陷性黄土	m^2	
				……		
		6		盐渍土处理	m^2	按不同的厚度划分细目
				……		
	5			排水工程	km	按不同的结构类型分节
		1		边沟	m^3/m	按不同的材料、尺寸划分细目
			1	现浇混凝土边沟	m^3/m	
			2	浆砌混凝土预制块边沟	m^3/m	
			3	浆砌片石边沟	m^3/m	
			4	浆砌块石边沟	m^3/m	
				……		
		2		排水沟	处	按不同的材料、尺寸划分细目
			1	现浇混凝土排水沟	m^3/m	
			2	浆砌混凝土预制块排水沟	m^3/m	
			3	浆砌片石排水沟	m^3/m	
			4	浆砌块石排水沟	m^3/m	
				……		
		3		截水沟	m^3/m	按不同的材料、尺寸划分细目
			1	浆砌混凝土预制块截水沟	m^3/m	
			2	浆砌片石截水沟	m^3/m	
				……		
		4		急流槽	m^3/m	按不同的材料、尺寸划分细目
			1	现浇混凝土急流槽	m^3/m	
			2	浆砌片石急流槽	m^3/m	
				……		
		5		暗沟	m^3	按不同的材料、尺寸划分细目
				……		
		6		渗(盲)沟	m^3/m	按不同的材料、尺寸划分细目
				……		
		7		排水管	m	按不同的材料、尺寸划分细目
				……		
		8		集水井	m^3/个	按不同的材料、尺寸划分细目
				……		
		9		泄水槽	m^3/个	按不同的材料、尺寸划分细目
				……		
	6			防护与加固工程	km	按不同的结构类型分节

续上表

项	目	节	细 目	工程或费用名称	单 位	备 注
		1		坡面植物防护	m^2	按不同的材料划分细目
			1	播种草籽	m^2	
			2	铺(植)草皮	m^2	
			3	土工织物植草	m^2	
			4	植物袋植草	m^2	
			5	液压喷播植草	m^2	
			6	客土喷播植草	m^2	
			7	喷混植草	m^2	
				……		
		2		坡面圬工防护	m^3/m^2	按不同的材料和形式划分细目
			1	现浇混凝土护坡	m^3/m^2	
			2	预制块混凝土护坡	m^3/m^2	
			3	浆砌片石护坡	m^3/m^2	
			4	浆砌块石护坡	m^3/m^2	
			5	浆砌片石骨架护坡	m^3/m^2	
			6	浆砌片石护面墙	m^3/m^2	
			7	浆砌块石护面墙	m^3/m^2	
				……		
		3		坡面喷浆防护	m^2	按不同的材料划分细目
			1	抹面、捶面护坡	m^2	
			2	喷浆护坡	m^2	
			3	喷射混凝土护坡	m^3/m^2	
				……		
		4		坡面加固	m^2	按不同的材料划分细目
			1	预应力锚索	t/m	
			2	锚杆、锚钉	t/m	
			3	锚固板	m^2	
				……		
		5		挡土墙	m^3/m	按不同的材料和形式划分细目
			1	现浇混凝土挡土墙	m^3/m	
			2	锚杆挡土墙	m^3/m	
			3	锚定板挡土墙	m^3/m	
			4	加筋土挡土墙	m^3/m	
			5	扶臂式、悬臂式挡土墙	m^3/m	
			6	桩板墙	m^3/m	
			7	浆砌片石挡土墙	m^3/m	
			8	浆砌块石挡土墙	m^3/m	

续上表

项	目	节	细　目	工程或费用名称	单　位	备　　注
			9	浆砌护肩墙	m^3/m	
			10	浆砌(干砌)护脚	m^3/m	
				……		
		6		抗滑桩	m^3	按不同的规格划分细目
				……		
		7		冲刷防护	m^3	按不同的材料和形式划分细目
			1	浆砌片石河床铺砌	m^3	
			2	导流坝	m^3/处	
			3	驳岸	m^3/m	
			4	石笼	m^3/处	
				……		
		8		其他工程	km	根据具体情况划分细目
				……		
三				路面工程	km	
	1			路面垫层	m^2	按不同的材料分节
		1		碎石垫层	m^2	按不同的厚度划分细目
		2		砂砾垫层	m^2	按不同的厚度划分细目
				……		
	2			路面底基层	m^2	按不同的材料分节
		1		石灰稳定类底基层	m^2	按不同的厚度划分细目
		2		水泥稳定类底基层	m^2	按不同的厚度划分细目
		3		石灰粉煤灰稳定类底基层	m^2	按不同的厚度划分细目
		4		级配碎(砾)石底基层	m^2	按不同的厚度划分细目
				……		
	3			路面基层	m^2	按不同的材料分节
		1		石灰稳定类基层	m^2	按不同的厚度划分细目
		2		水泥稳定类基层	m^2	按不同的厚度划分细目
		3		石灰粉煤灰稳定类基层	m^2	按不同的厚度划分细目
		4		级配碎(砾)石基层	m^2	按不同的厚度划分细目
		5		水泥混凝土基层	m^2	按不同的厚度划分细目
		6		沥青碎石混合料基层	m^2	按不同的厚度划分细目
				……		
	4			透层、黏层、封层	m^2	按不同的形式分节
		1		透层	m^2	
		2		黏层	m^2	

续上表

项	目	节	细 目	工程或费用名称	单 位	备 注
		3		封层	m^2	按不同的材料划分细目
			1	沥青表处封层	m^2	
			2	稀浆封层	m^2	
				……		
		4		单面烧毛纤维土工布	m^2	
		5		玻璃纤维格栅	m^2	
				……		
	5			沥青混凝土面层	m^2	指上面层面积
		1		粗粒式沥青混凝土面层	m^2	按不同的厚度划分细目
		2		中粒式沥青混凝土面层	m^2	按不同的厚度划分细目
		3		细粒式沥青混凝土面层	m^2	按不同的厚度划分细目
		4		改性沥青混凝土面层	m^2	按不同的厚度划分细目
		5		沥青玛蹄脂碎石混合料面层	m^2	按不同的厚度划分细目
				……		
	6			水泥混凝土面层	m^2	按不同的材料分节
		1		水泥混凝土面层	m^2	按不同的厚度划分细目
		2		连续配筋混凝土面层	m^2	按不同的厚度划分细目
		3		钢筋	t	
	7			其他面层	m^2	按不同的类型分节
		1		沥青表面处治面层	m^2	按不同的厚度划分细目
		2		沥青贯入式面层	m^2	按不同的厚度划分细目
		3		沥青上拌下贯式面层	m^2	按不同的厚度划分细目
		4		泥结碎石面层	m^2	按不同的厚度划分细目
		5		级配碎(砾)石面层	m^2	按不同的厚度划分细目
		6		天然砂砾面层	m^2	按不同的厚度划分细目
				……		
	8			路槽、路肩及中央分隔带	km	
		1		挖路槽	m^2	按不同的土质划分细目
			1	土质路槽	m^2	
			2	石质路槽	m^2	
		2		培路肩	m^2	按不同的厚度划分细目
		3		土路肩加固	m^2	按不同的加固方式划分细目
			1	现浇混凝土	m^2	
			2	铺砌混凝土预制块	m^2	
			3	浆砌片石	m^2	
				……		
		4		中央分隔带回填土	m^3	

续上表

项	目	节	细 目	工程或费用名称	单 位	备 注
		5		路缘石	m^3	按现浇和预制安装划分细目
				……		
	9			路面排水	km	按不同类型分节
		1		拦水带	m	按不同的材料划分细目
			1	沥青混凝土	m	
			2	水泥混凝土	m	
		2		排水沟	m	按不同的类型划分细目
			1	路肩排水沟	m	
			2	中央分隔带排水沟	m	
				……		
		3		排水管	m	按不同的类型划分细目
			1	纵向排水管	m	
			2	横向排水管	m/道	
				……		
		4		集水井	m^3/个	按不同的规格划分细目
				……		
四				桥梁涵洞工程	km	指桥梁长度
	1			漫水工程	m/处	
		1		过水路面	m/处	
		2		混合式过水路面	m/处	
	2			涵洞工程	m/道	按不同的结构类型分节
		1		钢筋混凝土管涵	m/道	按管径和单、双孔划分细目
			1	1 - ϕ1.0m 圆管涵	m/道	
			2	1 - ϕ1.5m 圆管涵	m/道	
			3	倒虹吸管	m/道	
				……		
		2		盖板涵	m/道	按不同的材料和涵径划分细目
			1	2.0m×2.0m 石盖板涵	m/道	
			2	2.0m×2.0m 钢筋混凝土盖板涵	m/道	
				……		
		3		箱涵	m/道	按不同的涵径划分细目
			1	4.0m×4.0m 钢筋混凝土箱涵	m/道	
				……		
		4		拱涵	m/道	按不同的材料和涵径划分细目
			1	4.0m×4.0m 石拱涵	m/道	
			2	4.0m×4.0m 钢筋混凝土拱涵	m/道	
				……		

续上表

项	目	节	细目	工程或费用名称	单位	备注
	3			小桥工程	m/座	按不同的结构类型分节
		1		石拱桥	m/座	按不同的跨径划分细目
		2		钢筋混凝土矩形板桥	m/座	按不同的跨径划分细目
		3		钢筋混凝土空心板桥	m/座	按不同的跨径划分细目
		4		钢筋混凝土T形梁桥	m/座	按不同的跨径划分细目
		5		预应力混凝土空心板桥	m/座	按不同的跨径划分细目
				……		
	4			中桥工程	m/座	按不同的结构类型或桥名分节
		1		钢筋混凝土空心板桥	m/座	按不同的跨径或工程部位划分细目
		2		钢筋混凝土T形梁桥	m/座	按不同的跨径或工程部位划分细目
		3		钢筋混凝土拱桥	m/座	按不同的跨径或工程部位划分细目
		4		预应力混凝土空心板桥	m/座	按不同的跨径或工程部位划分细目
				……		
	5			大桥工程	m/座	按桥名或不同的工程部位分节
		1		××大桥	m^2/m	按不同的工程部位划分细目
			1	天然基础	m^3	
			2	桩基础	m^3	
			3	沉井基础	m^3	
			4	桥台	m^3	
			5	桥墩	m^3	
			6	上部构造	m^3	注明上部构造跨径组成及结构形式
				……		
		2		……	m^2/m	
	6			××特大桥工程	m^2/m	按桥名分目,按不同的工程部位分节
		1		基础	m^2/座	按不同的形式划分细目
			1	天然基础	m^3	
			2	桩基础	m^3	
			3	沉井基础	m^3	
			4	承台	m^3	
				……		
		2		下部构造	m^3/座	按不同的形式划分细目
			1	桥台	m^3	
			2	桥墩	m^3	
			3	索塔	m^3	
				……		
		3		上部构造	m^3	按不同的形式划分细目
			1	预应力混凝土空心板	m^3	

续上表

项	目	节	细　目	工程或费用名称	单　位	备　　注
			2	预应力混凝土T形梁	m^3	
			3	预应力混凝土连续梁	m^3	
			4	预应力混凝土连续刚构	m^3	
			5	钢管拱桥	m^3	
			6	钢箱梁	t	
			7	斜拉索	t	
			8	主缆	t	
			9	预应力钢材	t	
				……		
		4		桥梁支座	个	按不同规格划分细目
			1	矩形板式橡胶支座	dm^2	
			2	圆形板式橡胶支座	dm^2	
			3	矩形四氟板式橡胶支座	dm^2	
			4	圆形四氟板式橡胶支座	dm^2	
			5	盆式橡胶支座	个	
				……		
		5		桥梁伸缩缝	m	指伸缩缝长度,按不同规格划分细目
			1	橡胶伸缩装置	m	
			2	模数式伸缩装置	m	
			3	填充式伸缩装置	m	
				……		
		6		桥面铺装	m^3	按不同的材料划分细目
			1	沥青混凝土桥面铺装	m^3	
			2	水泥混凝土桥面铺装	m^3	
			3	水泥混凝土垫平层	m^3	
			4	防水层	m^2	
				……		
		7		人行道系	m	指桥梁长度,按不同的类型划分细目
			1	人行道及栏杆	m^3/m	
			2	桥梁钢防撞护栏	m	
			3	桥梁波形梁护栏	m	
			4	桥梁水泥混凝土防撞墙	m	
			5	桥梁防护网	m	
				……		
		8		其他工程	m	指桥梁长度,按不同的类型划分细目
			1	看桥房及岗亭	座	
			2	砌筑工程	m^3	

续上表

项	目	节	细目	工程或费用名称	单位	备注
			3	混凝土构件装饰	m^3	
				……		
五				交叉工程	处	按不同的交叉形式分目
	1			平面交叉道	处	按不同的类型分节
		1		公路与铁路平面交叉	处	
		2		公路与公路平面交叉	处	
		3		公路与大车道平面交叉	处	
				……		
	2			通道	m/处	按结构类型分节
		1		钢筋混凝土箱式通道	m/处	
		2		钢筋混凝土板式通道	m/处	
				……		
	3			人行天桥	m/处	
		1		钢结构人行天桥	m/处	
		2		钢筋混凝土结构人行天桥	m/处	
	4			渡槽	m/处	按结构类型分节
		1		钢筋混凝土渡槽	m/处	
		2		……		
	5			分离式立体交叉	处	按交叉名称分节
		1		××分离式立体交叉	处	按不同的工程内容划分细目
			1	路基土石方	m^3	
			2	路基排水防护	m^3	
			3	特殊路基处理	km	
			4	路面	m^2	
			5	涵洞及通道	m^3/m	
			6	桥梁	m^2/m	
				……		
		2		……		
	6			××互通式立体交叉	处	按互通名称分目(注明其类项),按不同的分部工程分节
		1		路基土石方	m^3/km	
			1	清理与掘除	m^2	
			2	挖土方	m^3	
			3	挖石方	m^3	
			4	挖非适用材料	m^3	
			5	弃方运输	m^3	
			6	换填土	m^3	

续上表

项	目	节	细　目	工程或费用名称	单　位	备　注
			7	利用土方填筑	m^3	
			8	借土方填筑	m^3	
			9	利用石方填筑	m^3	
			10	结构物台背回填	m^3	
		2		特殊路基处理	km	
			1	特殊路基垫层	m^3	
			2	预压与超载预压	m^2	
			3	袋装砂井	m	
			4	塑料排水板	m	
			5	粉喷桩与旋喷桩	m	
			6	碎石桩	m	
			7	砂桩	m	
			8	土工布	m^2	
			9	土工格栅	m^2	
			10	土工格室	m^2	
				……		
		3		排水工程	m^3	
			1	混凝土边沟、排水沟	m^3/m	
			2	砌石边沟、排水沟	m^3/m	
			3	现浇混凝土急流槽	m^3/m	
			4	浆砌片石急流槽	m^3/m	
			5	暗沟	m^3	
			6	渗(盲)沟	m^3/m	
			7	拦水带	m	
			8	排水管	m	
			9	集水井	m^3/个	
				……		
		4		防护工程	m^3	
			1	播种草籽	m^2	
			2	铺(植)草皮	m^2	
			3	土工织物植草	m^2	
			4	植生袋植草	m^2	
			5	液压喷播植草	m^2	
			6	客土喷播植草	m^2	
			7	喷混植草	m^2	
			8	现浇混凝土护坡	m^3/m^2	
			9	预制块混凝土护坡	m^3/m^2	

续上表

项	目	节	细目	工程或费用名称	单位	备注
			10	浆砌片石护坡	m^3/m^2	
			11	浆砌块石护坡	m^3/m^2	
			12	浆砌片石骨架护坡	m^3/m^2	
			13	浆砌片石护面墙	m^3/m^2	
			14	浆砌块石护面墙	m^3/m^2	
			15	喷射混凝土护坡	m^3/m^2	
			16	现浇混凝土挡土墙	m^3/m	
			17	加筋土挡土墙	m^3/m	
			18	浆砌片石挡土墙	m^3/m	
			19	浆砌块石挡土墙	m^3/m	
				……		
		5		路面工程	m^2	
			1	碎石垫层	m^2	
			2	砂砾垫层	m^2	
			3	石灰稳定类底基层	m^2	
			4	水泥稳定类底基层	m^2	
			5	石灰粉煤灰稳定类底基层	m^2	
			6	级配碎(砾)石底基层	m^2	
			7	石灰稳定类基层	m^2	
			8	水泥稳定类底基层	m^2	
			9	石灰粉煤灰稳定类基层	m^2	
			10	级配碎(砾)石基层	m^2	
			11	水泥混凝土基层	m^2	
			12	透层、黏层、封层	m^2	
			13	沥青混凝土面层	m^2	
			14	改性沥青混凝土面层	m^2	
			15	沥青玛蹄脂碎石混合料面层	m^2	
			16	水泥混凝土面层	m^2	
			17	中央分隔带回填土	m^3	
			18	路缘石	m^3	
				……		
		6		涵洞工程	m/道	
			1	钢筋混凝土管涵	m/道	
			2	倒虹吸管	m/道	
			3	盖板涵	m/道	
			4	箱涵	m/道	
			5	拱涵	m/道	

续上表

项	目	节	细目	工程或费用名称	单位	备注
		7		桥梁工程	m^2/m	
			1	天然基础	m^3	
			2	桩基础	m^3	
			3	沉井基础	m^3	
			4	桥台	m^3	
			5	桥墩	m^3	
			6	上部构造	m^3	
				……		
		8		通道	m/处	
六				隧道工程	km/座	按隧道名称分目,并注明其形式
	1			××隧道	m	按明洞、洞门、洞身开挖、衬砌等分节
		1		洞门及明洞开挖	m^3	
			1	挖土方	m^3	
			2	挖石方	m^3	
				……		
		2		洞门及明洞修筑	m^3	
			1	洞门建筑	m^3/座	
			2	明洞衬砌	m^3/m	
			3	遮光棚(板)	m^3/m	
			4	洞口坡面防护	m^3	
			5	明洞回填	m^3	
				……		
		3		洞身开挖	m^3/m	
			1	挖土石方	m^3	
			2	注浆小导管	m	
			3	管棚	m	
			4	锚杆	m	
			5	钢拱架(支撑)	t/榀	
			6	喷射混凝土	m^3	
			7	钢筋网	t	
				……		
		4		洞身衬砌	m^3	
			1	现浇混凝土	m^3	
			2	仰拱混凝土	m^3	
			3	管、沟混凝土	m^3	
				……		
		5		防水与排水	m^3	

续上表

项	目	节	细　目	工程或费用名称	单　位	备　注
			1	防水板	m^2	
			2	止水带、条	m	
			3	压浆	m^3	
			4	排水管	m	
				……		
		6		洞内路面	m^2	按不同的路面结构和厚度划分细目
			1	水泥混凝土路面	m^2	
			2	沥青混凝土路面	m^2	
				……		
		7		通风设施	m	按不同的设施划分细目
			1	通风机安装	台	
			2	风机启动柜洞门	个	
				……		
		8		消防设施	m	按不同的设施划分细目
			1	消防室洞门	个	
			2	通道防火闸门	个	
			3	蓄(集)水池	座	
			4	喷防水涂料	m^2	
				……		
		9		照明设施	m	按不同的设施划分细目
			1	照明灯具	m	
				……		
		10		供电设施	m	按不同的设施划分细目
		11		其他工程	m	按不同的内容划分细目
			1	卷帘门	个	
			2	检修门	个	
			3	洞身及洞门装饰	m^2	
				……		
	2			×××隧道	m	
七				公路设施及预埋管线工程	公路公里	
	1			安全设施	公路公里	按不同的设施分节
		1		石砌护栏	m^3/m	
		2		钢筋混凝土防撞护栏	m^3/m	
		3		波形钢板护栏	m	按不同的形式划分细目
		4		隔离栅	km	按不同的材料划分细目
		5		防护网	km	
		6		公路标线	km	按不同的类型划分细目

续上表

项	目	节	细　目	工程或费用名称	单　位	备　　注
		7		轮廓标	根	
		8		防眩板	m	
		9		钢筋混凝土护栏	根/m	
		10		里程碑、百米桩、公路界碑	块	
		11		各类标志牌	块	按不同的规格和材料划分细目
		12		……		
	2			服务设施	公路公里	按不同的设施分节
		1		服务区	处	按不同的内容划分细目
		2		停车区	处	按不同的内容划分细目
		3		公共汽车停靠站	处	按不同的内容划分细目
	3			管理、养护设施	公路公里	按不同的设施分节
		1		收费系统设施	处	按不同的内容划分细目
			1	设备安装	公路公里	
			2	收费亭	个	
			3	收费天棚	m^2	
			4	收费岛	个	
			5	通道	m/道	
			6	预埋管线	m	
			7	架设管线	m	
				……		
		2		通信系统设施	公路公里	按不同的内容划分细目
			1	设备安装	公路公里	
			2	管道工程	m	
			3	人(手)孔	个	
			4	紧急电话平台	个	
				……		
		3		监控系统设施	公路公里	
			1	设备安装	公路公里	按不同的内容划分细目
			2	光(电)缆敷设	km	
				……		
		4		供电、照明系统设施	公路公里	按不同的内容划分细目
			1	设备安装	公路公里	
				……		
		5		养护工区	处	按不同的内容划分细目
			1	区内道路	km	
				……		
	4			其他工程	公路公里	

续上表

项	目	节	细 目	工程或费用名称	单 位	备 注
		1		悬出路台	m/处	
		2		渡口码头	处	
		3		辅道工程	km	
		4		支线工程	km	
		5		公路交工前养护费	km	按附录一计算
八				绿化及环境保护工程	公路公里	
	1			撒播草种和铺植草皮	m^2	按不同的内容分节
		1		撒播草种	m^2	按不同的内容划分细目
		2		铺植草皮	m^2	按不同的内容划分细目
		3		绿地喷灌管道	m	按不同的内容划分细目
	2			种植乔、灌木	株	按不同的内容分节
		1		种植乔木	株	按不同的树种划分细目
			1	高山榕	株	
			2	美人蕉	株	
				……		
		2		种植灌木	株	按不同的树种划分细目
			1	夹竹桃	株	
			2	月季	株	
				……		
		3		种植攀缘植物	株	按不同的树种划分细目
			1	爬山虎	株	
			2	葛藤	株	
				……		
		4		种植竹类植物	株	按不同的内容划分细目
		5		种植棕榈类植物	株	按不同的内容划分细目
		6		栽植绿篱	m	
		7		栽植绿色带	m^2	
	3			声屏障	m	按不同的类型分节
		1		消声板声屏障	m	
		2		吸音砖声屏障	m^3	
		3		砖墙声屏障	m^3	
				……		
	4			污水处理	处	按不同的内容分节
	5			取、弃土场防护	m^3	按不同的内容分节
九				管理、养护及服务房屋	m^2	
	1			管理房屋	m^2	
		1		收费站	m^2	
		2		管理站	m^2	
		3		……		
	2			养护房屋	m^2	按房屋名称分节

续上表

项	目	节	细　目	工程或费用名称	单　位	备　注
		1		……		
	3			服务房屋	m^2	按房屋名称分节
		1		……		
				第二部分　设备及工具、器具购置费	公路公里	
一				设备购置费	公路公里	
	1			需安装的设备	公路公里	
		1		监控系统设备	公路公里	按不同设备分别计算
		2		通信系统设备	公路公里	按不同设备分别计算
		3		收费系统设备	公路公里	按不同设备分别计算
		4		供电照明系统设备	公路公里	按不同设备分别计算
	2			不需安装的设备	公路公里	
		1		监控系统设备	公路公里	按不同设备分别计算
		2		通信系统设备	公路公里	按不同设备分别计算
		3		收费系统设备	公路公里	按不同设备分别计算
		4		供电照明系统设备	公路公里	按不同设备分别计算
二				工具、器具购置	公路公里	
三				办公及生活用家具购置	公路公里	
				第三部分 工程建设其他费用	公路公里	
一				土地征用及拆迁补偿费	公路公里	
二				建设项目管理费	公路公里	
	1			建设单位(业主)管理费	公路公里	
	2			工程质量监督费	公路公里	
	3			工程监理费	公路公里	
	4			工程定额测定费	公路公里	
	5			设计文件审查费	公路公里	
	6			竣(交)工验收试验检测费	公路公里	
三				研究试验费	公路公里	
四				前期工作费	公路公里	
五				施工机构迁移费	公路公里	
六				供电贴费	公路公里	
七				联合试运转费	公路公里	
八				生产人员培训费	公路公里	
九				固定资产投资方向调节税	公路公里	
十				建设期贷款利息	公路公里	
				第一、二、三部分费用合计	公路公里	
				预留费用	元	
				1. 价差预备费	元	
				2. 基本预备费	元	预算实行包干时列系数包干费
				投资估算总金额	元	
				其中:回收金额	元	
				公路基本造价	公路公里	

(三)可行性研究报告投资估算的费用组成

投资估算费用的组成如图 2-1 所示。

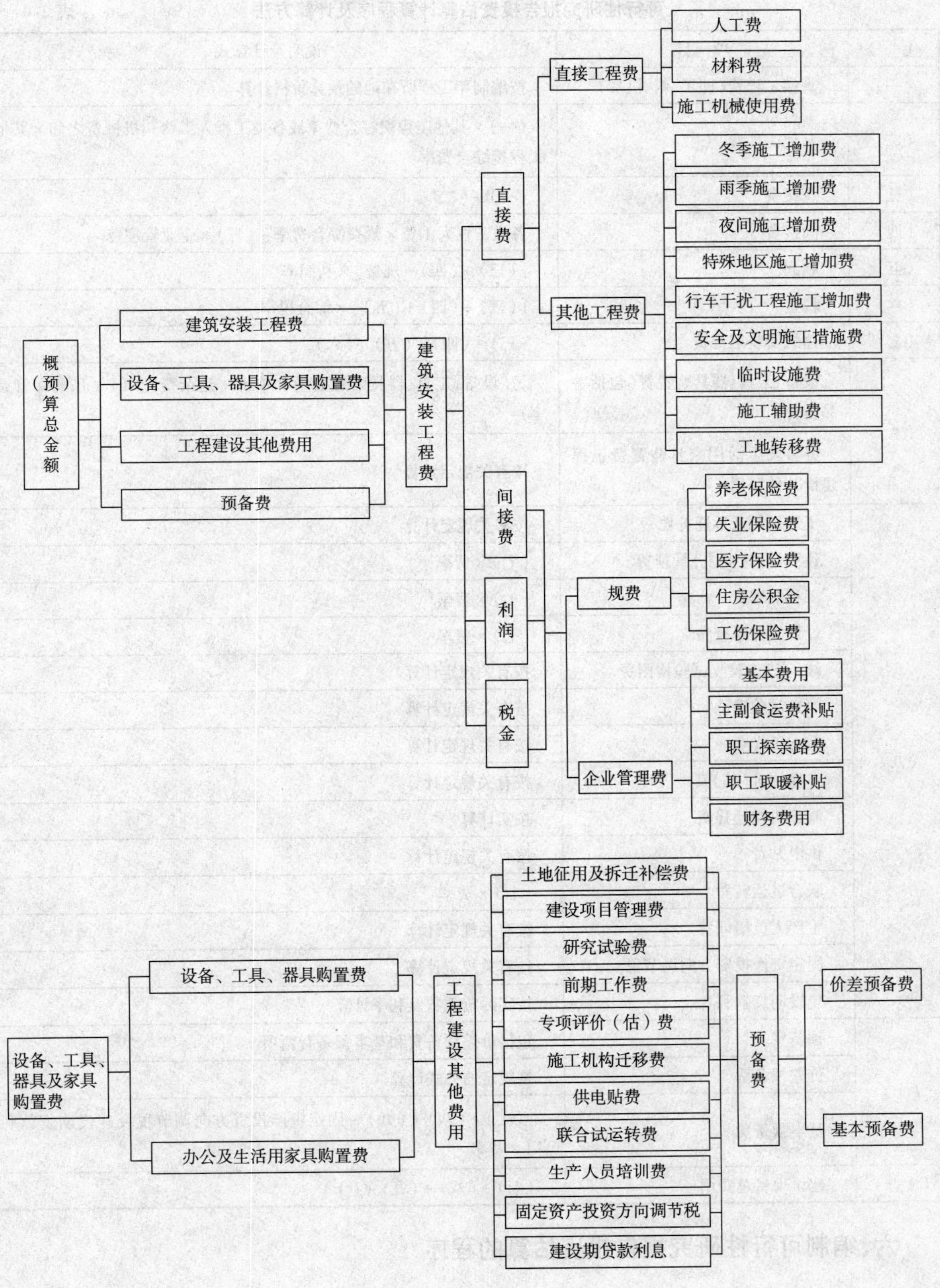

图 2-1　投资估算费用的组成

五、可行性研究报告投资估算的费用组成及计算方法

可行性研究报告投资估算计算程序及计算方法,见表 2-4。

可行性研究报告投资估算计算程序及计算方法　　表 2-4

代　号	项　目	说明及计算式
(一)	直接工程费(即工、料、机费)	按编制年工程所在地的预算价格计算
(二)	其他工程费	(一)×其他工程费综合费率或各类工程人工费和机械费之和×其他工程费综合费率
(三)	直接费	(一)+(二)
(四)	间接费	各类工程人工费×规费综合费率+(三)×企业管理费
(五)	利润	[(三)+(四)-规费]×利润率
(六)	税金	[(三)+(四)+(五)]×综合税率
(七)	建筑安装工程费	(三)+(四)+(五)+(六)
(八)	设备、工具、器具购置费(包括备品备件)	Σ(设备、工具、器具购置数量×单价+运杂费)×(1+采购保管费率)
	办公及生活用家具购置费工程建设其他费用	按有关规定计算
(九)	土地征用及拆迁补偿费	按有关规定计算
	建设单位(业主)管理费	(七)×费率
	工程监理费	(七)×费率
	设计文件审查费	(七)×费率
	竣(交)工验收试验检测费	按有关规定计算
	研究试验费	按有关规定计算
	前期工作费	按有关规定计算
	专项评价(估)费	按有关规定计算
	施工机构迁移费	按实计算
	供电贴费	按有关规定计算
	联合试运转费	(七)×费率
	生产人员培训费	按有关规定计算
	固定资产投资方向调节税	按有关规定计算
	建设期贷款利息	按实际贷款数及利率计算
(十)	预备费	包括价差预备费和基本预备费两项
	价差预备费	按规定的公式计算
	基本预备费	[(七)+(八)+(九)-固定资产投资方向调节税-建设期贷款利息]×费率
(十一)	建设项目总费用	(七)+(八)+(九)+(十)

六、编制可行性研究报告投资估算的程序

可行性投资估算文件中各表格的计算顺序和相互关系如图 2-2 所示。

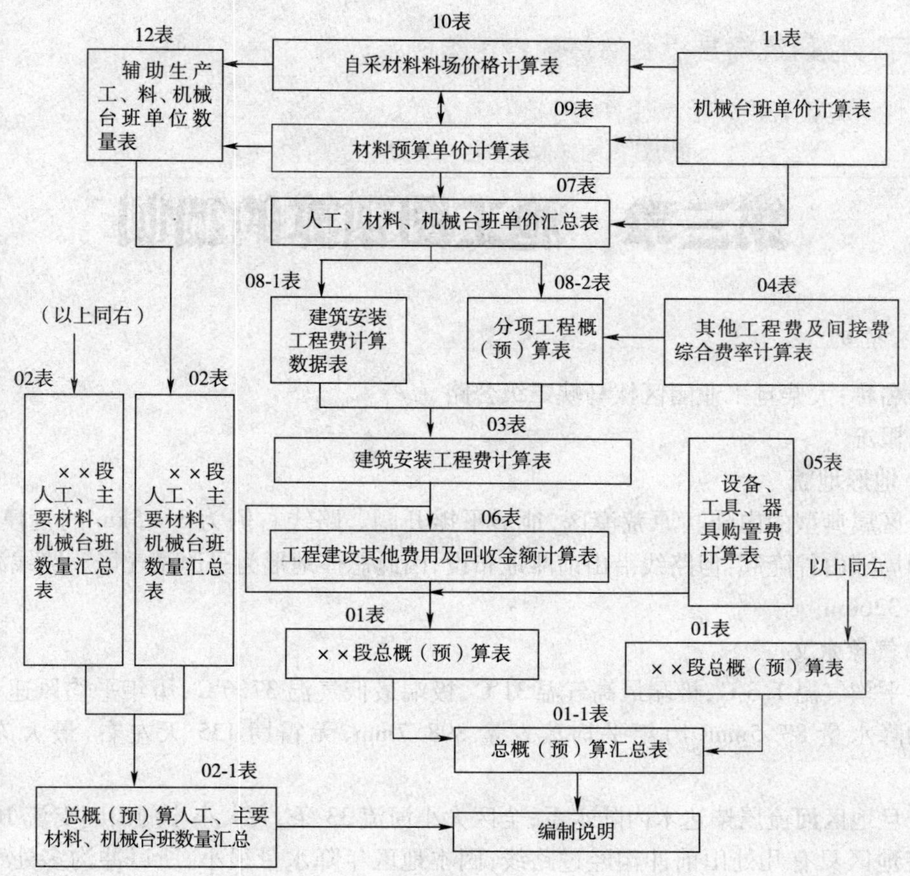

图 2-2　各种表格的计算顺序和相互关系图

复习思考题

简答题

1. 何谓项目建议书投资估算？
2. 项目建议书投资估算的资料调查与收集应做哪些工作？
3. 可行性研究报告投资估算的编制依据是什么？
4. 可行性研究报告投资估算如何进行项目划分？
5. 可行性研究报告投资估算费用由哪几部分组成？各部分费用应如何计算？
6. 简述可行性研究报告投资估算的编制程序和计算步骤。

第三章　施工图预算的编制

导入项目

项目名称:大柴旦工业园区饮马峡二级公路

项目概况

(一)地形地貌

项目区属典型的内陆高原荒漠区,地形平摊开阔。路线右侧为 2 ~ 5km 的荒漠、植被稀少。左侧局部山谷隆起,但路线沿山前滩地布设,因此总体地形为平原微丘区。路线海拔高度为 3140 ~ 3360m。

(二)气象水文

多年平均气温 1.3℃,极端最高气温 31℃,极端最低气温 37.6℃,历年平均风速 4.5m/s,历年平均降水量 83.5mm,历年平均蒸发量 898.7mm,无霜期 135 天左右,最大冻土深度 1.72m。

大柴旦地区河流属柴达木内陆水系,全区大小河流 33 条,大大小小的山间支流 100 多条。项目所在地区只有几处山前冲沟经过路线,因本地区年降水量很小,所以冲沟多处于干枯状态,但暴雨季节时有洪水发生。

(三)筑路材料

设计中,对项目所在地区公路建设的主要供应料场进行调查比较,根据各种材料的不同需求(运输距离、技术指标、用量),确定采用的料场。对主要料场材料进行取样,试验工作。重点调查石料、砂、砂砾等路用材料料场,调查材料的品质、料场的位置、供应地点、上路距离、运输条件、运输方式、材料的供应价格等。

1. 水泥、钢材、沥青、汽柴油

本项目外购材料须从西宁远运。

2. 片块石、碎石

沿线共设料场 2 处,料场如下:

料场一位于距路线 K9 + 157 左侧 1.1km 处,为私企开发的商品料场。石料岩性为石英砂岩,主要为块石,材料质量较好,经取样试验平均压碎值为 15.6%,洛杉矶磨耗损失 15.8%,储量丰富,可供应 K0 + 000 ~ K15 + 676 段路面碎石,构造物混凝土碎石及砌筑工程,购买价为 65 元/m^3。

3. 砂、砂砾

全线设砂砾、中粗砂料场一处,料场设置如下:

该料场位于公路 K16 + 920 右侧 0.25km 的冲洪积戈壁滩,料场主要生产天然级配砂砾,表层覆土厚度 1.0m,以下 3 ~ 4m 为天然级配砂砾,储量丰富。经取样试验,级配良好,含泥量小,压碎值、强度、级配符合规范要求,中粗砂含量 30%,经水洗后可用于本项目路面基、垫层填料及构造物工程。

4. 水

该水源位于距路线 K6 + 500 右侧 3. 3km 处，为大煤沟煤场泵水井，水质较好，pH 值为 7. 35 ~ 8. 42，水量丰富，可供应全线工程施工和生活用水，购买价为 5 元/t。

(四)拌和站

沿线共设一处沥青混合料拌和站、一处砂砾拌和站及一处预制场：

沥青混合料拌和站位于距路线 K9 + 700 右侧 0. 1km 处，供应全线沥青混合料，平均运距为 5. 943km。砂砾拌和站位于距路线 K16 + 920 右侧 0. 25km 处的砂砾料场、主要供应全线路面水泥稳定砂砾基层，平均运距为 7. 284km。

预制场位于距路线 K9 + 900 右侧 0. 1km 处，预制全线桥涵梁板、护肩带、镶边带等混凝土构件，平均运距为 5. 237km。

(五)主要工程数量表

工程数量表见表 3-1。

工程数量表 表 3-1

序号	指标名称		单位	数量	备注
1	路线长度		km	22. 85114	
2	路基土石方	路基土方	m^3	171813. 4	
		平均每公里土方	m^3	7518. 8	
3	M10 浆砌片石路基防护		m^3	957. 4	
4	M10 浆砌片石边沟		m^3	389. 3	
5	沥青混凝土路面		km^2	411. 73	
6	小桥		m/座	15. 04/1	新建
7	小桥		座	1	1 ~ 8m 钢筋混凝土矩形板桥接长利用
8	明涵		道	2	拆除重建
9	明涵		道	10	新建
10	接长利用		道	7	
11	路线平面交叉		处	7	
12	管线交叉		处	5	

第一节 概、预算基本知识

能力目标

1. 能够描述我国基本建设程序及其主要内容，以其与工程造价之间的关系。

2. 能够描述概预算编制的基本依据和原理。

3. 能够描述工程概(预)算的分类，掌握相关的文件组成。

知识目标

1. 概、预算的作用和编制依据。

2. 概、预算文件组成。

公路工程基本建设项目，一般采用两阶段设计，即初步设计和施工图设计。对技术简单、方案明确的小型建设项目，可采用一阶段设计，即一阶段施工图设计；技术上复杂又缺乏经验的建设项目或建设项目中的个别路段、特殊大桥、互通式立体交叉、隧道等，必要时采用3阶段设计，即初步设计、技术设计和施工图设计。

采用两阶段设计的建设项目，需要编制的造价文件分别是初步设计概算和施工图预算。

设计概算是初步设计文件的重要组成部分，是工程造价管理工作的重要环节，是在投资估算的控制下由设计单位根据初步设计图纸，概算定额、各项费用定额或取费标准、建设地区自然、技术经济条件和设备、材料预算价格等资料，编制和确定的建设项目从筹建至竣工交付使用所需全部费用的文件。概算应严格控制在建设项目可行性研究报告投资估算允许幅度范围内，概算经批准后是基本建设项目投资的最高限额。编制概算，应全面了解工程所在地的建设条件，掌握各项基础资料，正确引用规定的定额、取费标准、工料机单价等进行编制，使概算能准确、完整地反映设计内容。

施工图预算是由设计单位在施工图设计完成后，根据施工图设计图纸、现行预算定额、费用定额及地区人工、材料、施工机械台班等预算价格编制和确定的工程造价文件，是施工图设计文件的重要组成部分，是组织建设项目实施的指导性文件。施工图预算应控制在批准的初步设计总概算范围内。

一、概、预算的作用和编制依据

1. 概算的作用

概算的作用有以下5个方面：

(1)确定建设项目总投资和编制基本建设计划的依据；

(2)签订建设项目总包合同，实行建设项目包干，订购主要材料、设备，安排重大科研项目，联系征用土地及其拆迁等建设前期准备工作的依据；

(3)分析比较设计方案、考核设计经济合理性和考核建设工程成本的依据；

(4)控制施工图预算的依据；

(5)经批准的设计概算是编制招标标底的依据。

2. 施工图预算的作用

施工图预算的作用有以下3个方面：

(1)施工图预算可为办理工程价款的拨付和结算提供依据，又可以促进施工企业进行经济核算和企业管理；

(2)施工图预算可促使设计部门提高技术水平、改进设计方案，从而为基本建设投资管理、核算和监督提供依据；

(3)施工图预算是衡量投标报价合理性的重要依据。

3. 概预算编制依据

概预算编制有以下10个方面的依据：

(1)国家发布的有关法律、法规、规章、规程等；

(2)现行的《公路工程概算定额》(JTG/T B06-01—2007)、《公路工程预算定额》(JTG/T B06-02—2007)、《公路工程机械台班费用定额》(JTG/T B06-03—2007)及本办法；

(3)工程所在地省级交通主管部门发布的补充计价依据；

(4)批准的可行性研究报告(修正概算时为初步设计文件)、初步设计文件(或技术设计文件，若有）等有关资料；

（5）初步设计（或技术设计）、施工图纸图纸等设计文件；

（6）工程所在地的人工、材料、机械及设备预算价格等；

（7）工程所在地的自然、技术、经济条件等资料；

（8）工程施工方案或施工组织设计；

（9）有关合同、协议等；

（10）其他有关资料。

二、外业调查内容

外业调查的内容有以下8个方面：

（1）施工队伍；

（2）施工时间和期限；

（3）工资标准；

（4）设备、材料单价及运输方式；

（5）土地、青苗等补偿费和安置补助费；

（6）拆迁建筑物及树木补偿；

（7）主、副食运输；

（8）临时工程。

三、概、预算文件组成

概、预算文件由封面及目录，概、预算编制说明及全部概、预算计算表格组成。

（一）封面及目录

概、预算文件的封面和扉页应按《公路工程基本建设项目设计文件编制办法》中的规定制作，扉页的次页应有建设项目名称、编制单位、编制和复核人员姓名并加盖执业（从业）资格印章、编制日期及第几册共几册等内容。目录应按概、预算表的表号顺序编排。

封面格式如图3-1所示。

××省××至××高速公路（××至××段）
第3合同段（K95+097.572－K156+918.083）
全长61.731835km

两阶段初步设计
第九册　共十册

××省交通规划勘察设计研究院
二○○九年十月

图3-1　封面格式式样

（二）概、预算编制说明

概、预算编制完成后，应写出编制说明，文字力求简明扼要。编制说明中应包括以下5个方面的内容。

（1）建设项目设计资料的依据及有关文号，如建设项目可行性研究报告批准文件号、初步设计和概算批准文号（编修正概算及预算时），以及根据何时的测设资料及比选方案进行编制的等。

(2)采用的定额、费用标准，人工、材料、机械台班单价的依据或来源，补充定额及编制依据的详细说明。

(3)与概、预算有关的委托书、协议书、会议纪要的主要内容(或将抄件附后)。

(4)总概、预算金额，人工、钢材、水泥、木料、沥青的总需要量情况，各设计方案的经济比较，以及编制中存在的问题。

(5)其他与概、预算有关但不能在表格中反映的事项。

(三)概、预算表格

公路工程概、预算应按统一的概、预算表格计算，其中概、预算相同的表式，在印制表格时，应将概算表与预算表分别印制。

(四)甲组文件与乙组文件

概、预算文件是设计文件的组成部分，按不同的需要分为两组，甲组文件为各项费用计算表，乙组文件为建筑安装工程费各项基础数据计算表(只供审批使用)，甲、乙组文件应按《公路工程基本建设项目设计文件编制办法》关于设计文件报送份数的要求，随设计文件一并报送。报送乙组文件时，还应提供“建筑安装工程费各项基础数据计算表”的电子文档和编制补充定额的详细资料，并随同概、预算文件一并报送。乙组文件中的“建筑安装工程费计算数据表”(08-1 表)和“分项工程概(预)算表”(08-2 表)应根据审批部门或建设项目业主单位的要求全部提供或仅提供其中的一种。概、预算应按一个建设项目，如一条路线或一座独立大(中桥)、隧道，进行编制。当一个建设项目需要分段或分部编制时，应根据需要分别编制，但必须汇总编制“总概(预)算汇总表”。

甲、乙组文件包括的内容介绍如下(具体表格见文件附录六)。

1. 甲组文件

甲组文件包括以下内容：

(1)编制说明；

(2)总概(预)算汇总表(01-1 表)；

(3)总概(预)算人工、主要材料、机械台班数量汇总表(02-1 表)；

(4)总概(预)算表(01 表)；

(5)人工、主要材料、机械台班数量汇总表(02 表)；

(6)建筑安装工程费计算表(03 表)；

(7)其他工程费及间接费综合费率计算表(04 表)；

(8)设备、工具、器具购置费计算表(05 表)；

(9)工程建设其他费用及回收金额计算表(06 表)；

(10)人工、材料、机械台班单价汇总表(07 表)。

2. 乙组文件

乙组文件包括以下内容：

(1)建筑安装工程费计算数据表(08-1 表)；

(2)分项工程概(预)算表(08-2 表)；

(3)材料预算单价计算表(09 表)；

(4)自采材料料场价格计算表(10 表)；

(5)机械台班单价计算表(11 表)；

(6)辅助生产工、料、机械台班单位数量表(12表)。

公路工程概、预算的作用和要求虽然不同,但其编制程序和方法基本上是相同的。

第二节　项目划分与工程量的复核

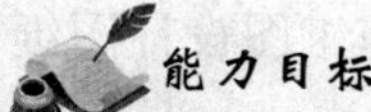

能力目标

1. 能够依据施工图设计文件和概(预)算项目表完成项目的划分。
2. 能够根据施工图设计文件及规范提取工程量。

知识目标

1. 项目表。
2. 工程量的提取。

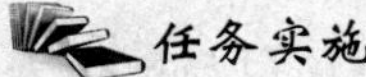

任务实施

1. 任务1

土石方工程量提取和核算,见表3-2。

土石方工程量提取和核算　　表3-2

<table>
<tr><td>工作任务</td><td>1. 参考资料
(1)大柴旦工业园区饮马峡二级公路路基土石方数量计算表等;
(2)计量规则
2. 具体要求
提取路基土石方数量表中的工程量
3. 提交成果
单位:m³
<table>
<tr><th>项　目</th><th>计价方</th><th>挖　方</th><th>填方
(压实方)</th><th>借　方</th><th>弃　方</th><th>利用方</th></tr>
<tr><td>土方</td><td></td><td></td><td></td><td></td><td></td><td></td></tr>
<tr><td>石方</td><td></td><td></td><td></td><td></td><td></td><td></td></tr>
</table>
</td></tr>
</table>

2. 任务2

确定项目见表3-3。

确 定 项 目 表　　表3-3

<table>
<tr><td>工作任务</td><td>1. 参考资料
(1)教材;
(2)编制办法;
(3)施工图设计文件
2. 具体要求
确定公路工程项目的项目表
3. 提交成果
根据设计资料提交大柴旦工业园区饮马峡二级公路工程项目表</td></tr>
</table>

一、项目划分

（一）熟悉图纸

设计图纸是计算工程量的主要依据，全面熟悉设计图纸资料，是快、准、全地编制概、预算的前提条件。对于概、预算的编制，无论采用手工，还是应用计算机软件操作，熟悉设计图纸资料、核对主要工程量都是必须要做的。施工图预算所需要熟悉的图纸资料是施工图设计图纸资料。

在核对施工图设计图纸主要工程量的时候应该注意以下事项。

（1）按照《公路工程基本建设项目设计文件编制办法》规定，对建设项目所必需的图表资料进行清点，避免漏项；

（2）核对各种设计工程量的分部、分项工程名称、计量单位是否与定额标准相符，若不相符，应当调整、统一。

（二）项目表的建立

概、预算项目，应按照项目表的序列及内容编制，如实际出现的工程和费用项目与项目表的内容不完全相符时，一、二、三部分和"项"的序号应保留不变，"目"、"节"、"细目"可随需要增减"细目"依次排列，不保留缺少的"目"、"节"、"细目"的序号。如第二部分，设备工具、器具购置费在该项工程中不发生时，第三部分工程建设其他费用仍为第三部分。同样，路线工程第二部分第六项为隧道工程，第七项为公路设施及预埋管线工程，如路线中无隧道工程项目，但其序号仍保留，公路设施及预埋管线工程仍为第七项。但是"目"、"节"或"细目"发生这样的情况时，可依次递补改变序号，如防护工程中只有挡土墙时，则"节"的序号可改为"1"。路线建设项目中的互通式立体交叉、辅道、支线，如工程规模较大时，也可按概、预算项目表单独编制建筑安装工程，然后将其概、预算建筑安装工程总金额列入路线的总概、预算表中相应的项目内。

项目表详细内容参见《公路工程基本建设项目概算预算编制办法》。

二、工程量的摘取

在熟悉施工图设计图纸和核对工程量的基础上，已经确定了建设项目的路线项目表，接下来的工作，就是如何正确从设计图表中摘取作为计价基础资料的工程量，这也是编制施工图预算的关键。

正确摘取工程量，做到不重复不漏项，才能保证编制质量。

以下分别就路基、路面、桥涵、沿线设施等工程介绍主要工程量的计算和摘取。

（一）路基工程

（1）路基土石方按施工难易分类，应按照土石类别分别计算工程量。

（2）土石方体积计算，要考虑天然密实方与压实方之间的换算系数（见定额运用单元），并且要熟悉相互之间的换算关系。

$$\text{设计断面方} = \text{挖方（天然密实方）} + \text{填方（压实方）} \tag{3-1}$$

$$\begin{aligned}\text{计价方} &= \text{挖方（天然密实方）} + \text{填方（压实方）} - \text{利用方（压实方）} \\ &= \text{挖方（天然密实方）} + \text{借方（压实方）}\end{aligned} \tag{3-2}$$

$$\text{借方} = \text{填方（压实方）} - \text{利用方（压实方）} \tag{3-3}$$

$$\text{弃方} = \text{挖方（天然密实方）} - \text{利用方（天然密实方）} \tag{3-4}$$

(3)其他应计入路基土石方中的工程数量。

①清除表土数量,按施工组织设计并入路基填方数量内计算。

②零填方地段的基底压实、耕地填前夯(压)实后,回填至原地面高程所需的土石方数量,并入路基填方数量内计算。

③因路基沉陷需增加填筑的土石方数量,并入路基填方数量内计算。

④路基边缘须加宽填筑时所需的土石方数量,应由设计根据具体情况计算加宽填筑数量,这部分数量,应并入路基填方数量内。

⑤人工挖运土方、人工开炸石方、机械打眼开炸石方等定额中已包括了开挖边沟的工、料、机消耗数量,因此,开挖边沟的工程数量不再单独计量,而是并入到路基土石方数量内计算。

(4)抛坍爆破的工程数量,按抛坍爆破设计计算;抛坍爆破的石方清运工程量,应按设计数量乘以(1-抛坍率)计算。

(5)袋装砂井及塑料排水板处理软土地基,其工程量为设计深度,砂及砂袋不单独计量,不计预留长度。

(6)土工布的铺设面积、按设计图所示尺寸,以净面积计算锚固沟外边缘所保卫的面积,包括锚固沟的底面积和侧面积。不计入按规范要求的搭接卷边部分。

(7)粉喷桩、振冲碎石桩的工程量,均为设计桩长。

(8)整修边坡的工程量,按公路路基长度计算。

(9)挖截水沟、排水沟的工程量,为设计水沟断面积乘以水沟长度与水沟圬工体积之和。

(10)零填及挖方地段路基基底压实面积等于路槽底面宽度和长度的乘积。

(11)路基工程是公路的基础,在摘取路基工程工程量的时候,应注意以下事项。

①路基土石方的开挖工作,是按工作难易程度,将土和岩石分为松土、普通土、硬土、软石、次坚石、坚石6类,而土石方的运输和压实则只分为土方和石方两项,并均以 m^3 为计量单位。所以,应注意按土石类别或土方和石方分别摘取工程量,以利于套用定额进行计价。

②路基土石方的开挖、装卸、运输是按天然密实体积(m)计算,填方则是按压(夯)实后的体积(m^3)计算。当移挖作填或借土填筑路堤时,应考虑定额中所规定的压实系数因素,即采用天然密实方为计量单位的定额乘以规定的压实系数进行计价。

③由于施工机具存在一个经济运距的问题,如推土机推移土石方的经济距离:中型推土机一般为50~100m,若超过经济运距是很不经济的;而汽车的运距若小于500m的话,也难以发挥汽车运输的优势。所以,为了合理确定路基土石方的运输费用,同时考虑到公路路基土石方的施工又是以推土机为主的情况下,在摘取土石方的增运数量时,应考虑分别不同机械类型及其经济运距,从路基土石方数量计算表上按不同运距摘取其数量和运量,进行统计和汇总并计算出平均运距,以此作为土石方运输计价的依据。

④路基排水及防护工程,是构成路基工程费用的一个项目,在编制施工图预算时,除挖基、排水应按实计价外,还应按不同结构形式和部位进行计价。如石砌挡土墙分为片石、块石等,还分为基础、墙身等不同部位。

⑤软土地基处理的工程量摘取,要注意当采用砂石或碎石等材料作为垫层时,要核查设计图表资料是否已扣减相应的路基填方数量,以免重复计价。

⑥在取定填方数量时,要根据建设工程的实际情况,结合施工计划的安排,如填土最佳含水率要求、在干旱季节施工的质量等,据以确定需要洒水的数量。

⑦在公路建设中,通常在计算路基土石方数量时,不扣除涵洞和通道所占路基土石方的体

积。而高等级公路一般修建这类工程较多,相对而言,就显得突出,故应结合建设工程的实际情况,适当扣减路基填方数量。

⑧设计图表资料要反映下列各项数量,应根据施工组织设计的要求予以取定,并入路基填方数量内计价。

a. 清除表土或零星填方地段的基底压实、耕地填前压(夯)实后,回填至原地面高程所需的土石方数量。

b. 因路基沉陷需增加填筑的土石方数量。

c. 为保证路基边缘的压实度须加宽填筑时所需的土石方数量,若加宽填筑部分需清除,废方需远运处理时,要按实计算工程量和套用相应的定额进行计价。

【案例 3-1】 ××高速公路路基土、石方工程,计有挖土方 3000000m^3,其中松土 500000m^3、普通土 1500000m^3、硬土 1000000m^3。利用开挖土方作填方用计天然密实方松土 300000m^3、普通土 1000000m^3、硬土 500000m^3。开炸石方计 1000000m^3,利用开炸石方作填方用计天然密实方 300000m^3,填方计压实方 4000000m^3。

问题:(1)计算路基设计断面方数量;

(2)计算计价方数量;

(3)计算利用方数量(压实方);

(4)计算借方数量(压实方);

(5)计算弃方数量。

解:(1)路基设计断面方数量:

$3000000 + 1000000 + 4000000 = 8000000\text{m}^3$

(2)计价方数量:

$8000000 - (300000 \div 1.23 + 1000000 \div 1.16 + 500000 \div 1.09 + 300000 \div 0.92) = 6109226\text{m}^3$

(3)利用方数量:

$300000 \div 1.23 + 1000000 \div 1.16 + 500000 \div 1.09 + 300000 \div 0.92 = 1890774\text{m}^3$

(4)借方数量:

$4000000 - 1890774 = 2109226\text{m}^3$

(5)弃方数量:

$3000000 + 1000000 - (300000 + 1000000 + 500000 + 300000) = 1900000\text{m}^3$

(二)路面工程

路面工程数量计算的内容,主要包括:垫层、底基层、基层、沥青混凝土面层、水泥混凝土面层、其他面层、透层、黏层、路面排水、路面其他工程。

1. 计量时应注意的问题

(1)路面实体的计量单位:路面工程量除沥青混合料路面以路面实体体积即按路面设计面积乘以压实厚度计算,以 m^2 为计量单位外,其余路面均以顶面面积计算,以 m^2 为计量单位。

(2)根据设计要求,泥结碎石及级配碎、砾石路面,应加铺磨耗层及保护层,编制预算时要单独计量。

(3)预算定额对路面压实厚度的规定如下:

①各类稳定土基层压实厚度在 15cm 以内;

②级配碎石、级配砾石路面压实度厚度在 15cm 以内;

③填隙碎石一层的压实厚度在 12cm 以内;

④垫层和其他种类的基层压实厚度在 20cm 以内;

⑤面层的压实厚度在 15cm 以内。

当路面实际设计厚度超过定额规定厚度，且采用分层拌和、碾压时，拖拉机、平地机、压路机台班定额数量应加倍计算，每 1000m^2 增加 3.0 工日。

2. 摘取工程量时应注意的问题

路面工程中，除了沥青混合料路面以实体为计量单位外，其余均以路面设计面积计算，不过其中有些计价资料要根据建设工程的实际情况和施工组织设计的要求摘取，它们在设计图表资料上是不反映的。因此，在摘取工程量时，还应注意以下 6 个方面的问题。

(1)要了解开挖的路槽废方，在计算路基土石方数量时，是否作了综合平衡调配，原则上不应在某一地段一面进行借土填筑路堤，而一面又产生大量废方需远运处理的不合理现象。若路槽废方确需远运处理时，则应确定弃土场的地点及其平均运距。其次是应根据路基横断面和沿线路基土石方成分确定挖路槽的土石面积，不应以路基土石方的比例作为划分的依据。

(2)要根据施工组织设计或标段划分，结合该地区现有拌和设备的生产能力，综合考虑临时用地、材料和混合料的运输费用等，合理确定拌和场的地点和面积、需要安拆的拌和设备的型号，并据此计算出混合料的平均运距。

(3)定额手册中的水泥、石灰稳定类基层定额，其水泥或石灰与其他材料系按某一标准的配合比编制的，但考虑到各地水文、地质、气候等情况差异大，建设工程的技术要求不同，其配合比就可能不同。因此，特规定了材料消耗量的换算公式，故在摘取工程量时要注意设计配合比是否与定额规定一致，以便进行调整。

当配合比不同时，有关材料的换算公式是：

$$C_i = [C_d + B_d \times (H_1 - H_0)] \times L_i / L_d \tag{3-5}$$

式中：C_i——按设计配合比换算的材料数量；

C_d——定额中基本压实厚度的材料数量；

B_d——定额中压实厚度增减 1cm 的材料数量；

H_1——设计的压实厚度；

H_0——定额的基本压实厚度；

L_i——设计配合比的材料百分率；

L_d——定额标明的材料百分率。

(4)在预算定额中，有透层、黏层定额，一般在完工的基层上应洒布透层油，再进行沥青混合料的铺筑工程。当在旧沥青路面上或水泥混凝土路面上铺沥青混合料时，则也应洒布黏层油，此时摘取工程量时，不要漏计这些工程内容。

(5)编制预算时，还应结合当地砂石料的情况，按实计列泥结碎石及级配碎、砾石路面的磨耗层和保护层工程量。

(6)要了解桥梁、涵洞、通道、隧道等工程，凡已计列了桥面铺装的，应核查是否已扣除了桥梁等所占的长度和面积，以免重复计价。

(三)桥涵工程

1. 桥涵工程应注意的问题

(1)桥涵结构物，均按其实体体积(不包括其中空心部分的体积)计算工程数量。

(2)计算钢筋混凝土体积时，其工程量不扣除钢筋所占的体积。

(3)桥涵基础工程的工程量计算方法。

①基坑开挖工程量，应按基坑容积计算，基坑深度为坑的顶面中心高程至底面的数值。

②基坑挡土板的支挡面积，应按坑内需支挡的实际侧面积计算。

③草土、(麻)袋、竹笼围堰筑岛高度为平均施工水深加50cm，长度按围堰中心长度计算。套箱围堰的工程量为套箱金属结构的质量，套箱整体下沉时的悬吊平台的钢结构及套箱内支撑的钢结果不得作为套箱工程量进行计算。木笼铁丝围堰实体为木笼所包围的体积。

④沉井制作的工程量，对于重力式沉井为设计图纸井壁混凝土数量；钢丝网水泥薄壁沉井为刃脚及骨架钢材的质量，但不包括铁丝网的质量；钢壳沉井的工程量为钢材的总质量。

⑤沉井浮运、接高、定位落床的工程量，为沉井刃脚外缘所包围的面积，分节施工的沉井接高的工程量，应按各节沉井接高工程量之和计算。

⑥沉井下沉的工程量，按沉井刃脚外缘所包围的面积乘以刃脚下沉入土深度计算。沉井下沉按土、石所在的不同深度分别采用不同下沉深度的定额。定额中的下沉深度指沉井顶面到作业面的高度。定额中已综合溢流(翻砂)的数量，不得另加工程量。

⑦灌注桩成孔的工程量，按设计入土深度计算，孔深指护筒顶至柱底的深度。灌注桩工作平台的工程量按施工组织设计需要的面积计算。

⑧钢护筒的工程量按护筒的设计质量计算，其中干处埋设已按护筒设计质量的周转摊销量计入定额，不再另行计算；水中埋设按护筒全部设计质量计入定额中，可根据设计确定的回收量按规定计算回收金额。设计质量为加工后的成品质量，包括加劲肋及连接用法兰盘等全部钢材的质量。当设计提供不出钢护筒的质量时，可参考表3-4的质量进行计算，桩径不同时可由内插计算。

护筒质量参数表 表3-4

桩径(cm)	100	120	150	200	250	300	350
护筒单位质量(kg/m)	170.2	238.2	289.3	499.1	612.6	907.5	1259.2

⑨人工挖孔的工程量按护筒(护壁)外缘所包围的面积乘以设计孔深计算。

⑩浇注水下混凝土工程量，按设计桩径横断面面积乘以设计桩长计算，不得将挖孔因素计人工程量。

(4)桥涵工程的上部构造工程量计算方法。

①预制构件的工程量，为构件的实体体积(不包括空心部分)。但预应力构件的工程量为构件预制体积与构件端头封锚混凝土的数量之和。

②安装的工程量，为安装构件的体积。

③构件安装时现浇混凝土和砂浆的数量之和。

④预应力钢绞线、预应力精轧螺纹粗钢筋及配锥形锚的预应力钢丝的工程量，为锚固长度与工作长度的质量之和。

⑤涵洞拱盔支架、板涵支架以 m^2 为计量单位，计算支架的水平投影面积数量，即为涵洞长度乘以净跨径；桥梁拱盔以 m^2 为计量单位，计算拱盔的立面积即指起拱线以上的弓形侧面面积，其工程量按公式计算：

$$F = K \times 净跨径^2 \tag{3-6}$$

式中：K——按表3-5中规定选用。

***K* 值 选 用** 表3-5

拱矢度	1/2	1/2.5	1/3	1/3.5	1/4	1/4.5	1/5	1/5.5	1/6	1/6.5	1/7	1/7.5	1/8	1/9	1/10
K	0.393	0.289	0.241	0.203	0.172	0.154	0.138	0.125	0.113	0.104	0.096	0.090	0.084	0.076	0.067

⑥桥梁支架的立面积为桥梁净跨径乘以高度，拱桥高度为起拱线以下至地面的高度，梁式桥高度为墩、台帽顶至地面的高度，这里的地面指支架地梁的底面。

⑦大型预制件平面底座(适用于T形梁、I形梁等),每根梁底座面积的工程量按式(3-7)计算:

$$底座面积=(梁长+2.00m)\times(梁宽+1.00m) \tag{3-7}$$

曲面底座适用于梁底为曲面的箱形梁(如T形刚构)F每根梁底座面积的工程量按式(3-8)计算:

$$底座面积=构件下弧长\times底座实际修建宽度 \tag{3-8}$$

⑧蒸汽养生室面积按有效面积计算,其工程量按每一养生室安置两片梁,其梁间距离为0.8m,并按长度每端增加1.5m,宽度每边增加1.0m计算。

【案例3-2】 某大桥桥梁全长1232m,上部构造为13×30m+7×40m+20×30m先简支后连续预应力混凝土(后张法)T形结构,其中30m预应力混凝土T梁每孔桥14片梁,梁高1.8m、梁顶宽1.6m、梁底宽4em,40m预应力混凝土T梁每孔桥14片梁,梁高2.1m、梁宽1.6m、梁底宽50cm,上部构造预制安装总工期按8个月计算,每片梁预制周期8天。

问题:计算预制梁的数量及底座面积。

解:预制底座计算。

需要预制的30m跨T形梁的数量:(13+20)×14=462片

需要预制的40m跨T、形梁的数量:7×14=98片

T形梁的预制安装总工期为8个月,考虑到预制与安装存在一定的时差,本题按1个月考虑,因此,预制与安装的工期均按7个月计算,每片梁预制需要8天,故需要底座数为:

30m跨底座:462×8÷210=17.6个,即底座个数应不少于18个。

40m跨底座:98×8÷210=3.7个,即底座个数应不少于4个。

底座面积为:$18\times(30+2)\times(1.6+1)+4\times(40+2)\times(1.6+1)=1934.4m^2$。

2. 摘取工程量的辅助工程顺序

桥涵工程计价的项目比较多,工程量的摘取工作难度也很大,根据实践经验,按照通常的施工顺序摘取工程量,一般比较准确而迅速,也就是说,从挖基开始摘取工程量,然后按照基础、下部和上部以及相应的辅助工程顺序进行,可以使工作程序系统化,避免漏项或重复的错误。

(1)开挖基坑。基坑的开挖工作,应按土方、石方、深度、干处或湿处等不同情况分别统计其数量,并结合施工期内河床水位高低合理确定围堰的类别及其数量,基坑排水台班消耗标准,以及必须采取的技术安全措施等,还应了解如挖基废方需要远运处理,原有地形地貌需要修复的情况,应遵循"从实际出发,不留隐患"的原则,确定其计价数量,将所需费用计入工程造价内,以免造成水土流失,破坏生态环境。

(2)基础工程。基础工程有砌石、混凝土、沉井、打桩和灌注桩等多种结构形式。涵洞的基础多采用砌石,桥梁的基础除了砌石和混凝土外,还采用灌注桩。

基础砌石和混凝土圬工,常称为天然地基上的基础。砌石基础应按片石、块石分别进行统计汇总,编制预算时,还应注意划分砂浆强度等级。若设计图表上只有砌体总数时,考虑基础外缘和分层砌筑等因素,可分别按80%片石、20%块石计价;编制混凝土基础预算时,应按不同强度等级和是否掺用片石分别进行统计汇总。

钻孔灌注桩基础的施工工艺比较复杂,有些工程量要结合建设工程的实际情况和施工组织设计的要求,通过多方分析论证,才能取得有关计价资料。在摘取工程量时,应注意以下有关要求。

①根据工程的地质情况,选定好钻孔机具的型号,以利适用定额和确定相应的辅助工程量。

②当在水中采用围堰筑岛填心进行钻孔施工时,可按灌注桩外边缘宽3.0m左右,确定围堰及筑岛填心的工程量。计算埋设护筒数量时,则应视同为"干处"计价。

③在干处埋设护筒,一般可按每个护筒长2.0m或按设计数量计算;水中埋设护筒可按设计数量计算,若系钢护筒,应按规定计算回收金额。

④在水中进行钻孔时,应计列灌注桩工作平台、泥浆船及其循环系统(如有需要)。

⑤钻孔的土质定额分为八种,并按不同桩径和钻孔深度划分为多项定额标准,故应按照地质钻探资料,对照定额土质种类的规定,分别确定其钻孔的工程量,因钻孔的计量单位是以m来计,故其钻孔深度应以地表面与设计桩底的深度为准;当在水中采用围堰筑岛填心施工时,则应以围堰的顶面与设计桩底的深度为准。钻孔废渣若需远运处理时,应根据弃置场的运距另行计价。

⑥一般一座墩台的灌注桩基础若只有两根时,可不设置承台,而是设计为系梁,这种系梁工程应按承台定额计价。当在陆地(或采用围堰筑岛填心钻孔)进行承台或系梁施工时,应按实际计算挖基数量及其排水和废方的远运处理。

⑦浇注水下混凝土的工程量,应按设计桩径断面乘以设计桩长计算,不得将扩孔用量计入工程量。若混凝土拌和需设置拌和船(站)时,可根据实际情况取定并计算其费用。

(3)下部工程。桥梁的下部构造有砌石、现浇混凝土和预制安装混凝土构件等不同结构形式。

①墩台砌石工程的数量,若施工设计图纸上未具体划分片石、块石时,台身可按75%的片石、25%的块石,墩身可按60%的片石、40%的块石,取定其工程量,作为编制预算的依据。

②凡是墩台镶面、拱石、帽石、栏杆等采用浆砌混凝土预制块编制预算时,预制块的预制数量以设计砌体乘以0.92的系数作为预制块的计价依据。

③桥台上的路面应归入路面工程内计价。

④编制现浇混凝土方柱式墩(高30m以内)、空心墩(高40m以内)和索塔的预算时,应以每座墩、塔基数确定提升模架和施工电梯的数量,作为计价依据。

(4)上部工程。桥梁的上部构造分为行车道系、桥面铺装和人行道系3个部分,有砌石、现浇混凝土、预制安装混凝土构件、钢桁架和钢索吊桥等不同结构形式。在摘取桥梁工程的计价工程量时,应按行车道、桥面铺装和人行道系的顺序进行,以避免重复和遗漏。

(5)涵洞工程。与编制桥梁工程预算一样,要分别按挖基、基础和上下部工程,以及相应的辅助工程,来摘取或确定其计价工程量。挖方废方是否需要处理,也要综合考虑,按实计入工程造价。

(6)钢筋工程。桥涵工程的钢筋工程都是与混凝土分开的,其计量单位以t计。定额中的光圆钢筋和带肋钢筋的比例关系,是按一般情况确定的,若与设计图表资料不同时,可据实进行调整。编制预算时,应按分部分项工程的要求和光圆、带肋钢筋分别从设计图表上摘取工程量,作为计价依据。

(四)沿线设施

1.安全设施计量规则

(1)钢筋混凝土防撞护栏中铸铁柱与钢管栏杆按柱与栏杆的总质量计算,预埋螺栓、螺母及垫圈等附件已综合在定额内,不得另行计算。

(2)波形钢板护栏钢管柱、型钢柱按柱的成品质量计算;波形钢板按波形钢板、端头板(包括端部稳定的锚碇板、夹具、挡板)与撑架的总质量计算,柱帽、固定螺栓、连接螺栓、钢丝绳、螺母及垫圈等附件已综合在定额内,不得另行计算。

(3)隔离栅中钢管柱按钢管与网框型钢的总质量计算,型钢立柱按柱与斜撑的总质量计算。钢管柱定额中已综合了螺栓、螺母、垫圈及柱帽钢板的数量，型钢立柱定额中已综合了各种连接件及地锚钢筋的数量，不再另行计算。

(4)钢板网面积按各网框外边缘所保卫的净面积之和计算。刺铁丝网按刺铁丝的总质量计算；铁丝编织网面积按网高(幅宽)乘以网长计算。

(5)中间带隔离墩上的钢管栏杆与防眩板分别按钢管与钢板的总质量计算。

(6)站台地坪按地坪铺砌的净面积计算，其中路缘石及地坪垫层的数量已综合在定额内，不再另行计算。

2. 光缆、电缆敷设计量规则

(1)电缆敷设按单根延米计算(如一个架上敷设3根各长100m的电缆，工程量应按300m计算，以此类推)。电缆附加及预留的长度是电缆敷设长度的组成部分，应计入电缆工程量之内。电缆进入建筑物预留长度按2m计算，电缆进入沟内或吊架预留长度按1.5m计算，电缆中间接头盒预留长度两端各按2m计算。

(2)电缆沟盖板、盖按每揭、盖一次以延米计算。又揭又盖，按两次计算。

(3)用于扩(改)建工程时，所用定额的人工工日乘以11.35系数；用于拆除工程时，所用定额的人工工日乘以0.25系数。施工单位为配合认证单位验收测试而发生的费用，按定额验证测试子目的工日、仪器仪表台班总用量乘以0.3系数计取。

3. 监控、收费系统计量规则

(1)设备安装定额单位除LED显示屏以m^2计、系统试运行以系统月计算外，其余均以台或套计。

(2)计算机系统可靠性、稳定性运行按计算机24h连续计算确定，超过要求时，其费用另行计算。

(3)收费岛混凝土工程量按岛身、收费亭基础、收费岛敷设穿线钢管水泥混凝土垫层、防撞水泥混凝土基础、配电箱水泥混凝土基础和控制箱水泥混凝土基础体积之和计算。

(4)收费岛钢筋工程量按收费岛、收费亭基础的钢筋数量之和计算。

(5)设备基础混凝土工程量按设备水泥混凝土基础体积之和计算。

(6)镀锌防撞栏的工程量按镀锌防撞护栏的质量计算。

(7)钢管防撞柱的工程量按钢管防撞柱的质量计算。

(8)配电箱基础预埋PVC管的工程量按PVC管长度计算。

(9)敷设电线钢套管的工程量按敷设电线钢套管质量计算。

综上所述，计算和摘取编制施工图预算的正程量的工作依据，应包括施工图设计图纸、预算定额、施工组织设计以及计算和摘取工程量的程序和方法。这些组成部分互相联系，在编制施工图预算时，应充分理解和认识它们之间的相互关系，以确保施工图预算的编制质量。编制其他造价文件时也应注意。

第三节　定额运用

能力目标

1. 能够描述公路工程定额的分类。

2. 能够独立查找定额，并熟练进行定额的抽换。

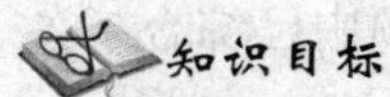知识目标

1. 定额的概念。
2. 定额的分类。
3. 定额的套用。

任务实施

定额抽换—砂浆配合比换算，见表3-6。

定额抽换—砂浆配合比换算 表3-6

<table>
<tr><td>工作任务</td><td>1. 参考资料
(1)预算定额；
(2)某浆砌片石实体式桥台高8m，设计采用M5水泥砂浆。试按预算定额确定每10m³砌体资源消耗量
2. 具体要求
(1)正确使用基本定额；
(2)调整不同强度等级砂浆对用的水泥、中粗砂等消耗量；
(3)确定调整以后的定额值
3. 提交成果
<table>
<tr><td>砂浆强度等级</td><td>水泥（kg/m³）</td><td>调整前定额值</td><td>调整后定额值</td><td>中粗砂（m³/m³）</td><td>调整前定额值</td><td>调整后定额值</td></tr>
<tr><td>M5</td><td></td><td></td><td></td><td></td><td></td><td></td></tr>
<tr><td>M7.5</td><td></td><td></td><td></td><td></td><td></td><td></td></tr>
</table>
</td></tr>
</table>

一、定额的概念

(一)定额的含义

在建筑工程施工过程中，完成任何一件产品，都需要消耗一定数量的人工、材料和机械。而这些资源的消耗是随着生产中各种因素的不同而变化的。定额就是在正常生产条件下，合理地组织施工、合理地使用材料和机械的情况下，完成单位合格产品所必需的人工、材料、机械设备及资金消耗的限额标准。同时在定额中还规定了相应的工作内容和要达到的质量标准以及安全要求。

(二)定额水平

定额水平就是定额标准的高低，它与当时的生产因素及生产力水平有着正比的关系，是一定时期社会生产力的反映。定额水平是随着生产力水平的变化而变化的。一般影响定额水平的因素主要有：

(1)被视察人员的技术水平、心理因素、劳动态度等；

(2)被视察对象的机械化程度；

(3)新材料、新工艺、新技术的应用；

(4)企业的组织管理水平；

(5)劳动生产环境；

(6)产品的质量及操作安全等要求。

因此，定额水平的确定，必须从实际出发，根据生产条件、质量标准和现有的技术水平，选择先进合理的操作对象进行观测、计算、分析而定；并随着生产力水平的提高而进行补充修订，以适应生产发展的需要。

定额应起到调动职工积极性、提高劳动生产率、降低工程成本、保证质量及工期的作用。因此，既要考虑定额的先进合理性，同时，还要考虑在正常条件下，大多数人经过努力均可达到且少数人可能超额的情况。

（三）定额的特点

在我国的社会主义制度下，定额具有以下特性。

1. 定额的科学性和群众性

定额的科学性，主要体现在工程建设定额必须和生产力发展水平相适应，能反映出工程建设中生产消耗的客观规律。定额数据的确定必须是在认真研究和总结广大工人生产实践经验基础上，实事求是地广泛搜集资料，经过科学地分析研究而确定，它能正确地反映单位产品生产所需要的资源量。

定额的群众性，反映在定额的制定和执行过程中，都是在工人群众直接参与下进行的。定额的产生来源于群众，定额的执行要依靠群众。定额水平既要反映国家和集体的整体利益，也要反映群众的要求和愿望，这样群众才能乐于接受，定额才能顺利地得以贯彻执行。

2. 定额的权威性和强制性

工程建设定额是由国家基本建设委员会或授权机关编制的，具有权威性。这种权威性在一些情况下具有经济法规性质和执行的强制性。

工程建设定额的权威性和强制性意味着在规定的范围内，对于定额的使用者和执行者来说，都必须按定额的规定执行。在当前市场不规范的情况下，赋予工程建设定额以强制性是十分重要的，它不仅是定额作用得以发挥的有力保证，而且也有利于理顺工程建设有关各方面的经济关系和利益关系。需要说明的是，这种强制性也有相对的一面。在竞争机制引入工程建设的情况下，定额的水平必然会受市场供求状况的影响，从而在执行中可能产生定额水平的浮动。准确地说，这种强制性不过是一种限制，一种对生产消费水平的合理限制，而不是对降低生产消费的限制，不是对生产力发展的限制。应该提出的是，在社会主义市场经济条件下，对定额的权威性和强制性不应绝对化。

3. 定额的稳定性和时效性

工程建设定额中的任何一种都是一定时期社会生产力发展的反映，因而在一段时期内都表现出稳定的状况。保持定额的稳定性是维护定额的权威性所必需的，更是有效地贯彻定额所必需的。如果某种定额处于经常修改变动之中，那么必然造成执行中的困难和混乱，使人们感到没有必要去认真对待它，很容易导致定额权威性的丧失。

但是工程建设定额的稳定性是相对的。当社会生产力向前发展了，定额就会与已经发展了的生产力不相适应。这样，它原有的作用就会逐步减弱以致消失，甚至产生负效应。所以，工程建设定额在具有稳定性特点的同时，也具有显著的时效性。当定额不再能起到促进生产发展的作用时，就需要对工程建设定额重新编制或修订。

4. 定额的针对性

定额的针对性很强，实行做什么工程，用什么定额，一种工序对应一项定额，不得乱套定额；必须严格按照定额的项目、工作内容、质量标准、安全要求执行定额；不得随意增减工时消耗、材料消耗或其他资源消耗；不得减少工作内容，降低质量标准难等。

二、定额的分类

(一)工程定额分类

1. 按生产要素分类

生产要素包括劳动者、劳动手段和劳动对象3部分。与其相对应的定额是劳动定额、材料消耗定额和机械台班使用定额。这是最基本的分类法,它直接反映出生产某种单位合格产品所必须具备的因素,因此,劳动定额、机械台班使用定额和材料消耗定额是施工定额、预算定额、概算定额等多种定额的最基本的组成部分。

(1)劳动定额,即人工定额。它反映了建筑工人劳动生产率水平的高低,表明在合理、正常施工条件下,单位时间内完成合格产品的数量或完成单位合格产品所需工时的多少。因此,劳动定额由于其表述形式不同,又分为时间定额与产量定额,前者为产量定额,后者为时间定额。

(2)材料消耗定额,指在合理地组织施工、合理地使用材料的情况下,生产单位合格产品所必须消耗的某一定规格的建筑材料、成品、半成品、水、电等资源的数量标准。它反映的是生产因素中第二个因素,即劳动对象在生产活动中的变化情况。

(3)机械台班定额,也称机械使用定额。它反映了在合理的劳动组织、生产组织条件下,由专职工人或工人小组管理或操纵机械时,该机械在单位时间内的生产效率。按其表现的形式不同,也可分为时间定额和产量定额。

2. 按编制程序和用途分类

(1)工序定额,是以个别工序为标定对象编制的,它是组成定额的基础。工序定额一般只作为下达企业内部个别工序的施工任务的依据。

(2)施工定额,是施工企业组织生产和加强管理在企业内部使用的生产定额,它是以同一性质的施工过程为标定对象,规定某种建筑产品生产所需的人工、机械使用和材料消耗量标准的定额。它由劳动定额、机械定额、和材料消耗定额3个相对独立的部分组成。

(3)预算定额,是以施工定额为基础编制的,它是施工定额的综合和扩大,是编制施工图预算、确定建筑工程预算造价的依据,也是编制概算定额和估算指标的基础。

(4)概算定额,是以预算定额为基础编制的,它是预算定额的综合和扩大,是编制设计概算、修正概算或进行方案技术经济比较的依据,也是编制主要材料计划的依据。

(5)估算指标,是比概算定额更为综合的指标,它是项目建议书及工程可行性研究阶段估算工程造价的依据,是进行技术经济分析,估算建设成本的标准。

3. 按费用性质分类

按费用性质分类,定额分为直接费定额和间接费定额。

4. 按专业性质分类

按专业性质分类,定额可分为建筑安装工程定额、公路工程定额、水运工程定额等。

5. 按颁发部门及适用地区分类

工程建设定额可分为全国统一定额、行业统一定额、地区统一定额、企业定额和补充定额5种。

(1)全国统一定额。由国家建设行政主管部门,综合全国工程建设中技术和施工组织管理的情况编制,并在全国范围内执行的定额,如全国统一安装工程定额。

(2)行业统一定额。考虑到各行业部门专业工程技术特点,以及施工生产和管理水平编制的，一般只在本行业和相同专业性质的范围内使用的专业定额，如水运工程定额、公路工程定额等。

(3)地区统一定额。地区统一定额主要是考虑地区性特点和全国统一定额水平做适当调整补充编制的。由于各地区不同的气候条件、经济技术条件、物质资源条件和交通运输条件等，构成对定额项目、内容和水平的影响，是地区统一定额存在的客观依据。

(4)企业定额。由施工企业考虑本企业具体情况，参照国家、部门或地区定额的水平制定的定额，只在企业内部使用，是企业素质的一个标志。企业定额水平一般应高于国家现行定额，才能满足生产技术发展、企业管理和市场竞争的需要。

(5)补充定额，是指随着设计、施工技术的发展，现行定额不能满足需要的情况下，为了补充缺项所编制的定额。补充定额只能在指定的范围内使用，可以作为以后修订定额的基础。一般按编制单位和执行范围分类。

(二)公路工程定额

公路工程造价编制需要用到的定额，有估算指标、概算定额、预算定额、施工定额、机械台班费用定额等。

三、定额的直接套用

(一)定额组成

现行《公路工程预算定额》(JTG/T B06-02—2007)(以下简称《预算定额》)的组成部分主要有以下几个方面。

1. 定额的颁发文件

定额的颁发文件是指刊印在《预算定额》前部，由政府主管部门(交通运输部)颁发的关于定额执行日期、定额性质、适用范围及负责结实的部门等法令性文件。

2. 总说明

总说明综合阐述定额的编制原则、指导思想、编制依据和适用范围，以及涉及定额使用方面的全面性的规定和解释。它是各章说明的总纲，具有统管全局的作用。

3. 目录

目录位于总说明之后，目录简明扼要地反映定额的全部内容及相应的页号，对查找定额起索引作用。

4. 章(节)说明

《预算定额》分上、下两册，共有路基工程、路面工程、隧道工程、桥涵工程、交通工程及沿线设施、临时工程、材料采集及加工、材料运输九章。各章(节)的首页都有章(节)说明，章(节)说明主要讲述本章(节)的工程内容、工程量的计算方法和规定，计算单位及尺寸的起讫范围，以及计算的附表等，它是正确引用定额的基础。

5. 定额表

定额表是《预算定额》的主要组成部分，是定额各指标数额的具体体现，主要内容如下。

(1)表号及定额表名称。定额是由大量的定额表组成的，每张定额表都有自己的表号和表名。如《预算定额》"1-1-9 挖掘机挖装土、石方"指的是第一章路基工程中的第一节第9表——挖掘机挖装土、石方；

(2)工程内容。工程内容位于定额表的左上方。工程内容主要说明本定额表所包括的主要内容。查定额时，必须将实际发生的操作内容与表中的工程内容对照，若不一致时，应按照章(节)说明中的规定进行调整。

(3)定额单位。定额单位位于定额表的右上方,如定额表"1-1-9 挖掘机挖装土、石方"中"单位:$1000mm^3$天然密实方"定额单位是合格产品的计量单位,实际工程数量应是定额单位的倍数。

(4)顺序号。顺序号是定额表中第1项的内容。如表"1-1-9 挖掘机挖装土、石方"中"1、2、3、…"顺序号表征人工、材料、机械及费用的顺序号,起简化说明的作用。

(5)项目。项目是定额表中第2项的内容。如表"1-1-9 挖掘机挖装土、石方"中"人工、75kW 以内履带式推土机……基价"项目是本定额表中工程所需的人工、材料、费用的名称和规格。

(6)代号。当采用电算方法来编制工程概、预算时,可引用表中代号作为工、料、机名称的识别符。

(7)工程细目。工程细目表中本定额所包括的具体内容,如表"1-1-9 挖掘机挖装土、石方"中"0.6 以内斗容量挖装普通土"。

(8)栏号。栏号指工程细目的编号,如表"1-1-9 挖掘机挖装土、石方"中"0.6 以内斗容量挖装普通土"工程细目的编号为"2"。

(9)定额值。定额值就是定额表中各种资源消耗量的数值。

(10)基价。基价是指该工程细目的工程价格。其作用主要是计算其他费用的基数。

(11)注解。有些定额表在其下方列有注解。如表"1-1-9 挖掘机挖装土、石方"中"注:土方不需装车时,应乘以 0.87 的系数"。"注"是对定额表中内容的补充说明,使用时必须仔细阅读,以免发生错误。

(二)定额使用方法

我们平时所说的"查定额",就是根据编制施工图预算的具体条件和目的,查找到所需要的、正确的定额的过程。为了正确地运用定额,首先,必须反复学习定额,熟悉并且掌握定额,必须收集并熟悉中央及地方交通主管部门有关定额运用方面的文件和规定。在此前提下,运用定额的基本步骤如下。

(1)根据项目表,依次按目、节确定欲查定额的项目名称,再据此在目录中找到其所在页码,并找到所需要定额表。但要注意核查定额的工作内容、作业方式是否与施工组织设计相符。

(2)查到定额表后再进行如下工作:

①检查表上"工程内容"与设计要求、施工组织要求有没有出入,若无出入,则可在表中找到相应的细目,并进一步确定子目(栏号);

②检查定额表的计量单位与工程项目取定的计量单位是否一致,是否符合规定的工程量计算规则;

③检查定额的总说明、章说明、节说明以及表下的小注是否与所查子目的定额有关,若有关,则采取相应措施;

④根据设计图纸和施工组织设计,检查一下子目中有无需要抽换的定额,是否允许抽换,若应抽换,则进行具体抽换计算;

⑤依次按子目序号确定各项定额值,可直接引用的就直接抄录,需要计算的则在计算后抄录。

(3)重新按上述步骤复核。

(4)该项目的该细目定额查完后，再查该项目的另外细目的定额，依次完成后，再查另一项目的定额。

(三)预算定额的直接运用

《预算定额》项目划分比较详细，章、节说明繁多，要运用好预算定额，需要长期、全面、反复阅读和理解总说明及各章说明，掌握定额表中划分的各工程细目所包含的工程内容、采用的计量单位的大小、有关附注的要求、预算定额的四个附录的使用方法等，通过工作实践，不断加深理解，逐步掌握运用。如查找"干砌片石锥坡"的预算定额，结果为4-5-1-2，即第四章桥梁工程第五节第一张定额表"干砌片石、块石"中第二个工程细目"锥坡、沟、槽、池"。

【案例3-3】 某路基工程采用$10m^3$以内自行式铲运机铲运硬土$53000m^3$，平均运距800m，重车上坡坡度15%，机械达不到需人工配合部分按10%考虑。试按预算定额计算人工、机械消耗量。

解：按第一章第一节说明第3条，因挖方部分机械达不到需由人工配合完成的工程量是由施工组织设计确定的。其人工操作部分应按定额乘以系数1.15。

(1)人工挖土方工程量：20m挖运硬土工程量$53000 \times 10\% = 5300m^3$

人工消耗量：$5300 \times 258.5 \div 1000 \times 1.15 = 1575.56$工日

(2)由预算定额第22页表注：采用自行式铲运机铲运土方时，铲运机台班数量应乘以系数0.7；上坡坡度大于10%时，应按地面斜距乘以系数1.5为运距。

坡面斜距$=800^2 + (800 + 15\%)^2 = 808.9m$

运距$=808.9 \times 1.5 = 1213.4m$

铲运机铲运土方工程量：$53000m^3$

(3)由定额号[1-1-13-(7+8×22)]"铲运机铲运土方"(计量单位为$1000m^3$天然密实方)，得：

人工：$53 \times 5 = 265$工日

75kW以内履带式推土机：$53 \times 0.47 = 24.91$台班

$10m^3$以内自行式履带机：$53 \times (2.52 + 0.39 \times 22) \times 0.7 = 422.94$台班

(4)该项目"人工挖运土方"及"铲运机铲运土方"的人工、机械消耗量：

人工：$1575.56 + 280 = 1855.56$工日

75kW以内履带式推土机：$53 \times 0.47 = 24.91$台班

$10m^3$以内自行式履带机：$53 \times (2.52 + 0.39 \times 22) \times 0.7 = 422.94$台班

(四)常用定额的抽换

在直接套用定额的基础上，需要根据时间情况对定额进行换算，以下是《预算定额》中经常出现的定额抽换说明及案例。

一、第一章路基工程

1.第一节路基土石方常用定额抽换的说明

(1)定额抽换说明5。自卸汽车运输路基土石方定额项目和洒水汽车洒水定额项目，仅适用于平均运距在15km以内的土石方或水的运输，当平均运距超过15km时，应按社会运输的有关规定计算其运输费用。当运距超过第一个定额运距单位时，其运距尾数不足一个增运定额单位的半数时不计，超过半数时按一个增运定额运距单位计算。

(2)定额抽换说明8。土石方体积的计算。除定额中另有说明者外，土方挖方按天然密实体积计算，填方按压(夯)实后的体积计算；石方爆破按天然密实体积计算。当以填方压实体积为工程量,采用以天然密实方为计量单位的定额时,所采用的定额应乘以表3-7所列系数。

系 数 值　　表3-7

公路等级	土方			石方
	松土	普通土	硬土	
二级及二级以上等级公路	1.23	1.16	1.09	0.92
三、四级公路	1.11	1.05	1.00	0.84

注:推土机、铲运机施工土方的增运定额按普通土栏目的素数计算;人工挖运土方的增运定额和机械翻斗车、手扶拖拉机运输土方、自卸汽车运输土方的运输定额在表中系数的基础上增加0.03的土方运输损耗,但弃方运输不应计算运输损耗。

2.第二节排水工程常用定额

混凝土、砂浆强度等级的调整抽换的说明排水工程涉及混凝土、砂浆等配比材料强度等级的调整,可以直接选择要替换进来的混凝土、砂浆强度等级的,即可完成混凝土、砂浆强度等级的调整操作。

二、第二章路面工程

1.第一节路面基层及垫层常用定额抽换的说明

(1)定额抽换说明1。各类稳定土基层、级配碎石、级配砾石基层的压实厚度在15cm以内,填隙碎石一层的压实厚度在12cm以内,垫层、其他种类的基层和底基层压实厚度在20cm以内,拖拉机、平地机和压路机的台班消耗按定额数量计算。如超过上述厚度进行分层拌和、碾压时,拖拉机、平地机和压路机的台班消耗按定额数量加倍计算,每1000m^3增加3个工日(见表3-8)。

基层与底基层单层厚度及超出厚度处理表　　表3-8

基层与底基层类型	单层压实厚度	超出单层厚度处理
稳定土基层、级配碎石、级配砾石基层	15cm	分层拌和、碾压时,拖拉机、平地机和压路机的台班消耗按定额数量加倍计算,每1000m^2增加3个工日
填隙碎石	12cm	
垫层、其他种类的基层和底基层	20cm	

(2)定额抽换说明2。各类稳定土基层定额中的材料消耗系按一定配合比编制的,当设计配合比与定额标明的配合比不同时,有关材料可按《公路工程预算定额》P78公式换算。

2.第二节路面面层常用定额抽换的说明

(1)定额抽换说明1。泥结碎石、级配碎石、级配砾石、天然砂砾、粒料改善土路面面层的压实厚度在15cm以内,拖拉机、平地机和压路机的台班消耗按定额数量计算。如超过上述压实厚度进行分层拌和、碾压时,拖拉机、平地机和压路机的台班消耗按定额数量加倍计算,每1000m^2增加3个工日(见表3-9)。

面层类型单层厚度及超出处理方法　　表3-9

面层类型	单层压实厚度	超出单层厚度处理
泥结碎石、级配碎石、级配砾石、天然砂砾、粒料改善土路面面层	15cm	分层拌和、碾压时,拖拉机、平地机和压路机的台班消耗按定额数量加倍计算,每1000m^2增加3个工日

(2)定额抽换说明10。本定额是按一定的油石比编制的，当设计采用的油石比与定额不同时，可按设计油石比调整定额中的沥青用量。

换算公式如下：

$$S_i = S_d \times (L_i / L_d) \tag{3-9}$$

式中：S_i——按设计油石比换算后的沥青数量；

S_d——定额中的沥青数量；

L_d——定额中标明的油石比；

L_i——设计采用的油石比。

三、第四章桥涵工程

1. 基坑开挖定额调整

4-1-1 人工挖基坑土石方。

注：基坑挖深超过6m时，每加深1m，按挖基6m以内干处递增5%，湿处递增10%。766×[1+10%×(8-6)]=919.2m^3

2. 围堰高度调整

按定额4-1、4-2、4-2-3、4-2-4进行调整。

注：围堰高度不同时，可内插计算。

3. 4-2-9 沉井下沉深度调整

(1)沉井下沉应按土、石所在的不同深度分别采用不同的下沉深度定额，如沉井下沉在5m以内的土、石应采用下沉深度0~5m的定额，当沉井继续下沉到10m以内时，对于超过5m的土、石应执行下沉深度5~10m的定额。

(2)当下沉深度超过40m时，按每增加10m为一挡，每增加一档按下沉深度30~40m定额的人工、机械分不同地质乘以下列系数进行计算。

4. 射水打桩

见定额4-3-1、4-3-2。

注：本定额为不射水打桩，如为射水打桩时，按相应定额人工及机械台班消耗乘0.98系数，并按打桩机台班数量增加5~6级高压水泵台班，其余不变；接头定额系指考虑在打桩时接桩，如在场地预先接桩时，应扣除打桩机台班，人工乘0.5系数，其余不变。

5. 灌注桩桩径调整

当设计桩径与定额采用桩径不同时，可按表3-10中系数调整。

系数值 表3-10

桩径(cm)	130	140	160	170	180	190	210	220	230	240
调整系数	0.94	0.97	0.7	0.79	0.89	0.95	0.93	0.94	0.96	0.98
计算基数	桩径150cm以内		桩径200cm以内				桩径250cm以内			

6. 预应力钢绞线束数调整

7. 构件运输

本节的各种运输距离以10m、50m、1km为计算单位，不足第一个10m、50m、1km者，均按10m、50m、1km计，超过第一个定额运距单位时，其运距尾数不足一个定额单位的半数时不计，超过半数时按一个定额运距单位计算。

8. 梁拱盔、支架工程宽度换算

桥梁拱盔、木支架及简单支架均按有效宽度8.5m计，钢支架按有效宽度12.0m计，如实际宽度与定额不同时可按比例换算。桥梁钢支架15.0m宽，则换算系数为15/12 = 1.25。

第四节　工、料、机单价的确定

能够独立确定人工、材料、机械的预算价格。

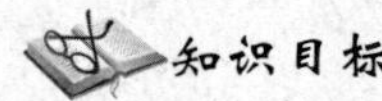

1. 人工预算单价的计算过程。
2. 外购材料预算单价的确定。
3. 自采材料预算单价的确定。
4. 机械台班单价的费用组成及确定。

任务实施

1. 任务1

自采材料预算单价的确定，见表3-11。

自采材料预算单价的确定　　表3-11

<table>
<tr><td>工作任务</td><td>
1. 参考资料
(1)教材；
(2)案例
2. 具体要求
(1)能准确说出材料预算价格的组成部分；
(2)准确计算自采材料的预算单价
3. 提交成果
学生根据设计文件资料计算开采片石的预算单价
<table>
<tr><td rowspan="2">定额号</td><td rowspan="2">材料规格名称</td><td rowspan="2">单位</td><td rowspan="2">料场价格(元)</td><td colspan="2">人工
7.92元/工日</td><td colspan="2">钢钎
8.0元/kg</td><td colspan="2">硝铵炸药
9.0元/kg</td><td colspan="2">导火线
1.0元/m</td><td colspan="2">普通雷管
1.0元/个</td></tr>
<tr><td>定额</td><td>金额</td><td>定额</td><td>金额</td><td>定额</td><td>金额</td><td>定额</td><td>金额</td><td>定额</td><td>金额</td></tr>
<tr><td></td><td>片石</td><td>m^3</td><td></td><td></td><td></td><td></td><td></td><td></td><td></td><td></td><td></td><td></td><td></td></tr>
</table>
<table>
<tr><td rowspan="2">规格名称</td><td rowspan="2">单位</td><td rowspan="2">原价(元)</td><td colspan="5">运杂费</td><td rowspan="2">原价运费合计(元)</td><td colspan="2">场外运输损耗</td><td colspan="2">采购及保管费</td><td rowspan="2">预算单价(元)</td></tr>
<tr><td>供应地点</td><td>运输方式、比重及运距(km)</td><td>毛重系数或单位毛重</td><td>运杂费构成说明或计算式</td><td>单位运费(元)</td><td>费率(%)</td><td>金额(元)</td><td>费率(%)</td><td>金额(元)</td></tr>
<tr><td>片石</td><td>m^3</td><td></td><td></td><td></td><td></td><td></td><td></td><td></td><td></td><td></td><td></td><td></td><td></td></tr>
</table>
</td></tr>
</table>

2. 任务2

机械台班单价的计算，见表3-12。

机械台班单价的计算　　表3-12

<table>
<tr><td rowspan="2">工作任务</td><td>1. 参考资料
（1）教材；
（2）案例
2. 具体要求
（1）能准确说出机械台班单价的组成；
（2）准确计算机械的台班单价
3. 提交成果</td></tr>
<tr><td>
<table>
<tr><td rowspan="4">序号</td><td rowspan="4">定额号</td><td rowspan="4">机械规格名称</td><td rowspan="4">台班单价（元）</td><td colspan="2">不变费用（元）</td><td colspan="18">可变费用（元）</td></tr>
<tr><td colspan="2">调整系数</td><td colspan="2">机械工</td><td colspan="2">重油</td><td colspan="2">汽油</td><td colspan="2">柴油</td><td colspan="2">煤</td><td colspan="2">电</td><td colspan="2">水</td><td colspan="2">木柴</td><td rowspan="3">养路费及车船税</td><td rowspan="3">合计</td></tr>
<tr><td colspan="2">1.1</td><td colspan="2">48.0元/工日</td><td colspan="2">4.52元/kg</td><td colspan="2">11.38元/kg</td><td colspan="2">9.59元/kg</td><td colspan="2">724.55元/t</td><td colspan="2">0.8元/kW·h</td><td colspan="2">26.29元/m³</td><td colspan="2">0.0元/kg</td></tr>
<tr><td>定额</td><td>调整值</td><td>定额</td><td>费用</td><td>定额</td><td>费用</td><td>定额</td><td>费用</td><td>定额</td><td>费用</td><td>定额</td><td>费用</td><td>定额</td><td>费用</td><td>定额</td><td>费用</td><td>定额</td><td>费用</td></tr>
<tr><td>1</td><td>1003</td><td>75kW以内履带式推土机</td><td></td><td colspan="20"></td></tr>
<tr><td>2</td><td>1037</td><td>2.0m³履带式单斗挖掘机</td><td></td><td colspan="20"></td></tr>
</table>
</td></tr>
</table>

一、人工预算单价的确定

公路工程建筑安装工程造价中的直接费，由直接工程费和其他工程费组成。直接工程费是指施工过程中耗费的构成工程实体和有助于工程形成的各项费用，包括人工费、材料费和施工机械使用费。人工费、材料费、施工机械使用费三项，是工程造价中的主要组成部分，人工、材料、施工机械台班预算价格的高低，将直接影响工程造价的大小。因此，要科学而合理地计算确定人工、材料、施工机械台班的预算价格因素，方能如实反映建设工程的造价，同时有利于促进建设各方讲求经济效益，加强核算，提高经营管理水平。这些因素相对于计价定额而言，在市场经济的条件下，有很大的不稳定性，从某种意义上来讲，确定各项价格因素的工作是比较复杂的烦琐的，而且又涉及许多相关方针政策的贯彻执行，所以重视和不断完善这项工作是十分必要的。

（一）人工预算单价的组成

人工预算单价，也称为人工费单价。

人工费系指列入概、预算定额的直接从事建筑安装工程施工的生产工人开支的各项费用，包括以下4项内容：

1. 基本工资

基本工资系指发放给生产工人的基本工资、流动施工津贴和生产工人劳动保护费，以及为职工缴纳的养老、失业、医疗保险费和住房公积金等。生产工人劳动保护费系指按国家有关部门规定标准发放的劳动保护用品的购置费及修理费、徒工服装补贴、防暑降温费，以及在有碍身体健康环境中施工的保健费用等。

2. 工资性补贴

工资性补贴系指按规定标准发放的物价补贴，煤、燃气补贴，交通费补贴，地区津贴等。

3. 生产工人辅助工资

生产工人辅助工资系指生产工人年有效施工天数以外非作业天数的工资，包括开会和执行必要的社会义务时间的工资，职工学习、培训期间的工资，调动工作、探亲、休假期间的工资，因气候影响停工期间的工资，女工哺乳期间的工资，病假在6个月以内的工资及产、婚、丧假期的工资。

4. 职工福利费

职工福利费系指按国家规定标准计提的职工福利费。

（二）人工预算单价的确定

1. 公式法

公路工程生产工人每工日人工费按公式(3-10)计算。

$$人工费(元/工日)=[基本工资(元/月)+地区生活补贴(元/月)+工资性津贴(元/月)]\times(1+14\%)\times12月\div240(工日) \quad (3\text{-}10)$$

式中：基本工资——按不低于工程所在地政府主管部门发布的最低工资标准的1.2倍计算；

地区生活补贴——指国家规定的边远地区生活补贴、特区补贴；

工资性津贴——指物价补贴，煤、燃气补贴，交通费补贴等。

2. 规定法

实际编制公路工程施工图预算时，一般应按各省、自治区、直辖市交通部门和建设部门公布的人工单价作为编制概(预)算的依据，同时，人工单价仅作为编制概(预)算的依据，不作为施工企业实发工资的依据。

二、材料预算单价的确定

（一）材料预算价格的概念

建筑安装工程费中的材料费，是由列入概、预算定额的材料、构(配)件、零件和半成品、成品的用量以及周转材料的摊销量，按工程所在地的预算价格计算的费用。由于材料费在整个工程直接费中占的比重很大，因此，正确、合理地确定材料预算价格是正确编制工程概预算文件、合理确定工程造价的关键之一。

材料预算价格是指材料由其来源地或交货地，到达工地仓库或中心堆场后的出库价格。

（二）材料预算价格的组成

材料费系指施工过程中耗用的构成工程实体的原材料、辅助材料、构(配)件、零件、半成品、成品的用量和周转材料的摊销量，按工程所在地的材料预算价格计算的费用。

材料预算价格由材料原价、运杂费、场外运输损耗、采购及仓库保管费等组成。

计算公式如下：

$$\text{材料预算价格} = (\text{材料原价} + \text{运杂费}) \times (1 + \text{场外运输损耗率}) \times (1 + \text{采购及保管费率}) - \text{包装品回收价值} \quad (3\text{-}11)$$

(三)材料预算价格的确定

1. 材料原价

各种材料的原价按以下规定计算。

(1)外购材料:国家或地方工业产品,按工业产品出厂价格或供销部门的供应价格计算,并根据情况加计供销部门手续费和包装费。如供应情况、交货条件不明确时,可采用当地规定的价格计算。

(2)地方性材料:地方性材料包括外购的砂、石材料等,按实际调查价格或当地主管部门规定的预算价格计算。

(3)自采材料:自采的砂、石、黏土等材料,按定额中开采单价加辅助生产间接费和矿产资源税(如有)计算。

(4)对于外购材料(含外购的地方性材料)的原价应按实计取。各省、自治区、直辖市公路(交通)工程造价(定额)管理站应通过调查,编制本地区的材料价格信息,供编制概、预算使用。

(5)材料供销部门手续费是指某些材料不能直接向生产厂家采购、订货,需经某些物资供应部门供应的材料,应支付的手续费(包括物质承包公司的劳务费)。

(6)材料包装费是指为了便于运输材料和保护材料而进行包装所需的一切费用。具体计算时应注意以下两点:

①凡由生产厂家负责包装的材料其包装费已计人原价内的,不再另行计算包装费,但包装材料回收价值应予扣除。

②采购单位自备包装品的,应按原包装品的出厂价格根据使用次数分摊计算包装费。

2. 运杂费

运杂费系指材料自供应地点至工地仓库(施工地点存放材料的地方)的运杂费用,包括装卸费、运费,如果发生,还应计囤存费及其他杂费(如过磅、标签、支撑加固、路桥通行等费用)。

材料运杂费一般占材料费的15%左右,有些地方性材料由于质量大、价差低,运杂费往往相当于原来价格的1~2倍。因此,运杂费直接影响到材料预算价格的确定,应合理选择运输方式,通过对材料原价及运输费的综合比较,最后确定最佳方案。为此,必须对整个运输过程和所产生的费用进行分析。

一种材料如有两个以上的供应点时,都应根据不同的运距、运量、运价采用加权平均的方法计算运费。

(1)社会运输运杂费的确定。通过铁路、水路和公路运输部门运输的材料,按铁路、航运和当地交通部门规定的运价计算运费。对于社会运输材料,其单位运杂费的计算,可参照以下方法计算:

$$\text{材料单位运杂费} = (\text{运价率} \times \text{运距} + \text{装卸费} + \text{其他杂费}) \times \text{单位重} \times \text{毛重系数} \quad (3\text{-}12)$$

材料毛重系数及单位毛重按表3-13确定,单位中按《预算定额》附录四确定。

(2)施工单位自办运输运杂费的确定。自办运输是施工企业根据公路建设项目所在地交通不便、社会运力缺乏的情况,结合本企业运输能力而组织材料运输的一种运输方式。自办运输运费的确定应按概(预)算编制办法的规定进行。

材料毛重系数及单位毛重表　　表 3-13

材料名称	单位	毛重系数	单位毛重
爆破材料	t	1.35	—
水泥、块状沥青	t	1.01	—
铁钉、铁件、焊条	t	1.10	—
液体沥青、液体燃料、水	t	桶装 1.17,油罐车装 1.00	—
木料	m^3	—	1.000t
草袋	个	—	0.004t

①单程运距 15km 以上的长途汽车运输按当地交通部门规定的统一运价计算运费;

②单程运距 5 ~ 15km 的汽车运输按当地交通部门规定的统一运价计算运费,当工程所在地交通不便、社会运输力量缺乏时,如边远地区和某些山岭区,允许按当地交通部门规定的统一运价加 50% 计算运费;

③单程运距 5km 及以内的汽车运输以及人力场外运输,按预算定额计算运费,其中人力装卸和运输另按人工费加计辅助生产间接费。

3. 场外运输损耗

场外运输损耗系指有些材料在正常的运输过程中发生的损耗,这部分损耗应摊入材料单价内。材料场外运输操作损耗率见表 3-14。

材料场外运输操作损耗表(%)　　表 3-14

材料名称		场外运输(包括一次装卸)	每增加一次装卸
块状沥青		0.5	0.2
石屑、碎砾石、砂砾、煤渣、工业废渣、煤		1.0	0.4
砖、瓦、桶装沥青、石灰、黏土		3.0	1.0
草皮		7.0	3.0
水泥(袋装、散装)		1.0	0.4
砂	一般地区	2.5	1.0
	多风地区	5.0	2.0

注:汽车运输水泥如运距超过 500km 时,增加损耗率:袋装 0.5%。

4. 采购及保管费

(1)材料采购及保管费系指材料供应部门(包括工地仓库以及各级材料管理部门)在组织采购、供应和保管材料过程中,所需的各项费用及工地仓库的材料储存损耗。

(2)材料采购及保管费,以材料的原价加运杂费及场外运输损耗的合计数为基数,乘以采购保管费率计算。材料的采购及保管费费率为 2.5%。

(3)外购的构件、成品及半成品的预算价格:其计算方法与材料相同,但构件(如外购的钢桁梁、钢筋混凝土构件及加工钢材等半成品)的采购保管费率为 1%。

(4)商品混凝土预算价格的计算方法与材料相同,但其采购保管费率为 0。

5. 包装品的回收价值

如主管部门有规定的,应按规定计算。例如公路工程概预算编制办法规定:桶装沥青、汽油、柴油按每吨摊销一个旧汽油桶计算包装费(不计回收)。如无规定时,可参考表 3-15 数据计算。

包装品的回收价值

表 3-15

包装品的种类	回 收 量	回 收 价 值
木材制品包装	70%	原价的 20%
制品包装	铁桶 95%、铁皮 50%、铁丝 20%	原价的 50%
纸皮、纤维品包装	60%	原价的 50%
草绳、草袋制品包装	0	0

【案例 3-4】 水泥原价 370 元/t,自办运输,运距 35km,基本运价 0.55 元/(t·km),装卸费 3.5 元/t,求运杂费和材料价格。

解:运杂费 =(0.55×35+3.5)×1.01=22.98 元/t

材料价格 =(370+22.98)×(1+1%)×(1+2.5%)=406.83 元/t

(四)材料供应经济范围的确定和平均运距的计算

1. 运料起点的确定

(1)外购材料、地方性材料:供料地点(省会城市或离工地最近的县城)。

(2)自采材料:料场。

2. 运料终点的确定

由于路线工程是线形构造物,所以材料运料终点的确定对运距的确定影响极大。原则上,运料终点是工地仓库或工地堆料点。但是,当施工组织设计不能提供工地仓库或堆料地点的具体位置时,其运料终点为:

(1)独立大中桥为桥梁的中心桩号,大型隧道为隧道的中心桩号,集中型工程为范围中心桩的桩号。

(2)路线工程,对于外购材料一般以路线中点里程作为运料终点,当工程用料分布不均衡时,可按加权平均法确定材料的卸料重心点位置作为运料终点;对于自采材料,则应根据料场供应范围及各工程点用料量、距料场运距等情况具体计算确定。

3. 材料经济供应范围的确定

自采材料经济供应范围的划分,有两种方法可供选择,即最大运距相等法和平均运距相等法,这两种方法的计算结果相差不大,下面介绍比较直观的最大运距相等法。

当一条路线工程,在其沿线有多个供应同种材料的料场,则应在各相邻料场间确定一个经济供应分界点,即经济合理地确定各自采材料料场的经济供应范围。

料场供应范围的经济划分,与料场开采价格、沿路线(各段)各点的用料量、料场至卸料点的运距、运价等有关。

用最大运距相等法确定料场(或供料点)间的经济分界点 K 时,一般认为:

(1)各料场的开采价格(供应价格)相等。

(2)某种材料沿路线的用量是比较均匀的(个别用量特别大的路段,材料用量超出平均用量的部分,应另按点式卸料计算)。

(3)各料场至用料地点间距的运价率是相等的。

按最大运距相等法确定料场间分界点的原则是:当 A 料场与 B 料场相邻,且料价、运价率相等,沿线材料用量均匀,则 A、B 两料场至分界点 K 的运距相等,如图 3-2 所示。

在图 3-2:当 $a>(b+L_{AB})$ 时,取消 A 料场,由 B 料场供料;

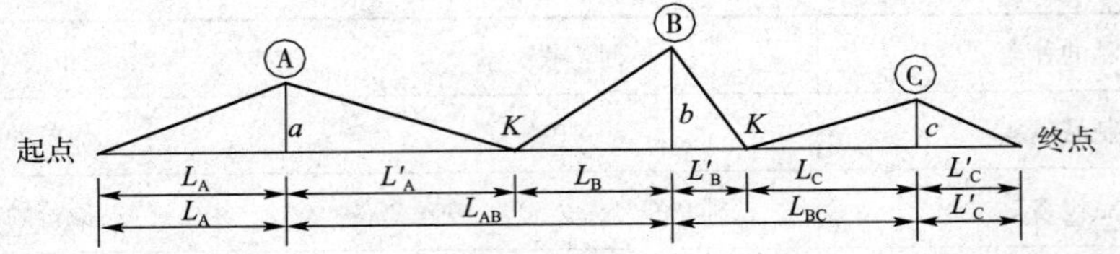

图 3-2　划分料场供应范围图

当 $b>(a+L_{AB})$，取消 B 料场，由 A 料场供料；

当 $a<(b+L_{AB})$ 且 $b<(a+L_{AB})$，应确定两料场的经济分界点 K，其计算表达式如下：

根据定义：

$$L_{max}=a+L'_A=b+L_B \tag{3-13}$$

则：

$$L'_A=[L_{AB}+(b-a)]/2 \tag{3-14}$$

$$L_b=[L_{AB}-(b-a)]/2 \tag{3-15}$$

式中：a——A 料场至上路桩号运距；

b——B 料场至上路桩号运距；

L_{AB}——A 料场支线上路点 K_a 至 B 料场支线上路点 K_b 之间的运距；

L'_A——K_a 点至 K 点运距；

L_B——K 点至 K_b 点运距；

L_{max}——最大运距。

确定相邻料场间的经济分界点的注意事项：

(1)路线起点或终点之外无料场时，则路线的起点和终点为自然分界点；若有料场，则应视为路线供应料场之一，按上述方法确定经济分界点。

(2)计算运距时，要考虑断链的影响。

(3)支线运距以调查的实际运距为准(不是空间距离)。

(4)确定料场的取舍，尚应充分考虑料场开发，运输的可行性；考虑运料重载升坡的影响。

(5)料场料价，运价差异很大时，可按两料场至分界点加权最大运距相等的原则来划分。

【案例 3-5】 某公路工程的料场分布如图 3-3 所示。已知 A 料场的上路桩号为 K2 +100，支线运距 1.6km，B 料场上路桩号为 K7 +900，支线运距 2.5km。试确定 A、B 料场间的经济分界点桩号。

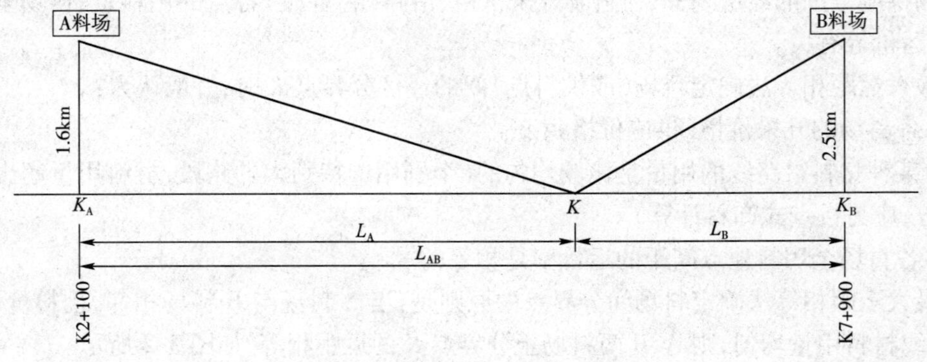

图 3-3　料场分布示意图

解:由图 3-3 知:

$L_{AB}=7.9-2.1=5.8$km

$b-a=2.5-1.6=0.9$km

$L'_{A}=0.5\times(5.8+0.9)=3.35$km

$L_{B}=5.8-3.35=2.45$km

分界点 L_{AB}桩号 =(K2 +100) +3.350km = K5 +450

复核:1.6 +3.35 =2.5 +2.45 =4.95km(正确)

4. 路线材料平均运距计算

为了计算运杂费,必须先确定各种材料的平均运距。当一种材料有多个供应点时,必须先确定个供应点的经济供应范围;一种材料有多个卸料点,必须计算其平均运距。

(1)自采材料平均运距计算。

当一种自采材料沿路线有多个供料点且有多个用料点时,可加权平均法确定其平均运距。

当料场供应范围及各卸料点的位置、运距、用料数量确定后,可按式(3-5)计算该种材料的全路线加权平均运距:

$$L'_{1CP}=\frac{\sum_{i=1}^{n}M_i}{\sum_{i=1}^{n}Q_i}=\frac{\sum_{i=1}^{n}Q_i\cdot L_i}{\sum_{i=1}^{n}Q_i} \tag{3-16}$$

式中:L'_{1CP}——某种材料全路线加权平均运距(km);

n——卸料点个数;

M_i——卸料点 i 材料运量(t · km);

Q_i——卸料点 i 卸料数量(km);

L_i——供料点 i 至卸料点间运距(km),路面材料卸料点为路段中心点,构造物用料卸料点为仓库或料堆。

(2)外购材料平均运距计算。

外购材料一般只有一个供应点,但却具有一个或多个用料点(仓库、料堆点),如图 3-4 所示。

当采用加权平均运距法计算外购材料的平均运距时,可按式(3-15)进行。这时 n 表示仓库(或卸料点)个数,Q_i 表示某种材料仓库的入库量,L_i 表示卸料仓库 i 至供料地点的运距。

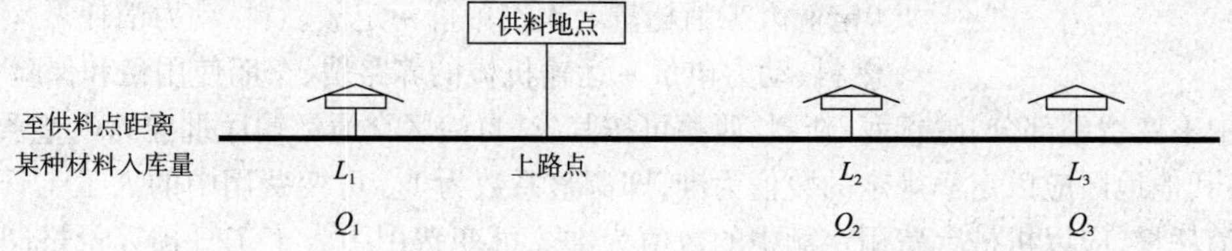

图 3-4 外购材料示意图

【案例 3-6】 编制 A 种地方材料预算价格,经调查有甲、乙两个供货地点,甲地出厂价格为 23 元/t,可供量 65%;乙地出厂价格为 30.38 元/t,可供量 35%。运输方式为汽车运输,运价 1.5 元/t · km,装卸费 5.0 元/t,甲地离中心仓库 23km,乙地离中心仓库 29km。材料不需包装,途中材料损耗率 1.0%。计算该材料的预算价格。

解:(1)同一种材料有几种原价的,应加权平均计算综合原价。

综合原价 =23 ×0.65 +30.38 ×0.35 =25.58 元/t

(2)地方材料由产地直接供应,不计供销部门手续费。

(3)同一种材料采用同一运输方式,但供货地点不同,应先计算加权平均运距,然后再计算运费。

平均运距 =23 ×0.65 +29 ×0.35 =25.1km

运杂费 =25.1 ×1.5 +5.0 =42.65 元/t

(4)已知场外运输损耗率为1%,采购保管费率2.5%,则A材料预算价格为:

预算价格 =(25.58 +42.65) ×(1 +1%) ×(1 +2.5%) =70.64 元/t

由于材料的品种繁多,往往为了计算方便起见,同时也为了便于校核和审查,一般采用专用表格的形式编制。

附录一中09表为某公路工程材料预算单价计算表(根据公路工程概、预算编制办法的规定,该表称为09表)。10表为工程自采材料料场价格计算表(称为10表)。

三、施工机械台班预算价格的确定

施工机械使用费系指列入概、预算定额的施工机械台班数量,按相应的机械台班费用定额计算的施工机械使用费和小型机具使用费。施工机械台班使用费是组成建安工程费的主要费用之一,它将随着施工机械化水平的提高而增加,因此,正确、合理地确定机械台班预算单价,对控制工程成本有着重要的意义。

机械使用费 =∑[实物工作量 ×(定额机械台班数量 ×机械台班预算价格 +小型机具使用费)]

一台机械工作一个工作班即称为一个台班。机械台班预算价格就是一个台班中,为使机械正常运转所支出和分摊的人工、材料、折旧、维修以及养路费等各项费用的总和。

1.施工机械台班预算单价的组成

公路工程施工机械台班预算价格应按交通运输部公布的《公路工程机械台班费用定额》计算,台班单价由不变费用和可变费用组成。不变费用包括折旧费、大修理费、经常修理费、安装拆卸及辅助设施费等;可变费用包括机上人员工资、动力燃料费、养路费及车船使用税。

2.施工机械台班预算单价的计算

施工机械台班预算价格应按交通运输部公布的现行《公路工程机械台班费用定额》(JTG/T B06-03—2007)计算。在编制公路工程造价时,不得采用社会出租台班单价计算。

施工机械台班预算价格 =不变费用 ×调整系数 +可变费用 =不变费用 × 调整系数 +(定额人工消耗量 ×人工单价 +定额燃料、动力消耗量 ×燃料、动力单价 +运输机械的养路费、车船使用税和保险费)

其中不变费用部分,除青海、新疆、西藏可按其省、自治区交通运输厅批准的调整系数进行调整外,其他地区应以定额规定的数值为准,即调整系数为1。可变费用中的人工工日数及动力燃料消耗量,应以机械台费用定额中的数值为准。可变费用中人工工日预算价格同生产工人的人工费单价,动力燃料费用则按当地的动力物资的工地预算价格规定计算。养路费及车船使用税,应根据各省、自治区、直辖市及国务院有关部门的规定标准,按机械的年工作台班分摊计人台班单价中。

当计算施工机械台班预算价格时,要注意以下4个问题:

(1)当工程用电为自发电时,发动机械每kW·h电的预算价格,应按《公路工程机械台班费用定额》计算所选定的发电机组的台班预算价格,然后按下列近似公式进行换算确定:

$$A = 0.34K/N \tag{3-17}$$

式中：A——1kW · h 电预算价格（元）；

K——发电机组的台班预算价格（元）；

N——发电机组的总功率（kW）。

（2）当工程用电采用电网供电时，则应计算电能损耗。如从施工主降压、变压器的高压侧按电表计量收费时，要计算变配设备和配电电路的损耗，一般为6%~10%。线路质量好，供电距离短，用电负荷比较均匀，采用低限值，反之则取高压值。若从电网供电变电站计量收费时，则还应计算主变压器侧的高压线路（指35kV · A及以上的电压等级）的损耗，一般为4%~6%。当两者都要计算时，其综合电能损耗应按17%计算。同时，要按国家对供电工程收取贴费的规定，计算施工临时用电贴费。此项费用可理解为供电价格的特殊附加收费，故可考虑将其综合分摊到每kW · h电价内，这样更能如实反映各项工程的造价。

（3）当自发电加电网供电都要考虑使用时，可按各自供电的电动机械的总功率所占的比重计算综合电价，也可按各自供电时间的长短作为计算综合电价的依据。

（4）运输机械的养路非、车船使用税和保险费，应按当地政府规定的征收范围和标准计算，其计算公式如下：

台班养路费、车船使用税和保险费 =［养路费（元/月）× 吨位 × 12 + 车船使用税（元/年）× 吨位 + 保险费（元/年）］÷ 年工作台班

年工作台班按交通运输部公布的现行的《公路工程机械台班费用定额》计算。

第五节　各项费用计算

能力目标

1. 根据项目具体情况能正确取用费率。
2. 能计算施工图预算各项费用。

知识目标

1. 施工图预算的费用组成。
2. 费率的正确选取。
3. 施工图预算各项费用的计算。

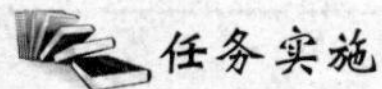

任务实施

1. 任务1

其他工程费及间接费综合费计算，见表3-16。

其他工程费及间接费综合费率计算表　　表3-16

工作任务	1. 参考资料 （1）概预算编制办法； （2）教材； （3）大柴旦工业园区饮马峡二级公路工程概况 2. 具体要求 （1）学生能准确说出其他工程费、间接费的费率组成；

续上表

工作任务	(2)取费依据 3. 提交成果 其他工程费及间接费综合费率计算表

序号	工程类别	其他工程费费率(%)													间接费费率(%)											
		冬季施工增加费	雨季施工增加费	夜间施工增加费	高原地区施工增加费	风沙地区施工增加费	沿海地区施工增加费	行车干扰工程施工增加费	安全及文明施工措施费	临时设施费	施工辅助费	工地转移费	综合费率		规费						企业管理费					
													Ⅰ	Ⅱ	养老保险费	失业保险费	医疗保险费	住房公积金	工伤保险费	综合费率	基本费用	主副食运费补贴	职工探亲路费	职工取暖补贴	财务费用	综合费率
01	人工土方																									
02	机械土方																									
03	汽车运输																									
04	人工石方																									
05	机械石方																									
06	高级路面																									
07	其他路面																									
08	构造物Ⅰ																									
09	构造物Ⅱ																									
10	构造物Ⅲ(一般)																									
11	技术复杂大桥																									
12	隧道																									
13	钢材及钢结构																									

2. 任务 2

完成浆砌片石护坡分项工程预算表，见表 3-17。

完成浆砌片石护坡分项工程预算表 表 3-17

工作任务	1. 参考资料 (1)初编完成的浆砌片护坡分项工程预算表; (2)概预算编制办法 2. 具体要求 依据编制办法确定和任务六提交的成果确定其他工程费、间接费费率和利润率和税率 3. 提交成果 分项工程预算表

续上表

工作任务

序号	工程项目			人工挖基坑土、石方			石砌护脚			石砌护坡			挡土墙防渗层、泄水层及填内心		
	工程细目			土方干处基坑深3m以内			浆砌片石护脚			浆砌片石护坡			砂砾泄水层		
	定额单位			$1000m^3$			$10m^3$ 实体			$10m^3$ 实体			$100m^3$		
	工程数量			0.516			15.800			9.890			0.517		
	定额表号			4-1-1-1			5-1-16-2 改			5-1-10-2 改			5-1-25-2		
	工料机名称	单位	单价（元）	定额	数量	金额（元）	定额	数量	金额（元）	定额	数量	金额（元）	定额	数量	金额（元）
1	人工	工日	48.00	448.300	231.323		11.800	186.440		11.400	112.746		56.700	29.314	
2	原木	m^3	2327.75				0.001	0.016							
3	锯材木中板 § =19 ~35	m^3	2440.50				0.004	0.063							
4	8 ~ 12 号铁丝	kg	6.01				0.200	3.160							
5	32.5 级水泥	t	466.77				1.112	17.570		1.628	16.101				
6	水	m^3	26.29				7.000	110.600		18.000	178.020		12.000	6.204	
7	中（粗）砂	m^3	103.59				3.815	60.277		6.325	62.554				
8	砂砾	m^3	29.00										127.500	65.918	
9	片石	m^3	76.89				11.500	181.700		11.500	113.735				
10	其他材料费	元	1.00							2.400	23.736				
11	定额基价	元	1.00	22056.000	11381.000		1568.000	24774.000		1864.000	18435.000		6748.000	3489.000	
	直接工程费	元													
	其他工程费 Ⅰ	元													
	其他工程费 Ⅱ	元													
	间接费 规费	元													
	间接费 企业管理费	元													
	利润及税金	元													
	建筑安装工程费	元													

3. 任务3

预算费用的组成，见表3-18。

预算费用的组成 表3-18

工作任务	1. 参考资料 （1）概预算编制办法； （2）教材

续上表

工作任务	2. 具体要求 (1)能准确说出4大费用; (2)能分析建筑安装工程费的组成; (3)知道工程建设其他费用的组成; (4)预备费构成 3. 提交成果 费用分析结果

一、概预算费用的组成

公路工程项目全部建设费用,以其基本造价表示。而公路或桥梁基本造价则由概、预算总金额书回收金额所构成。其中概预算总金额是由建筑安装工程费,设备、工具、器具及家具购置费,工程建设其他费用和预备费组成。如图3-5所示。

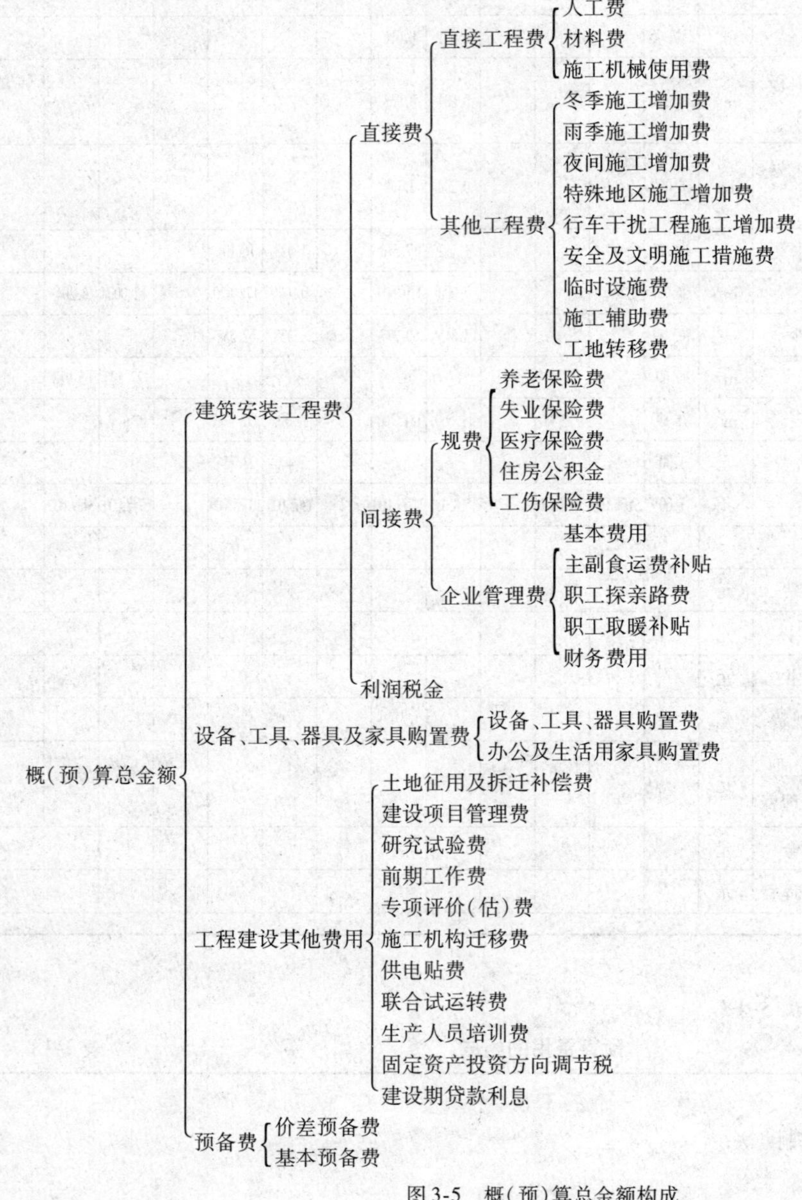

图3-5 概(预)算总金额构成

二、建筑安装工程费

建筑安装工程费包括直接费、间接费、利润及税金。其中直接费的计算是关键和核心,间接费、利润和税金则分别以规定的基数按各自的费率计算。

(一)直接费

直接费由直接工程费和其他工程费组成。

1. 直接工程费

直接工程费是指施工过程中耗费的构成工程实体和有助于工程形成的各项费用,包括人工费、材料费、施工使用费。

2. 其他工程费

其他工程费系指直接工程费以外施工过程中发生的直接用于工程的费用。内容包括冬季施工增加费、雨季施工增加费、夜间施工增加费、特殊地区施工增加费、行车干扰施工增加费、安全及文明施工设施费、临时设施费、施工辅助费、工地转移费等九项。公路工程中的水、电费及因场地狭小等特殊情况而发生的材料二次搬运费等其他工程费已包括在概、预算定额中,不再另计。

(1)其他工程费及间接费取费标准的工程类别划分:

①人工土方:系指人工施工的路基、改河等土方工程,以及人工施工的砍树、挖根、除草、平整场地、挖盖山土等工程项目,并适用于无路面的便道工程。

②机械土方:系指机械施工的路基、改河等土方工程,以及机械施工的砍树、挖根、除草等工程项目。

③汽车运输:系指汽车、拖拉机、机动翻斗机等运送的路基、改河土(石)方,路面基层和面层混合料、水泥混凝土及预制构件、绿化苗木等。

④人工石方:系指人工施工的路基、改河等石方工程,以及人工施工的挖盖山石。

⑤机械石方:系指机械施工的路基、改河等石方工程(机械打眼即属机械施工)。

⑥高级路面:系指沥青混凝土路面、厂拌沥青碎石路面和水泥混凝土路面的面层。

⑦其他路面:系指除高级路面以外的其他路面面层,各等级路面的基层、底基层、垫层、透层、黏层、封层,采用结合料稳定的路基和软土等特殊路基处理等工程,以及有路面的便道工程。

⑧构造物Ⅰ:系指无夜间施工的桥梁、涵洞－防护(包括绿化)及其他工程,交通工程及沿线设施工程[设备安装及金属标志牌、防撞钢护栏、防眩板(网)、隔离栅、防护网除外]。以及临时工程中的便桥、电力电信线路、轨道铺设等工程项目。

⑨构造物Ⅱ:系指有夜间施工的桥梁工程。

⑩构造物Ⅲ:系指商品混凝土(包括沥青混凝土和水泥混凝土)的浇筑和外购构件及设备的安装工程。商品混凝土和外购构件及设备的费用不作为其他工程费和间接费的计算基数。

⑪技术复杂大桥:系指单孔跨径在120m以上(含120m)和基础水深在10m以上(含10m)的大桥主桥部分的基础、下部和上部工程。

⑫隧道:系指隧道工程的洞门及洞内土建工程。

⑬钢材及钢结构:系指钢桥及钢索吊桥的上部构造,钢沉井、钢围堰、钢套箱及钢护筒等基础工程,钢索塔,钢锚箱,钢筋及预应力钢材,模数式及橡胶板式伸缩缝,钢盆式橡胶支座,四氟板式橡胶支座,金属标志牌、防撞钢护栏、防眩板(网)、隔离栅、防护网等工程项目。

购买路基填料的费用不作为其他工程费和间接费的计算基数。

(2)其他工程费的计算

①冬季施工增加费系指按照《公路工程施工及验收规范》所规定的冬季施工要求,为保证工程质量和安全所需采取的防寒保温设施、工效降低和机械作业率降低以及技术操作过程的改变等所增加的有关费用。

冬季施工增加费包括以下 4 项内容:

a. 因冬季施工所需增加的一切人工、机械与材料的支出;

b. 施工机具所需修建的暖棚(包括拆、移),增加油脂及其他保温设备费用;

c. 因施工组织设计确定,需增加的一切保温及照明等有关支出;

d. 与冬季施工有关的其他各项费用,如清除工作地点的冰雪等费用。

冬季气温区的划分是根据气象部门提供的满 15 年以上的气温资料确定的。每年秋冬第一次连续 5d 出现室外日平均温度在 5℃以下、日最低温度在 -3℃以下的第一天算起至第二年春夏最后一次连续 5d 出现同样温度的最末一天为冬季期。全国冬季施工气温区划分见《公路工程基本建设项目概算预算编制办法》(JTG B06—2007)附录七。若当地气温资料与附录七中划定的冬季气温区划分有较大出入时,可按当地气温资料及上述划分标准确定工程所在地的冬季气温区。

冬季施工增加费的计算方法,是根据各类工程的特点,规定各气温区的取费标准。为了简化手续,采用全国平均摊销的方法,即不论是否在冬季施工,均按规定的取费标准计取冬季施工增加费见表 3-19。当一条线路穿过两个以上的气温区时,可分段计算或按各区的工程量比例求得全线的平均增加率,计算冬季施工增加费。

冬季施工增加费费率表(%) 表 3-19

气温区 \ 工程类别	冬季期平均气温(℃)								准一区	准二区
	-1 以上		-1 ~ -4		-4 ~ -7	-7 ~ -10	-10 ~ -14	-14 以下		
	冬一区		冬二区		冬三区	冬四区	冬五区	冬六区		
	Ⅰ	Ⅱ	Ⅰ	Ⅱ						
人工土方	0.28	0.44	0.59	0.76	1.44	2.05	3.07	4.61	—	—
机械土方	0.43	0.67	0.93	1.17	2.21	3.14	4.71	7.07	—	—
汽车运输	0.08	0.12	0.17	0.21	0.40	0.56	0.84	1.27	—	—
人工石方	0.06	0.10	0.13	0.15	0.30	0.44	0.65	0.98	—	—
机械石方	0.08	0.13	0.18	0.21	0.42	0.61	0.91	1.37	—	—
高级路面	0.37	0.52	0.72	0.81	1.48	2.00	3.00	4.50	0.06	0.16
其他路面	0.11	0.20	0.29	0.37	0.62	0.80	1.20	1.80	—	—
构造物Ⅰ	0.34	0.49	0.66	0.75	1.36	1.84	2.76	4.14	0.06	0.15
构造物Ⅱ	0.42	0.60	0.81	0.92	1.67	2.27	3.40	5.10	0.08	0.19
构造物Ⅲ	0.83	1.18	1.60	1.81	3.29	4.46	6.69	10.03	0.15	0.37
技术复杂大桥	0.48	0.68	0.93	1.05	1.91	2.58	3.87	5.81	0.08	0.21
隧道	0.10	0.19	0.27	0.35	0.58	0.75	1.12	1.69	—	—
钢材及钢结构	0.02	0.05	0.07	0.09	0.15	0.19	0.29	0.43	—	—

②雨季施工增加费系指雨季期间施工为保证工程质量和安全生产所需采取的防雨、排水、防潮和防护措施,因工效降低和机械作业效率降低以及技术工作过程的改变,所需增加或生产

的有关费用。

雨季施工增加费包括以下 6 项内容：

a. 因雨季施工所需增加的工、料、机费用的支出，包括工作效率的降低及易被雨水冲毁的工程所增加的工作内容等（如挖基坑坍塌和排水沟等堵塞的清理、路基边坡冲沟的填补等）。

b. 路基土方工程的开挖和运输，因雨季施工（非土壤中水影响）而引起的黏附工具，降低工效所增加的费用。

c. 因防止雨水必须采取的防护措施的费用，如挖临时排水沟，防止基坑坍塌所需的支撑、挡板等费用。

d. 材料因受潮、受湿的耗损费用。

e. 增加防雨、防潮设备的费用。

f. 其他有关雨季施工所需增加的费用，如因河水高涨致使工作困难增加的费用等。

雨量区和雨季期的划分，是根据气象部门提供的满 15 年以上的降雨资料确定的。凡月平均降雨天数在 10 天以上，月平均日降雨量在 3.5 ~ 5mm 者为Ⅰ区，5mm 以上者为Ⅱ区。全国各地雨量区及雨季期的划分见《公路工程基本建设项目概算预算编制办法》（JTG B06—2007）附录八。若当地气象资料与附录八所划定的雨量区及雨季期出入较大时，可按当气象资料及上述划分标准确定工程所在地的雨量区及雨季期。

雨季增加费的计算方法。是将全国划分为若干雨量区和雨季期，并根据各类工程的特点规定各雨量区和雨季期的取费标准，采用全年平均摊销的方法，即不论是否在雨季施工，均按规定的取费标准计取雨季施工增加费。一条路线通过不同的雨量区和雨季期时，应分别计算雨季施工增加费或按工程量比例求得平均的增加率，计算全线雨季施工增加费。

雨季施工增加费，以各类工程的直接工程费之和为基数，按工程所在地的雨量区、雨季期选用表 3-20 的费率计算。

雨季施工增加费费率表（%） 表 3-20

雨季区（月数）	1	1.5	2		2.5		3		3.5		4		4.5		5		6		7	8
雨量区 / 工程类别	Ⅰ	Ⅰ	Ⅰ	Ⅱ	Ⅰ	Ⅱ	Ⅰ	Ⅱ	Ⅰ	Ⅱ	Ⅰ	Ⅱ	Ⅰ	Ⅱ	Ⅱ	Ⅰ	Ⅱ	Ⅰ	Ⅱ	Ⅱ
人工土方	0.04	0.05	0.07	0.11	0.09	0.13	0.11	0.15	0.13	0.17	0.15	0.20	0.17	0.23	0.19	0.26	0.21	0.31	0.36	0.42
机械土方	0.04	0.05	0.07	0.11	0.09	0.13	0.11	0.15	0.13	0.17	0.15	0.20	0.17	0.23	0.19	0.27	0.22	0.32	0.37	0.43
汽车运输	0.04	0.05	0.07	0.11	0.09	0.13	0.11	0.16	0.13	0.19	0.15	0.22	0.17	0.25	0.19	0.27	0.22	0.32	0.37	0.43
人工石方	0.02	0.03	0.05	0.07	0.06	0.09	0.07	0.11	0.08	0.13	0.09	0.15	0.10	0.17	0.12	0.19	0.15	0.23	0.27	0.32
机械石方	0.03	0.04	0.06	0.10	0.08	0.12	0.10	0.14	0.12	0.16	0.14	0.19	0.16	0.22	0.18	0.25	0.20	0.29	0.34	0.39
高级路面	0.03	0.04	0.06	0.10	0.08	0.13	0.10	0.15	0.12	0.17	0.14	0.19	0.16	0.22	0.18	0.25	0.20	0.29	0.34	0.39
其他路面	0.03	0.04	0.06	0.09	0.08	0.12	0.09	0.14	0.10	0.16	0.12	0.18	0.14	0.21	0.16	0.24	0.19	0.28	0.32	0.37
构造物Ⅰ	0.03	0.04	0.05	0.08	0.06	0.09	0.07	0.11	0.08	0.13	0.10	0.15	0.12	0.17	0.14	0.19	0.16	0.23	0.27	0.31
构造物Ⅱ	0.03	0.04	0.05	0.08	0.07	0.10	0.08	0.12	0.09	0.14	0.11	0.16	0.13	0.18	0.15	0.21	0.17	0.25	0.30	0.34
构造物Ⅲ	0.06	0.08	0.11	0.17	0.14	0.21	0.17	0.25	0.20	0.30	0.23	0.35	0.27	0.40	0.31	0.45	0.35	0.52	0.06	0.69
技术复杂大桥	0.03	0.05	0.07	0.10	0.08	0.12	0.10	0.14	0.12	0.16	0.14	0.19	0.16	0.22	0.18	0.25	0.20	0.29	0.34	0.39
隧道	—	—	—	—	—	—	—	—	—	—	—	—	—	—	—	—	—	—	—	—
钢材及钢结构	—	—	—	—	—	—	—	—	—	—	—	—	—	—	—	—	—	—	—	—

室内管道及设备安装工程不计雨季施工增加费。

③夜间施工增加费系指根据设计、施工的技术要求和合理的施工进度要求，必须在夜间连续施工而发生的工效降低、夜班津贴以及有关照明设施（包括所需照明设施的安拆、摊销、维修及油燃料、电）等增加的费用。

夜间施工增加费按夜间施工工程项目（如桥梁工程项目包括上、下部构造全部工程）的直接工程费之和为基数，按表3-21的费率计算，其中，设备安装工程及金属标志牌、防撞钢护栏、防眩板（网）、隔离栅等不计夜间施工增加费。

夜间施工增加费费率表（%） 表3-21

工程类别	费率	工程类别	费率
构造物Ⅱ	0.35	技术复杂大桥	0.35
构造物Ⅲ	0.70	钢材及钢结构	0.35

以上是按全国划分的冬季、雨季区，并根据各类工程的特点规定了不同的费率标准计取冬季、雨季、夜间施工增加费。而为了不因冬、雨季及夜间施工增加的工日数在总工日数中漏列，需将这一部分工日数进行计算，其冬季、雨季及夜间施工增工百分率见表3-22。但需注意，这部分增工不再计算费用，而只作为实物（用工）指标汇入02表。

冬季、雨季及夜间施工增加百分率表 表3-22

项目	雨季施工		冬季施工							
	（雨量区）		冬一区		冬区二		冬三区	冬四区	冬五区	冬六区
	Ⅰ	Ⅱ	Ⅰ	Ⅱ	Ⅰ	Ⅱ				
路线	0.30	0.45	0.70	1.00	1.40	1.80	2.40	3.00	4.50	6.75
独立大中桥	0.30	0.45	0.30	0.40	0.50	0.60	0.80	1.00	1.50	2.25

注：冬雨季施工增加工以各类工程概（预）算工数之和为依据，表中雨季施工增工百分率为每个雨季月的增工率，如雨季期（不是施工期）为两个半月时，表列数值应乘以2.5，依此类推。夜间施工增加工按夜间施工工程项目概（预）算工数的4%计。

④特殊地区施工增加费包括高原地区施工增加费、风沙地区施工费和沿海地区施工增加费3项。

a. 高原地区施工增加费。高原地区施工增加费系指在海拔高度1500m以上地区施工，由于受气候、气压的影响，致使人工、机械效率降低而增加的费用。该费用以各类工程人工费和机械使用费之和为基数，按表3-23的费率计算。一条路线通过两个以上（含两个）不同的海拔高度分区时，应分别计算高原地区施工增加费或按工程量比例求得平均的增加率，计算全线高原地区施工增加费。

b. 风沙地区施工增加费系指在沙漠地区施工时，由于受风沙影响，按照施工及验收规范的要求，为保证工程质量和安全生产而增加的有关费用。内容包括防风、防沙及气候影响的措施费，材料费、人工、机械效率降低增加的费用，以及积沙、风蚀的清理修复等费用。

风沙地区的划分，根据《公路自然区划标准》（JTG 003—86）、“沙漠地区公路建设成套技术研究报告”的公路自然区划和沙漠公路区划，结合风沙地区的气候状况将风沙地区分为三区九类：半干旱、半湿润沙地区为风沙一区，干旱、极干旱寒冷沙漠地区为风沙二区，极干旱炎热沙漠地区为风沙三区；根据覆盖度（沙漠中植被、戈壁等覆盖程度）又将每区分为固定沙漠（覆盖度>50%）、半固定沙漠（覆盖度10%~50%）、流动沙漠（覆盖度<10%）三类，覆盖度由工程勘察设计人员在公路工程勘察设计时确定。

高原地区施工增加费费率表(%) 表 3-23

工程类别	海拔高度(m)							
	1501 ~ 2000	2001 ~ 2500	2501 ~ 3000	3001 ~ 3500	3501 ~ 4000	4001 ~ 4500	4501 ~ 5000	5000 以上
人工土方	7.00	13.25	19.75	29.75	43.25	60.00	80.00	110.00
机械土方	6.56	12.60	18.66	25.60	36.05	49.08	64.72	83.80
汽车运输	6.50	12.50	18.50	25.00	35.00	47.50	62.50	80.00
人工石方	7.00	13.25	19.75	29.76	43.25	60.00	80.00	110.00
机械石方	6.71	12.82	19.03	27.01	38.50	52.80	69.92	92.72
高级路面	6.58	12.61	18.69	25.72	36.26	49.41	65.17	84.58
其他路面	6.73	12.84	19.07	27.15	38.74	53.17	70.44	93.60
构造物Ⅰ	6.87	13.06	19.44	28.56	41.18	56.86	75.61	102.47
构造物Ⅱ	6.77	12.90	19.17	27.54	39.41	54.18	71.85	96.03
构造物Ⅲ	6.73	12.85	19.08	27.19	38.81	53.27	70.57	93.84
技术复杂大桥	6.70	12.81	19.01	26.94	38.37	52.61	69.65	92.27
隧道	6.76	12.90	19.16	27.50	39.35	54.09	71.72	95.81
钢材及钢结构	6.78	12.92	19.20	27.66	39.62	54.50	72.30	96.80

全国风沙地区公路施工区划见《公路工程基本建设项目概算预算编制办法》(JTG B06—2007)附录九。

若当时气象资料及自然特征与附录九中的风沙地区划分有较大出入时,由工程所在省、自治区、直辖市公路(交通)工程造价(定额)管理站按当地气象资料和自然特征及上述划分标准确定工程所在地的风沙区划,并抄送交通运输部公路司备案。

一条路线穿过两个以上(含两个)不同风沙区时,按路线长度经过不同的风沙区加权计算项目全线风沙地区施工增加费。

风沙地区施工增加费以各类工程的人工费和机械使用费之和为基数,根据工程所在地的风沙区划及类别,按表 3-24 的费率计算。

风沙地区施工增加费费率表(%) 表 3-24

风沙区划 / 工程类别	风沙一区			风沙二区			风沙三区		
	沙漠类型								
	固定	半固定	流动	固定	半固定	流动	固定	半固定	流动
人工土方	6.00	11.00	18.00	7.00	17.00	26.00	11.00	24.00	37.00
机械土方	4.00	7.00	12.00	5.00	11.00	17.00	7.00	15.00	24.00
汽车运输	4.00	8.00	13.00	5.00	12.00	18.00	8.00	17.00	26.00
人工石方	—	—	—	—	—	—	—	—	—
机械石方	—	—	—	—	—	—	—	—	—
高级路面	0.50	1.00	2.00	1.00	2.00	3.00	2.00	3.00	5.00
其他路面	2.00	4.00	7.00	3.00	7.00	10.00	4.00	10.00	15.00
构造物Ⅰ	4.00	7.00	12.00	5.00	11.00	17.00	7.00	16.00	24.00
构造物Ⅱ	—	—	—	—	—	—	—	—	—
构造物Ⅲ	—	—	—	—	—	—	—	—	—
技术复杂大桥	—	—	—	—	—	—	—	—	—
隧道	—	—	—	—	—	—	—	—	—
钢材及钢结构	1.00	2.00	4.00	1.00	3.00	5.00	2.00	5.00	7.00

c. 沿海地区工程施工增加费。沿海地区工程施工增加费系指工程项目在沿海地区施工受海风、海浪和潮汐的影响,致使人工、机械效率降低等所需增加的费用。本项费用,由沿海各省、自治区、直辖市交通运输厅(局)制定具体和适用范围(地区),并抄送交通运输部公路工程定额站备案。

沿海地区工程施工增加费,以各类工程的直接工程费之和为基数,按表 3-25 所示的费率进行计算。

沿海地区工程施工增加费费率表(%) 表 3-25

工程类别	费率	工程类别	费率
构造物Ⅱ	0.15	技术复杂大桥	0.15
构造物Ⅲ	0.15	钢材及钢结构	0.15

⑤行车干扰施工增加费系指由于边施工边维持通车,受行车干扰的影响,致使人工、机械效率降低而增加的费用。

该费用以受行车影响部分的工程的人工费和机械使用费之和为基数,按表 3-26 所示的费率计算。

行车干扰工程施工增加费费率表(%) 表 3-26

工程类别	施工期平均每昼夜双向行车次数(汽车、畜力车合计)							
	51~100	101~500	501~1000	1001~2000	2001~3000	3001~4000	4001~5000	5000以上
人工土方	1.64	2.46	3.28	4.10	4.76	5.29	5.86	6.44
机械土方	1.39	2.19	3.00	3.89	4.51	5.02	5.56	6.11
汽车运输	1.36	2.09	2.85	3.75	4.35	4.84	5.36	5.89
人工石方	1.66	2.40	3.33	4.06	4.71	5.24	5.81	6.37
机械石方	1.16	1.71	2.38	3.19	3.70	4.12	4.56	5.01
高级路面	1.24	1.87	2.50	3.11	3.61	4.01	4.45	4.88
其他路面	1.17	1.77	2.36	2.94	3.41	3.79	4.20	4.62
构造物Ⅰ	0.94	1.41	1.89	2.36	2.74	3.04	3.37	3.71
构造物Ⅱ	0.95	1.43	1.90	2.37	2.75	3.06	3.39	3.72
构造物Ⅲ	0.95	1.42	1.90	2.37	2.75	3.05	3.38	3.72
技术复杂大桥	—	—	—	—	—	—	—	—
隧道	—	—	—	—	—	—	—	—
钢材及钢结构	—	—	—	—	—	—	—	—

⑥安全及文明施工措施费系指工程施工期间为满足安全生产、文明施工、职工健康生活所发生的费用。该费用不包括施工期间为保证交通安全而设置的临时安全设施和标志、标牌的费用,需要时,应根据设计要求计算。

安全及文明施工措施费以各类工程的直接工程费之和为基数,按表 3-27 所示的费率计算。其中,设备安装工程的安全及文明施工措施费按表中费率的 50% 计算。

a. 临时设施包括:临时生活及居住房屋(包括职工家属房屋及探亲房屋)、文化福利及公用房屋(如广播室、文体活动等)和生产、办公房屋(如仓库、加工厂、加工棚、发电站、变电站、空压机站、停机棚等),工地范围内的各种临时的工作便道(包括汽车、畜力车、人力车道)、人行便道,工地临时用水、用电的水管支线,临时构筑物(如水井、水塔等)以及其他小型临时设施。

安全及文明施工措施费、临时设施费、施工辅助费费率表(%) 表 3-27

工程类别	安全及文明施工措施费费率	临时设施费费率	施工辅助费费率
人工土方	0.59	1.57	0.89
机械土方	0.59	1.42	0.49
汽车运输	0.21	0.92	0.16
人工石方	0.59	1.60	0.85
机械石方	0.59	1.97	0.46
高级路面	1.00	1.92	0.80
其他路面	1.02	1.87	0.74
构造物Ⅰ	0.72	2.65	1.30
构造物Ⅱ	0.78	3.14	1.56
构造物Ⅲ	1.57	5.81	3.03
技术复杂大桥	0.86	2.92	1.68
隧道	0.73	2.57	1.23
钢材及钢结构	0.53	2.48	0.56

b. 临时设施费用内容包括:临时设施的搭设、维修、拆除或摊销费。

临时设施费以各类工程的直接工程费之和为基数,按表 3-27 所示的费率计算。

在概预算 02 表的总人工数量中,还应计入按临时设施用工指标计算的增工数量,这部分用工不再计价,其用工指标按表 3-28 的规定办理。

临时设施用工指标表 表 3-28

项目	路线(km)					独立大中桥($100m^2$)桥面
	公路等级					
	高速公路	一级公路	二级公路	三级公路	四级公路	
工日	2340	1160	340	160	100	60

⑦施工辅助费包括生产工具、用具使用费,检验试验费,以及工程定位复测、工程点交、场地清理等费用。

生产工具、用具使用费系指施工所需不属于固定资产的生产工具、检验、试验用具等的购置、摊销和维修费,以及支付给工人自备工具的补贴费,其内容包括:

a. 检验试验费系指对建筑材料、构件和建筑安装工程进行一般鉴定、检查所发生的费用,包括自设试验室进行试验所耗用的材料和化学药品的费用,以及技术革新和研究试验费。但不包括新结构、新材料的试验费和建设单位要求对具有出厂合格证明的材料进行检验、对构件破坏性试验及其他特殊要求检验的费用。

b. 施工辅助费以各类工程的直接工程费之和为基数,按表 3-29 所示的费率计算。

⑧工地转移费系指施工企业根据建设任务的需要,由已竣工的工地或后方基地迁至新工地的搬迁费用,其内容包括:

a. 施工单位全体职工及随职工迁移的家属向新工地转移的车费、家具行李运费、途中住宿费、行程补助费、杂费及工资与工资附加费等。

b. 公物、工具、施工设备器材、施工机械的运杂费，以及外租机械的往返费及本工程内部各工地之间施工机械、设备、公物、工具的转移费等。

c. 非固定工人进退场及一条路线中各工地转移的费用。

工地转移费以各类工程的直接工程费之和为基数，按表3-29所示的费率计算。

工地转移费率表　　表3-29

工程类别	工地转移距离(km)					
	50	100	300	500	1000	每增加100
人工土方	0.15	0.21	0.32	0.43	0.56	0.03
机械土方	0.50	0.67	1.05	1.37	1.82	0.08
汽车运输	0.31	0.40	0.62	0.82	1.07	0.05
人工石方	0.16	0.22	0.33	0.45	0.58	0.03
机械石方	0.36	0.43	0.74	0.97	1.28	0.06
高级路面	0.61	0.83	1.30	1.70	2.27	0.12
其他路面	0.56	0.75	1.18	1.54	2.06	0.10
构造物Ⅰ	0.56	0.75	1.18	1.54	2.06	0.11
构造物Ⅱ	0.66	0.89	1.40	1.83	2.45	0.13
构造物Ⅲ	1.31	1.77	2.77	3.62	4.85	0.25
技术复杂大桥	0.75	1.01	1.58	2.06	2.76	0.14
隧道	0.52	0.71	1.11	1.45	1.94	0.10
钢材及钢结构	0.72	0.97	1.51	1.97	2.64	0.13

转移距离以工程承包单位(如工程处、工程公司等)转移前后驻地距离或两路线中点的距离为准；编制概(预)算时，如施工单位不明确时，高速、一级公路及独立大桥、隧道按省会(自治区首府)至工地的里程，二级及二级以下公路按地区(市、盟)至工地的里程计算工地转移费；工地转移里程数在表列里程之间时，费率可由内插计算。工地转移距离在50km以内的工程不计取本项费用。

(二)间接费

间接费由规费和企业管理费两项组成。

1. 规费

规费系指法律、法规、规章、规程规定施工企业必须缴纳的费用(简称规费)，包括以下5项内容：

(1)养老保险费。系指施工企业按规定标准为职工缴纳的基本养老保险费。

(2)失业保险费。系指施工企业按归家规定为职工缴纳的失业保险费。

(3)医疗保险费。系指施工企业按规定标准为职工缴纳的基本医疗保险费和生育保险费。

(4)住房公积金。系指施工企业按规定标准为职工缴纳的住房公积金。

(5)工伤保险费。系指施工企业按规定标准为职工缴纳的工伤保险费。

各项规费以各类工程的人工费之和为基数，按国家或工程所在地法律、法规、规章、规程规定的标准计算。

2. 企业管理费

企业管理费由基本费用、主副食运费补贴、职工探亲路费、职工取暖补贴和财务费用5项组成。

(1)基本费用。企业管理费基本费用系指施工企业为组织施工生产经营活动所发行的管理费用,内容包括以下几项。

①管理人员工资。系指管理人员的基本工资、工资性补贴、职工福利费、劳动保护费,以及缴纳的养老、失业、医疗、生育、工伤保险费和住房公积金等。

②办公费。系指企业办公文具、纸张、账表、印刷、邮电、书报、会议、水、电、烧水和集体取暖(包括现场临时宿舍取暖)用煤(气)等费用。

③差旅交通费。系指企业职工因公出差、工作调动(包括随行家属的旅费)的差旅费、住勤补助费,市内交通及误餐补助费,职工探亲路费,劳动力招募费,离退休职工一次性路费及交通工具油料、燃料、牌照、养路费及牌照等。

④固定资产使用费。系指管理和试验部门及附属生产单位使用属于固定资产的房屋、设备、仪器等折旧、大修、维修及租赁费等。

⑤工具、用具使用费。系指管理使用的不属于固定资产的工具、用具、家具、交通工具、检验、试验、消防等摊销及维修和摊销费。

⑥劳动保险费。系指企业支付离退休职工的退休金易地安家补助费、职工退职金、6个月以上产病假人员工资、职工死亡丧葬补助费、抚恤费,以及按规定支付给离休干部的各项经费。

⑦工会经费。系指企业按职工工资总额计提的工会经费。

⑧职工教育经费。系指企业为职工学习先进技术和提高文化水平按职工工资总额计提的费用。

⑨保险费。系指企业财产保险、管理用车辆等保险费用。

⑩工程保修费。系指工程竣工交付使用后,在规定保修期以内的修理费用。

⑪工程排污费。系指施工现场按规定缴纳的排污费用。

⑫其他费用。系指上述项目以外的其他必要的费用支出,包括技术转让费、技术开发费、业务招待费、绿化费、广告费、投标费、公证费、定额测定费、法律顾问费、审计费、咨询费等。基本费用以各类工程的直接费之和为基数,按表3-30计算。

基本费用、职工探亲路费、财务费用费率表(%) 表3-30

工程类别	基本费用费率	职工探亲路费费率	财务费用率
人工土方	3.36	0.10	0.23
机械土方	3.26	0.22	0.21
汽车运输	1.44	0.14	0.21
人工石方	3.45	0.10	0.22
机械石方	3.28	0.22	0.20
高级路面	1.91	0.14	0.27
其他路面	3.28	0.16	0.30
构造物Ⅰ	4.44	0.29	0.37
构造物Ⅱ	5.53	0.34	0.40
构造物Ⅲ	9.79	0.55	0.82
技术复杂大桥	4.72	0.20	0.46
隧道	4.22	0.27	0.39
钢材及钢结构	2.42	0.16	0.48

(2)主副食运费补贴。主副食运费补贴系指施工企业在远离城镇及乡村的野外施工购买生活必需品所需增加的费用。概费用以各类工程的直接费之和为基数,按表3-31所示的费率计算。

主副食运费补贴费费率表(%) 表3-31

工程类别	综合里程(km)											
	1	3	5	8	10	15	20	25	30	40	50	每增加10
人工土方	0.17	0.25	0.31	0.39	0.45	0.56	0.67	0.76	0.89	1.06	1.22	0.16
机械土方	0.13	0.19	0.24	0.30	0.35	0.43	0.52	0.59	0.69	0.81	0.95	0.13
汽车运输	0.14	0.20	0.25	0.32	0.37	0.45	0.55	0.62	0.73	0.86	1.00	0.14
人工石方	0.13	0.19	0.24	0.30	0.34	0.42	0.51	0.58	0.67	0.80	0.92	0.12
机械石方	0.12	0.18	0.22	0.28	0.33	0.41	0.49	0.55	0.65	0.76	0.89	0.12
高级路面	0.08	0.12	0.15	0.20	0.22	0.28	0.33	0.38	0.44	0.52	0.60	0.08
其他路面	0.09	0.12	0.15	0.20	0.22	0.28	0.33	0.38	0.44	0.52	0.61	0.09
构造物Ⅰ	0.13	0.18	0.23	0.28	0.32	0.40	0.49	0.55	0.65	0.76	0.89	0.12
构造物Ⅱ	0.14	0.20	0.25	0.30	0.35	0.43	0.52	0.60	0.70	0.8	0.96	0.13
构造物Ⅲ	0.25	0.36	0.45	0.55	0.64	0.79	0.96	1.09	1.28	1.51	1.76	0.24
技术复杂大桥	0.11	0.16	0.20	0.25	0.29	0.36	0.43	0.49	0.57	0.68	0.79	0.11
隧道	0.11	0.16	0.19	0.24	0.28	0.34	0.42	0.48	0.56	0.66	0.77	0.10
钢材及钢结构	0.11	0.16	0.20	0.26	0.30	0.37	0.44	0.50	0.59	0.69	0.80	0.11

注:综合里程 = 粮食运距 ×0.06 + 燃料运距 ×0.09 + 蔬菜运距 ×0.15 + 水运距 ×0.70,粮食、燃料、蔬菜、水的运距均为全线平均运距;综合里程数在表列里程之间时,费率可内插;综合里程在1km以内的工程不计取本项费用。

(3)职工探亲路费系指按照有关规定施工企业职工在探亲期间发生的往返车船费、市内交通费和途中住宿费等费用。

该费用以各类工程的直接费之和为基数,按表3-32所示的费率计算。

(4)职工取暖补贴系指按规定发放给职工的冬季取暖费或在施工现场设置的临时取暖设施的费用。该费用以各类工程的直接费之和为基数,按工程所在地的气温区取暖补贴费率计算。

职工取暖补贴费费率表(%) 表3-32

工程类别	气温区						
	准二区	冬一区	冬二区	冬三区	冬四区	冬五区	冬六区
人工土方	0.03	0.06	0.10	0.15	0.17	0.26	0.31
机械土方	0.06	0.13	0.22	0.33	0.44	0.55	0.66
汽车运输	0.06	0.12	0.21	0.31	0.41	0.51	0.62
人工石方	0.03	0.06	0.10	0.15	0.17	0.26	0.31
机械石方	0.05	0.11	0.17	0.26	0.35	0.44	0.53
高级路面	0.04	0.07	0.13	0.19	0.25	0.31	0.38
其他路面	0.04	0.07	0.12	0.18	0.24	0.30	0.36
构造物Ⅰ	0.06	0.12	0.19	0.28	0.36	0.46	0.56
构造物Ⅱ	0.06	0.13	0.20	0.30	0.41	0.51	0.62
构造物Ⅲ	0.11	0.23	0.37	0.56	0.74	0.93	1.13
技术复杂大桥	0.05	0.10	0.17	0.26	0.34	0.42	0.51
隧道	0.04	0.08	0.14	0.22	0.28	0.36	0.43
钢材及钢结构	0.04	0.07	0.12	0.19	0.25	0.31	0.37

(5)财务费用系指企业为筹集资金而发生的各项费用,包括企业经营期间发生的短期贷款利息净支出、汇兑净损失、调剂外汇手续费、金融机构手续费,以及企业筹集资金发生的其他财务费用。

财务费用以各类工程的直接费之和为基数,按表 3-30 的费率计算。

(三)辅助生产间接费

辅助生产间接费用系指由施工单位自行开采加工的砂、石等自采材料及施工单位自办的人工装卸和运输的间接费。

辅助生产现场经费按人工费的 5% 计算。该项费用并入材料预算单价内构成材料费,不直接出现在概(预)算中。

高原地区施工单位的辅助生产,可按其他工程费中高原地区施工增加费费率,以直接工程费为基数计算高原地区施工增加费(其中:人工采集、加工材料、人工装卸、运输材料按人工土方费率计算;机械采集、加工材料按机械石方费率计算;机械装、运输材料按机械土方费率计算)。辅助生产高原不地区施工增费不作为辅助生产间接费的计算基数。

(四)利润及税金

1. 利润

利润指施工企业完成所承包工程应取得的盈利。计算公式如下:

$$利润=(直接费+间接费-规费)\times 7\% \tag{3-18}$$

2. 税金

税金指按国家税法规定应计入建筑安装工程造价内的营业税,城市维护建设税及教育费附加。

$$综合税金额=(直接工程费+间接费+利润)\times 综合税率 \tag{3-19}$$

纳税地点在市区的企业,综合税率为 3.41%;

纳税人在县城、乡镇的企业,综合税率为 3.35%;

纳税人不在市区、县城、乡镇的,综合税率为 3.22%。

三、设备、工器具及家具购置费

(一)设备购置费

设备购置费指为满足公路的营运、管理、养护需要,购置的达到固定资产标准的设备和虽低于固定资产标准但属于设计明确列入设备清单的设备费用。包括渡口设备,隧道照明、消防、通风的动力设备;高等级公路的收费、监控、通信、供电设备,养护用的机械、设备和工具、器具等的购置费用。

设备购置费应由设计单位列出计划购置的清单(包括设备的规格、型号、数量),以设备原价加综合业务费和运杂费按以下公式计算:

$$\begin{aligned}设备购置费=&设备原价+运杂费(运输费+装卸费+搬动费)+\\&运输保险费+采购及保管费\end{aligned} \tag{3-20}$$

需要安装的设备,应在第一部分建筑安装工程费的有关项目内另计设备的安装工程费。

国产设备运杂费指由设备制造厂交货地点起至工地仓库(或施工组织设计指定的需要安装设备的堆放地点)止所发生的运费和装卸费;进口设备运杂费指由我国到岸港口或边境车站起至工地仓库(或施工组织设计指定的需要安装设备的堆放地点)止所发生的运费和装卸费。其计算公式如下:

$$运杂费 = 设备原价 \times 运杂费费率 \tag{3-21}$$

设备运杂费率按表3-33所示计取。

设备运杂费费率表 表3-33

运输里程(km)	100以内	101~200	201~300	301~400	401~500	501~750	751~1000	1001~1250	1251~1500	1501~1750	1751~2000	2000以上,每增加250
费率(%)	0.8	0.9	1.0	1.1	1.2	1.5	1.7	2.0	2.2	2.4	2.6	0.2

设备运输保险费指国内运输保险费。其计算公式为:

$$运输保险费 = 设备原价 \times 保险费费率 \tag{3-22}$$

设备运输保险费费率一般为1%。

设备采购人员及保管费指采购、验收、保管及收发设备所发生的各种费用,包括设备采购人员、保管人员和管理人员的工资、工资附加费、办公费、差旅交通费,设备供应部门办公和仓库所占固定资产使用费、工具用具使用费、劳动保护费、检验试验费等。其计算公式如下:

$$采购及保管费 = 设备原价 \times 采购及保管费费率 \tag{3-23}$$

需要安装的设备的采购及保管费费率为2.4%,不需要安装的设备的采购及保管费费率为1.2%。

(二)工器具购置费

工器具购置费系指建设项目交付使用后为满足初期正常营运必须购置的第一套不构成固定资产的设备、仪器、仪表、工卡模具、器具、工作台(框、架、柜)等的费用。该费用不包括构成固定资产的设备、工器具和备品、备件;及已列入设备购置费中的专用工具和备品、备件。对于工器具购置,应由设计单位列出计划购置的清单(包括规格、型号、数量),购置费的计算方法同设备购置费。

(三)办公和生活用家具购置费

办公和生活用家具购置费系指为保证新建、改建项目初期正常生产、使用和管理所必须购置的办公和生活用家具、用具的费用。

范围包括:行政、生产部门的办公室、会议室、资料档案室、阅览室、单身宿舍及生活福利设施等的家具、用具。

办公和生活用家具购置费标准按表3-34所示的规定计算。

办公和生活用家具购置费标准 表3-34

工程所在地	路线(元/公路公里)				看守桥房的独立大桥(元/座)	
	高速公路	一级公路	二级公路	三、四级公路	一般大桥	技术复杂大桥
内蒙古、黑龙江、青海、新疆、西藏	21500	15600	7800	4000	24000	60000
其他省、自治区、直辖市	17500	14600	5800	2900	19800	49000

注:改建工程按表列数值的80%计。

四、工程建设其他费用

(一)土地征用及拆迁补偿费

土地征用及拆迁补偿费系指按照《中华人民共和国土地管理法》及《中华人民共和国土地管理实施条例》、《中华人民共和国基本农田保护条例》等法律、法规的规定,为进行公路建设需征用土地所支付的土地征用及拆迁补偿费等费用。

1. 费用内容

(1)土地补偿费:指被征用土地地上、地下附着物及青苗补偿费,征用城市郊区的菜地等缴纳的菜地开发建设基金,租用土地费,耕地占用税,用地图编制费及勘界费,征地管理费等。

(2)征用耕地安置补助费:指征用耕地需要安置农业人口的补助费。

(3)拆迁补偿费:指被征用或占用土地上的房屋及附属构筑物、城市公用设施等拆除、迁建补偿费,拆迁管理费等。

(4)复耕费:指临时占用的耕地、鱼塘等,待工程竣工后将其恢复到原有标准所发生的费用。

(5)耕地开垦费:指公路建设项目占用耕地的,应由建设项目法人(业主)负责补充耕地所发生的费用;没有条件开垦或者开垦的耕地不符合要求的,按规定缴纳的耕地开垦费。

(6)森林植被恢复费:指公路建设项目需要占用、征用或者临时占用林地的,经县级以上林业主管部门审核同意或批准,建设项目法人(业主)单位按照有关规定向县级以上林业主管部门预缴的森林植被恢复费。

2. 计算方法

(1)土地征用及拆迁补偿费应根据审批单位批准的建设工程用地和临时用地面积及其附着物的情况,以及实际发生的费用项目,按国家有关规定及工程所在地的省(自治区、直辖市)人民政府颁发的有关规定和标准计算。

(2)森林植被恢复费应根据审批单位批准的建设工程占用林地的类型及面积,按国家有关规定及工程所在地的省(自治区、直辖市)人民政府颁发的有关规定和标准计算。

(3)与原有的电力电信设施、水利工程、铁路及铁路设施互相干扰时,应与有关部门联系,商定合理的解决方案和补偿金额,也可由这些部门按规定编制费用以确定补偿金额。

(二)建设项目管理费

建设项目管理费包括建设单位(业主)管理费、工程质量监督费、工程监理费、工程定额测定费、设计文件审查费和竣(交)工验收试验检测费。

1. 建设单位(业主)管理费

建设单位(业主)管理费系指建设单位(业主)为建设项目的立项、筹建、建设、竣(交)工验收、总结等工作所发生的费用,不包括应计入设备、材料预算价格的建设单位采购及保管设备、材料所需的费用。

建设单位(业主)管理费以建筑安装工程费总额为基数,按表3-35所示费率,以累进办法计算。

(1)水深>15m、跨度≥400m的斜拉桥和跨度≥800m的悬索桥等独立特大型桥梁工程的建设单位(业主)管理费按表3-35中的费率乘以1.0~1.2的系数计算;

(2)海上工程[指由于风浪影响,工程施工期(不包括封冻期)全年月平均工作日少于15d的工程]的建设单位(业主)管理费按表3-35中的费率乘以1.0~1.3的系数计算。

建设单位管理费费率表 表3-35

第一部分 建筑安装工程费(万元)	费率(%)	算例(万元)	
		定额建安工程费	建设单位(业主)管理费
500以下	3.48	500	500×3.48% =17.4
501~1000	2.73	1000	17.4+500×2.73% =31.05

续上表

第一部分 建筑安装工程费（万元）	费率(%)	算例(万元)	
		定额建安工程费	建设单位(业主)管理费
1001 ~ 5000	2.18	5000	31.05 + 4000 × 2.18% = 118.25
5001 ~ 10000	1.84	10000	118.25 + 5000 × 1.84% = 210.25
10001 ~ 30000	1.52	30000	210.25 + 20000 × 1.52% = 514.25
30001 ~ 50000	1.27	50000	514.25 + 20000 × 1.27% = 768.25
50001 ~ 100000	0.94	100000	768.25 + 50000 × 0.94% = 1238.25
100001 ~ 150000	0.76	150000	1238.25 + 50000 × 0.76% = 1618.25
150001 ~ 200000	0.59	200000	1618.25 + 50000 × 0.59% = 1913.25
200001 ~ 300000	0.43	300000	1913.25 + 50000 × 0.43% = 2343.25
300000 以上	0.32	310000	2343.25 + 10000 × 0.32% = 2375.25

2. 工程质量监督费

工程质量监督费指根据国家有关部门规定，各级公路工程质量监督机构对工程建设质量和安全生产实施监督应收取的管理费用。

工程质量监督费以建筑安装工程费总额为基数，按 0.15% 计算。

3. 工程监理费

工程监理费指建设单位(业主)委托具有公路监理资格的单位，按施工监理规范进行全面的监督和管理所发生的费用。

工程监理费以建筑安装工程费总额为基数，按表 3-36 费率计算。

工程监理费费率表 表 3-36

工 程 类 别	高速公路	一级及二级公路	三级及四级公路	桥梁及隧道
费率(%)	2.0	2.5	3.0	2.5

注：表中的桥梁是指水深大于 15m，斜拉桥和悬索桥等独立特大型桥梁工程；隧道是指水下隧道工程。

4. 工程定额测定费

工程定额测定费指各级公路(交通)工程定额(造价管理)站为测定劳动定额、搜集定额资料、编制工程定额及定额管理所需要的工作经费。

工程定额测定费以建筑安装工程费为基数，按 0.12% 计算。

5. 设计文件审查费

设计文件审查费指国家和省级交通主管部门在项目审批前，为保证勘察设计工作的质量，组织有关专家或委托有资质的单位，对设计单位提交的建设项目可行性研究报告和勘察设计文件以及对设计变更、调整概算进行审查所需要的相关费用。

设计文件审查费以建筑安装工程费总额为基数，按 0.1% 计算。

6. 竣(交)工验收试验检测费

竣(交)工验收试验检测费指在公路建设项目交工验收和竣工验收前，由建设单位(业主)或工程质量监督机构委托有资质的公路工程质量检测单位按照有关规定对建设项目的工程质量进行检测，并出具检测意见所需要的相关费用。竣(交)工验收试验检测费按表 3-37 规定计算。

竣(交)工验收试验检测标准表　　表 3-37

项　目	路线(元/公路公里)				独立大桥(元/座)	
	高速公路	一级公路	二级公路	三、四级公路	一般大桥	技术复杂大桥
试验检测费	15000	12000	10000	5000	30000	100000

注:表中标准高速公路、一级公路按四车道计算,二级及二级以下公路按双车道计算,每增加一条车道按表中的费用增加10%计算。

(三)研究试验费

研究试验费系指为本建设项目提供或验证设计数据、资料进行必要的研究试验,和按照设计规定在施工过程中必须进行试验、验证所需的费用,以及支付科技成果、先进技术的一次性技术转让费。该费用不包括:

(1)应由科技3项费用(即新产品试制费、中间试验费和重要科学研究补助费)开支的项目。

(2)应由施工辅助费开支的施工企业对建筑材料、构件和建筑物进行一般鉴定、检查所发生的费用及技术革新研究试验费。

(3)应由勘察设计费或建筑安装工程费用中开支的项目。

计算方法:按照设计提出的研究试验内容和要求进行编制,不需要设计基础资料的不计本项费用。

(四)建设项目前期工作费

建设项目前期工作费系指委托勘察设计、咨询单位对建设项目进行可行性研究、工程勘察设计,以及设计、监理、施工招标文件及招标标底或造价控制值文件编制时,按规定应支付的费用。该费用包括:

(1)编制项目建议书(或预可行性研究报告)、可行性研究报告、投资估算,以及相应的勘察、设计、专题研究等所需的费用。

(2)初步设计和施工图设计的勘察费(包括测量、水文调查、地质勘探等)、设计费、概(预)算及调整概算编制费等。

(3)设计、监理、施工招标文件及招标标底(或造价控制值或清单预算)文件编制费等。

(五)专项评价(估)费

专项评价(估)费系指依据国家法律、法规规定须进行评价(评估)、咨询,按规定应支付的费用。该费用包括环境影响评价费、水土保持评估费、地震安全性评价费、地质灾害危险性评价费、压覆重要矿床评估费、文物勘察费、通航认证费、行洪论证(评估)费、使用林地可行性研究报告编制费、用地预审报告编制费等费用。

计算方法:按国家颁发的收费标准和有关规定进行编制。

(六)施工机构迁移费

施工机构迁移费系指施工机构根据建设任务的需要,经有关部门决定成建制地(指工程处等)由原驻地迁移到另一地区所发生的一次性搬迁费用。该费用不包括:

(1)应由施工企业自行负担的,在规定距离范围内调动施工力量以及内部平衡施工力量所发生的迁移费用。

(2)由于违反基建程序,盲目调迁队伍所发生的迁移费。

(3)因中标而引起施工机构迁移所发生的迁移费。

费用内容包括:职工及随同家属的差旅费,调迁期间的工资,施工机械、设备、工具、用具和周转性材料的搬运费。

计算方法:施工机构迁移费应经建设项目的主管部门同意按实计算。但计算施工机构迁移费后,如迁移地点即新工地地点(如独立大桥),则其他工程费内的工地转移费应不再计算;如施工机构迁移地点至新工地地点尚有距离,则工地转移费的距离,应以施工机构新地点为计算起点。

(七)供电贴费

供电贴费系指按照国家规定,建设项目应交付的供电工程贴费、施工临时用电贴费。

计算方法:按国家有关规定计列(目前停止征收)。

(八)联合试运转费

联合试运转费指新建、改(扩)建工程项目,在竣工验收前按照设计规定的工程质量标准,进行动(静)载荷载实验所需的费用,或进行整套设备带负荷联合试运转期间所需的全部费用抵扣试车期间收入的差额。

内容包括:联合试动转期间所需的材料、油燃料和动力的消耗,机械和检测设备使用费,工具用具和低值易耗品费,参加联合试运转人员工资及其他费用等。联合试运转费以建筑安装工程费总额为基数,独立特大型桥梁按0.075%、其他工程按0.05%计算。该费用不包括由设备安装工程项下开支的调试费的费用。

(九)生产人员培训费

生产人员培训费指新建、改(扩)建公路工程项目,为保证生产的正常运行,在工程竣工验收交付使用前对运营部门生产人员和管理人员进行培训所必需的费用。

费用内容包括:培训人员的工资、工资性补贴、职工福利费、差旅交通费、劳动保护费、培训及教学实习费等。

生产人员培训费按设计定员和2000元/人的标准计算。

(十)固定资产投资方向调节税

固定资产投资方向调节税系指为了贯彻国家产业政策,控制投资规模,引导投资方向,调整投资结构,加强重点建设,促进国民经济持续稳定协调发展,依照《中华人民共和国固定资产投资方向调节税暂行条例》规定,公路建设项目应缴纳的固定资产投资方向调节税。

计算方法:按国家有关规定计算(目前暂停征收)。

(十一)建设期贷款利息

建设期贷款利息系指建设项目中分年度使用国内贷款或国外贷款部分,在建设期内应归还的贷款利息。费用内容包括各种金融机构贷款、企业集资、建设债券和外汇贷款等利息。

计算方法:根据不同的资金来源按需付息的分年度投资计算。

计算公式如下:

$$\text{建设期贷款利息} = \sum(\text{上年末付息贷款本息累计} + \text{本年度付息贷款额} \div 2) \times \text{年利率} \tag{3-24}$$

五、预备费及回收金额

预备费由价差预备费及基本预备费两部分组成。在公路工程建设期限内,凡需动用预备费时,属于公路交通部门投资的项目,需经建设单位提出,按建设项目隶属关系,报交通运输部或交通运输厅(局)基建主管部门核定批准。属于其他部门投资的建设项目,按其隶属关系报有关部门核定批准。

(一)价差预备费

价差预备费系指设计文件编制年至工程竣工年期间,第一部分费用的人工费、材料费、机械使用费、其他工程费、间接费等,以及第二、三部分费用由于政策、价格变化可能发生上浮而预留的费用及外资贷款汇率变动部分的费用。

(1)计算方法:价差预备费以概(预)算或修正概算第一部分建筑安装工程费总额为基数,按设计文件编制年始至建设项目工程竣工年终的年数和年工程造价增涨率计算。

$$价差预备费 = 建筑安装工程费总额 \times [(1 + 年工程造价增涨率)^{n-1} - 1] \quad (3\text{-}25)$$

式中:n——设计文件编制年至建设项目开工年 + 建设项目建设期限(年)。

(2)年工程造价增涨率按有关部门公布的工程投资价格指数计算,或由设计单位会同建设单位根据该工程人工费、材料费、施工机械使用费、其他工程费、间接费及第二、三部分费用可能发生的上浮等因素,以第一部分建安费为基数进行综合分析预测。

(3)设计文件编制至工程完工在一年以内的工程,不列此项费用。

(二)基本预备费

基本预备费系指经初步设计和概算中难以预料的工程和费用。

计算方法:以第一、二、三部分费用之和(扣除固定资产投资方向调节税和建设期贷款利息两项费用)为基数按下列费率计算:设计概算按5%计列;修正概算按4%计列;施工图预算按3%计列。

采用施工图预算加系数包干承包的工程,包干系数为施工图预算中直接费与间接费之和的3%。施工图预算包干费用由施工单位包干使用。该包干费用的内容包括以下几项。

(1)在施工过程中,设计单位对分部分项工程修改设计而增加的费用,但不包括因水文地质条件变化造成的基础变更、结构变更、标准提高、工程规模改变而增加的费用。

(2)预算审定后,施工单位负责采购的材料由于货源变更、运输距离或方式的改变以及因规格不同而代换使用等原因发生的价差。

(3)由于一般自然灾害所造成的损失和预防自然灾害所采取的措施的费用(例如一般防台风、防洪的费用)等。

(三)回收金额

概、预算定额所列材料一般不计回收,只对按全部材料计价的一些临时工程项目和由于工程规模或工期限制达不到规定周转次数的拱盔、支架及施工金属设备的材料计算回收金额。回收率见表3-38。

材料及设备的回收率(%) 表3-38

回收项目	使用年限或周转次数				计算基数
	1年或1次	2年或2次	3年或3次	4年或4次	
临时电力、电信线路	50	30	10	—	材料原价
拱盔、支架	60	45	30	15	
施工金属设备	65	65	50	30	

六、计算方法

施工图预算各项费用具体计算公式见表3-39。

公路工程建设各项费用的计算公式 表3-39

代号	项目	说明及计算式
一	直接工程费(即工、料、机费)	按编制年工程所在地的预算价格计算
二	其他工程费	(一)×其他工程费综合费率或各类工程人工费和机械费之和×其他工程费综合费率
三	直接费	(一)+(二)
四	间接费	各类工程人工费×规费综合费率+(三)×企业管理费综合费率
五	利润	[(三)+(四)-规费]×利润率
六	税金	[(三)+(四)+(五)]×结合税率
七	建筑安装工程费	(三)+(四)+(五)+(六)
八	设备、工具、器具购置费办公和生活用家具购置费	Σ(设备、工具、器具购置数量×单价+运杂费)×(1+采购保管费率)按有关规定计算
九	工程建设其他费用	
	土地征用及拆迁补偿费	按有关规定计算
	建设单位(业主)管理费	(七)×费率
	工程质量监督费	(七)×费率
	工程监理费	(七)×费率
	工程定额测定费	(七)×费率
	设计文件审查费	(七)×费率
	竣(交)工验收试验检测费	按有关规定计算
	研究试验费	按批准的计划编制
	前期工作费	按有关规定计算
	专项评价(估)费	按有关规定计算
	施工机构迁移费	按实计算
	供电贴费	按有关规定计算
	联合试运转费	(七)×费率
	生产人员培训费	按有关规定计算
	固定资产投资方向调节税	按有关规定计算
	建设期贷款利息	按实际贷款数及利率计算
十	预备费	包括价差预备费和基本预备费两项
	价差预备费	按规定的公式计算
	基本预备费	[(七)+(八)+(九)-固定资产投资方向调节税-建设期贷款利息]×费率
	预备费中施工图预算包干系数	[(三)+(四)]×费率
十一	建设项目费用	(七)+(八)+(九)+(十)

第六节　应用造价软件编制概(预)算文件

能力目标

能够应用造价软件编制施工图预算。

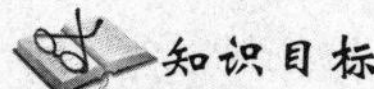

知识目标

1. 明确公路工程造价系统的安装和启动。
2. 明确运用公路工程造价系统编制公路工程造价文件的流程。
3. 明确运用公路工程造价系统编制公路工程概(预)算文件基本操作。

公路工程概(预)算的编制是一项极为烦琐而又复杂的计算工作,费时费力。为了提高效率,近年来,公路的管理、设计、施工等部门已广泛推广计算机软件在工程造价编制中的应用。目前,公路建筑市场上所应用的各种造价软件版本较多,各类版本大同小异。限于篇幅,以下以同望 WECOST 公路工程造价管理系统为例,介绍计算机软件在公路工程造价文件编制中的应用。

一、WECOST 系统功能特色

WECOST 采用全新技术架构,操作更加符合用户习惯、贴心易用,界面直观,功能更加强大,真正实现了多专业、多阶段、多种计价模式、编制审核一体化。

根据工程造价管理未来发展趋势,系统采用了网络(即 B/S 结构)和单机(即 C/S 结构)相结合的使用模式,在 C/S 系统下实现造价数据文件的编制、审核,并通过 B/S 系统按设定流程进行有序的控制、流转,以实现数据集中管理,分级分组授权查询访问,满足了造价规范化编制、网络化审批及数据共享、数据挖掘的高端需求。

1. 项目管理灵活多变

系统可以实现多专业的综合建设项目管理,同一建设项目下可以任意分解不同层次的子项目,各子项目可以兼顾公路、房建、通信等多种不同专业的计价依据,同时按项目分解层次进行费用汇总,输出项目的汇总报表。

2. 预算书编制轻松自如

编制预算书时可以方便地选择系统内置的项目模板或者导入清单,对项、目、节可自由进行升级降级操作;还可以借、调用除本专业定额以外的其他专业定额。

3. 定额选套及调整直观方便

系统支持跨专业选套定额,方便灵活。同时系统还提供丰富、便捷的标准换算和调整选项,还可对相同调整内容的定额进行批量调整,调整后的定额可存入我的定额库,方便下次利用。

4. 取费程序灵活定义

可以在系统内置的标准费用基础上自定义新的费用模板,包括新增或删除费用项目,灵活定义或修改计算公式,修改费率及设置不计费项目等,同时可进行不同模板之间费用逐项对比分析,找出差异。自定义的取费模板可以保存并继续应用到其他建设项目中。

5. 工料机汇总、反查、调整省时省力

特别让预算员费时的材料价格查询和录入,可以通过建立维护自己的工料机价格库,批量地导入到系统中,系统自动进行价格替换,未刷新的材料价格,系统提示预算员手工录价,系统还可以实现反查工料机来源,批量设置材料运输的起讫地点等功能,特别是项目级的工料机汇总功能,极大提高造价文件编制审查的效率。

6. 多种清单调价方式,调价快速灵活

系统提供"正算调价"和"反算调价"两种方式,"正调"可调整工料机消耗量、工料机单价和综合费率;"反调"即通过输入一个控制目标价,系统自动反算出工料机的消耗、单价和综合费率。

7."分项模板"快速复制及经验共享

强大的"分项模板"功能,可以保存不同层级的分部分项工程,包括其下所套用的定额、工程量、料机和调整信息。可在同一项目或不同建设项目之间自由复制,还可导出分项模板,实现经验共享。

8. 支持多级审核和任意查询,审核处处留痕

支持多级审核,审核时可以对编制文件任意位置进行修改并留痕,各级审核过程用不同颜色标识区分(设置不同部门的审核颜色),方便查看,可查询任意级别审核内容和结果,并输出审核报表。

9. 维护"我的定额和工料机库"

系统不仅内置了全国各省的公路补充定额,用户还可以方便地把系统定额、补充定额和系统工料机保存到"我的定额库"和"我的工料机库",并对其进行管理和维护,形成企业定额库。

10. WCOST 数据完美导入

系统提供对于旧版同望 WCOST 造价软件的数据接口,对于用 WCOST 编制的历史数据文件,可以通过文件导入及数据库导入的方式导入 WECOST 中。

11. 造价工作平台有序管理

造价工作平台像一条纽带,把各个单机编审软件有序联结。系统通过 B/S 结构的造价工作平台进行统一的组织机构维护和用户管理,实现网上传输数据,控制编审权限及文件的上传和下载,版本发布及数据集中管理。

12. 丰富实用的项目级编审报表

内置丰富实用的项目级汇总报表,包括编制和审核汇总报表,并可批量打印。

13. 轻松拓展到工程造价整体解决方案(简称 IPCS)

WECOST 是 IPCS 整体架构的一部分内容,可以根据用户管理的需要轻松实现向 IPCS 扩展,满足用户对工程项目全生命周期的造价工作进行全方位、动态管理的需求。

二、同望 WECOST 的运行环境

1. 系统硬件要求

配置:主频 1G 以上 CPU,512MB 以上内存,500MB 以上可用硬盘空间。

2. 系统运行平台

系统平台:Windows 2000/XP/VISTA,Linux,Unix 等各种操作系统。

三、WECOST 操作介绍

(一)同望 WECOST 的系统安装

1. 单机版安装

(1)将本软件的安装光盘放入驱动器中,在相应的目录中找到安装文件 SETUP. EXE。

（2）运行该安装程序，按系统提示命令操作。

（3）在安装过程中，请注意阅读许可证协议和软件提示的信息。

（4）在安装过程中，随时可点按“退出安装”或“取消”按钮中断安装程序。确认要退出安装后，软件会自动删除当前已安装的文件，并退出安装程序。

2. 网络版安装

网络版安装请参照参照软件用户手册。

（二）同望 WECOST 的启动

正确地安装本软件之后，便可按以下步骤启动系统：

（1）确保已将该软件的加密锁正确地插在计算机的 LPT 打印机端口（并行口）上。

（2）打开计算机，启动中文 Windows。

（3）单击屏幕左下角的“开始”按钮，打开“开始”菜单。

（4）在“开始”菜单中选择“所有程序”→“WECOST 公路工程造价管理系统”→“WECOST 公路工程造价管理系统”，即可启动系统。

此外，双击桌面上的“WECOST 公路工程造价管理系统”快捷图标也同样可以启动系统。“6”系统启动后，出现登录对话框。对话框中包括用户名和口令两项，系统初始提供的用户名为小写的 admin，且不加口令。点按确定按钮后，即进入 WECOST 主界面。

（5）整理数据库：在登录对话框中，有一个“整理数据库”按钮。当使用过程中断电或长期大量使用本软件后，应点按此键，软件会压缩数据库占用的硬盘空间，并修复数据库中的错误。

（三）同望 WECOST 的系统登录及用户管理

1. 系统登录

（1）单机版登录。第一次登录用系统管理员的身份登录，用户名：admin，初始密码：12345678。

（2）网络版登录。首次登录系统默认选择登录网络，以验证用户身份，用户名及权限由网络平台的系统管理员统一设置与分配。完成第一次登录后，以后每次登录，可以选择登录网络或登录本地。

2. 用户管理

（1）单机版用户管理。以系统管理员登录系统后，点击“用户管理”，就可以在弹出的串口对用户进行管理，点击新增按钮创建用户，增加用户后，可修改“用户名”和“用户单位”，“用户名”作为报表中的编制人或审核人的取数；“用户单位”也会以括号的形式取到报表中的编制人或审核人的后面，如不需要则在这两行留空。

（2）网络版用户管理。以管理员身份登录后，在“用户管理”界面点击“新增”，弹出的对话框输入用户账号、姓名、描述等信息。用户初始密码为 12345678，可以修改密码。然后点击“用户授权”，选择该用户的权限并确定。

（四）同望 WECOST 的系统菜单介绍

1.“文件”菜单

“文件”菜单主要功能见表 3-40。

2.“编辑”菜单

“编辑”菜单主要功能见表 3-41。

"文件"菜单主要功能　表3-40

命　令	作　用	命　令	作　用
新建建设项目	新建建设项目	导入	导入数据文件(包括WECOST及WCOST)
新建造价文件	新建造价文件	导出	导出数据文件(项目节点或预算模板)
打开	打开造价文件	打印报表	打印报表
保存	保存造价文件	退出系统	退出系统
重新登录	重新登录系统		

"编辑"菜单主要功能　表3-41

命　令	作　用	命　令	作　用
保存	保存当前数据	上移	将预算书结构及定额上移一级
剪切	剪切预算书结构及定额	下移	将预算书结构及定额下移一级
复制	复制预算书结构及定额	升级	将预算书结构及定额提升至上一层结构
粘贴	粘贴预算书结构及定额	降级	将预算书结构及定额下降至下一层结构

这里要特别说明的是,在选取预算书结构及定额时,如果在单击每一项时按住Ctrl键,就可以一次选择多项,而按住Shift键选择两个预算书结构及定额,则这两个预算书结构及定额之间的结构及定额就会被全部选定,此功能在软件中所有的表格里都适用。

3."审核"菜单

"审核"菜单主要功能见表3-42。

"审核"菜单主要功能　表3-42

命　令	作　用	命　令	作　用
审核汇总信息	造价文件审核信息汇总	颜色设置	各级审核者颜色设置
审核子目信息	当前子目审核信息		

4."维护"菜单

"维护"菜单主要功能见表3-43。

"维护"菜单主要功能　表3-43

命　令	作　用	命　令	作　用
常用单位	设置系统单位及用户自定义单位	我的取费模板	管理系统及用户自定义取费模板
起讫地点	设置材料运输相关参数	我的费率标准	管理系统及用户自定义费率标准
我的定额工料库	维护补充定额及补充工料机库	我的报表模板	管理系统及用户自定义报表模板
车船税维护	维护车船税		

5."计算"菜单

"计算"菜单主要功能见表3-44。

"计算"菜单主要功能　表3-44

命　令	作　用	命　令	作　用
分析与计算	对造价文件进行工料机分析及计算	当前精度维护	对当前造价文件的计算及显示精度进行设置
计算精度管理	对系统的计算及显示精度进行设置		

6."工具"菜单

"工具"菜单主要功能见表3-45。

"工具"菜单主要功能 表 3-45

命　令	作　用	命　令	作　用
系统参数设置	设置系统参数	五金手册	调用五金手册
计算器	调出及关闭计算器	修改密码	修改登录密码
特殊符号	显示/关闭特殊符号栏	网络设置	进行网络设置

7."帮助"菜单

"帮助"菜单主要功能见表 3-46。

"帮助"菜单主要功能 表 3-46

命　令	作　用	命　令	作　用
用户手册	用户使用手册	版本更新	检查当前版本是否更新
定额说明	07 编制办法及定额说明	客户服务	连接同望公司服务网站
更新说明	当前版本更新说明		

8.系统工具栏介绍

系统工具栏按钮名称作用见表 3-47。

工具栏按钮名称作用表 表 3-47

图　标	名　称	作　用
	新建造价文件	新建造价文件
	打开	打开造价文件
	保存	保存当前数据
	剪切	剪切预算书结构及定额
	复制	复制预算书结构及定额
	粘贴	粘贴预算书结构及定额
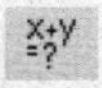	分析与计算	对造价文件进行工料机分析及计算
	当前精度维护	对当前造价文件的计算及显示精度进行设置
	增加子分项	增加子分项(可以有子项的分项)
	增加前项	增加前项
	增加后项	增加后项
	增加定额	增加定额
	审核汇总信息	造价文件审核信息汇总
显示级别 1	显示级别	调整预算书显示的级别
	上移	将预算书结构及定额上移一级
	下移	将预算书结构及定额下移一级
	升级	将预算书结构及定额提升至上一层结构
	降级	将预算书结构及定额下降至下一层结构

续上表

图　标	名　　称	作　　用
	第一行	到数据首行
	第末行	到数据末行
	显示/隐藏	显示或隐藏界面
	计算器	调出或关闭计算器

(五)同望 WECOST 系统预算编制的操作步骤

1. 编制工程造价文件编制流程

编制任何一份公路工程造价文件,大致编制过程如图 3-6 所示。

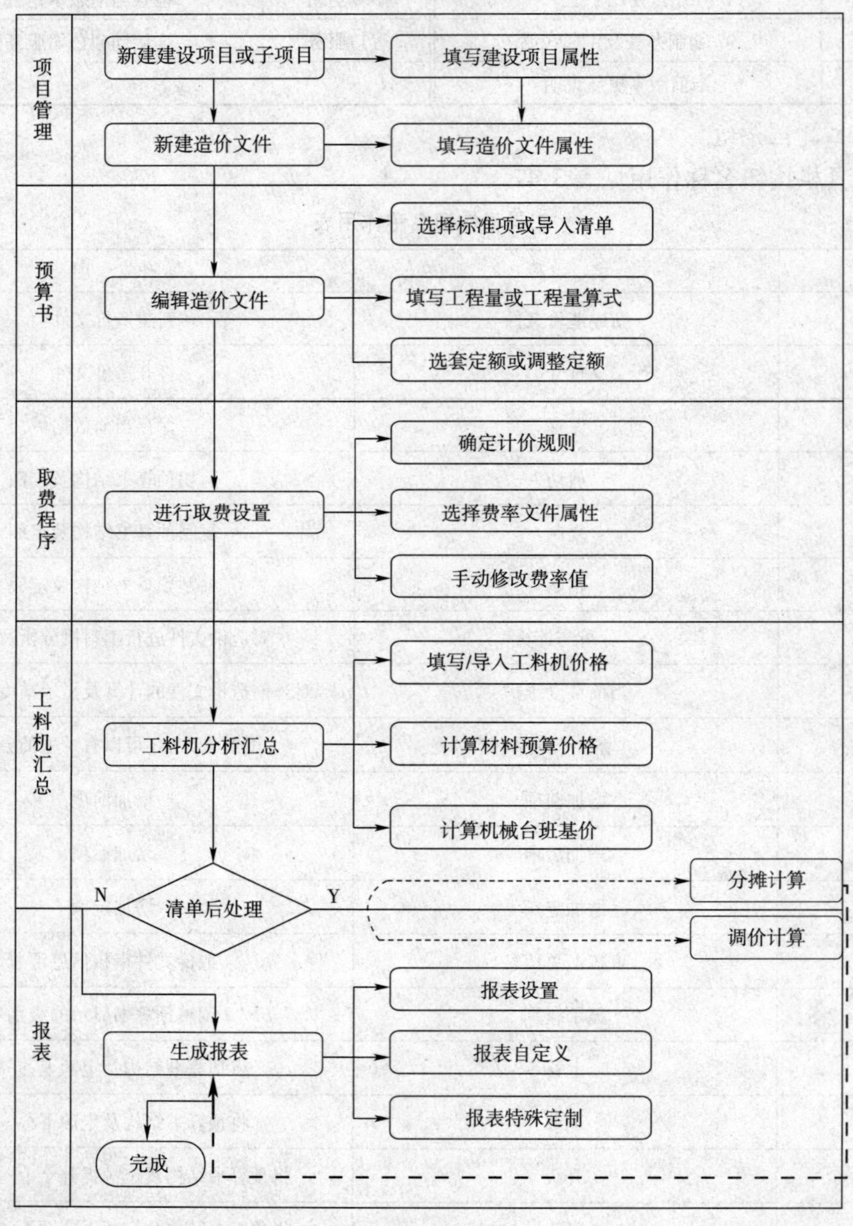

图 3-6　造价文件编制流程

2. 同望 WECOST 系统施工图预算编制操作步骤

(1)创建建设项目。

在项目管理窗口空白处,单击鼠标右键,选择【新建】→【建设项目】,如图 3-7 所示;或者在项目管理界面菜单栏,选择【文件】→【新建建设项目】,如图 3-8 所示。

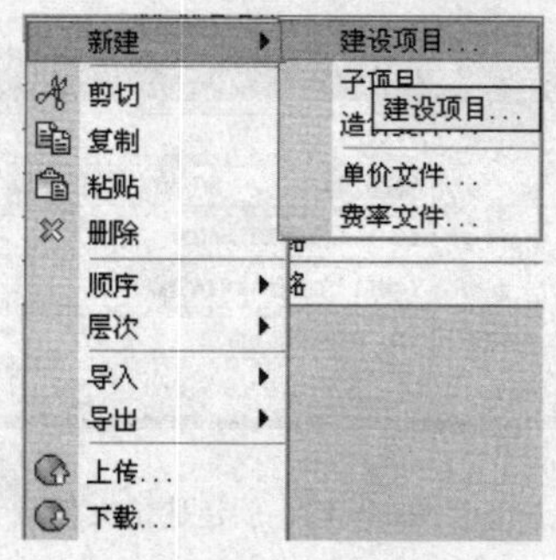

图 3-7　新建建设项目

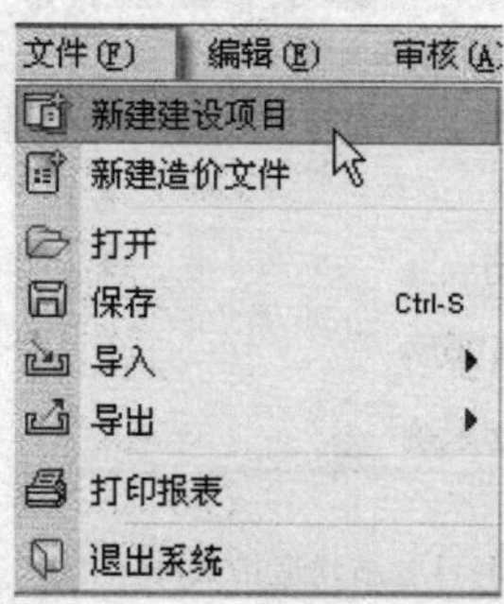

图 3-8　新建建设项目

在弹出的创建建设项目对话框中,输入【编号】(可以以创建文件的日期为编号,方便管理)、【名称】,选择【编制类型】(注:编制类型的选择决定项目级报表的输出样式),然后点击【确认】,即完成创建建设项目。如图 3-9 所示。

编辑建设项目信息:建设项目建立好以后,选中新建的建设项目,双击项目编号、项目名称处可以修改该建设项目的【编号】和【工程名称】,或者直接在右侧的【基本信息】窗口修改项目信息。

(2)创建子项目。

选中新建的建设项目右击,选择【新建】→【子项目】。子项目可根据实际需要创建,或是省略上述操作直接在建设项目下创建造价文件。

(3)创建造价文件。

新建造价文件有 3 种方式:

在项目管理界面右键,选择【新建】→【造价文件】。如图 3-10 所示。

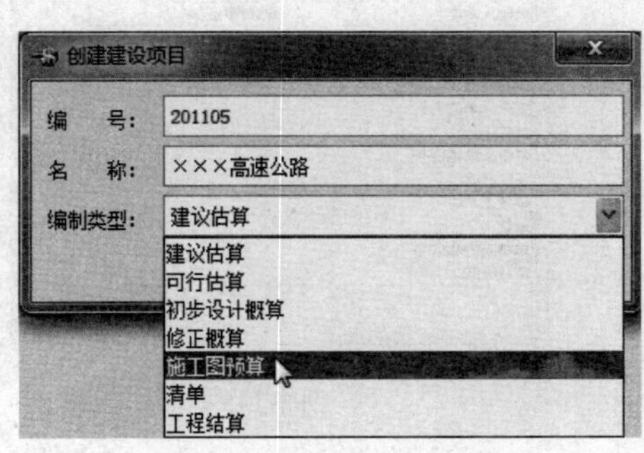

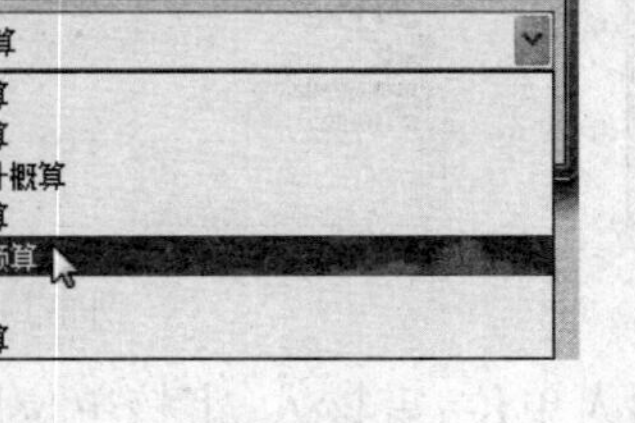

图 3-9　创建建设项目

图 3-10　新建造价文件

选择【文件】→【新建造价文件】。如图 3-11 所示。

在工具栏里直接点击快捷键,新建造价文件。

在弹出的窗口中,输入【编号】、【名称】,选择【计价依据】、【主定额】和【项目模板】,点击确定。

【计价依据】:顾名思义即用来计价的标准依据,包括:取费程序、费率标准、项目模板、定额库、工料机库、报表等,如图 3-12 所示。

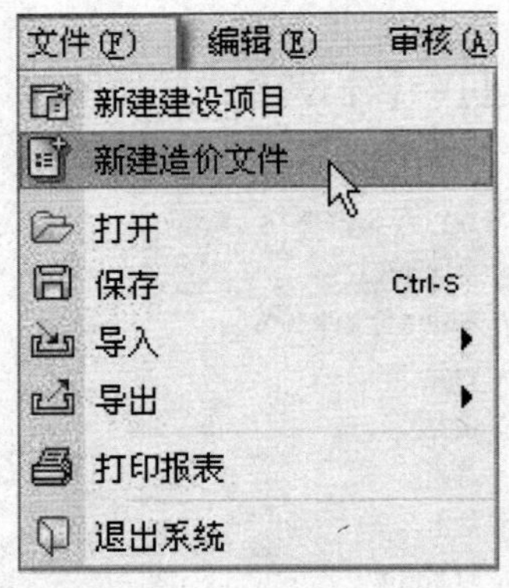

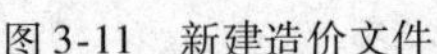
图 3-11　新建造价文件

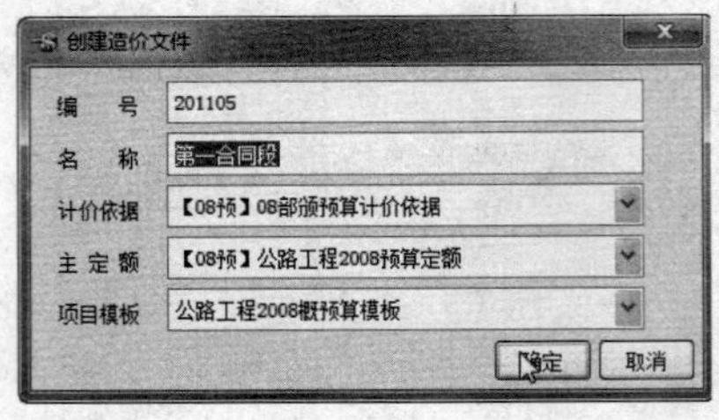

图 3-12　创建造价文件

(4)填写项目信息。

①基本信息。新建完建设项目和造价文件后,根据工程实际情况,填写建设项目基本信息(见图 3-13)以及造价文件基本信息(见图 3-14)。基本信息,部分是用于报表取数及计算,部分用于系统标识,如造价文件基本信息中的“计价依据”,是系统标识属性,系统自动生成,不能修改。

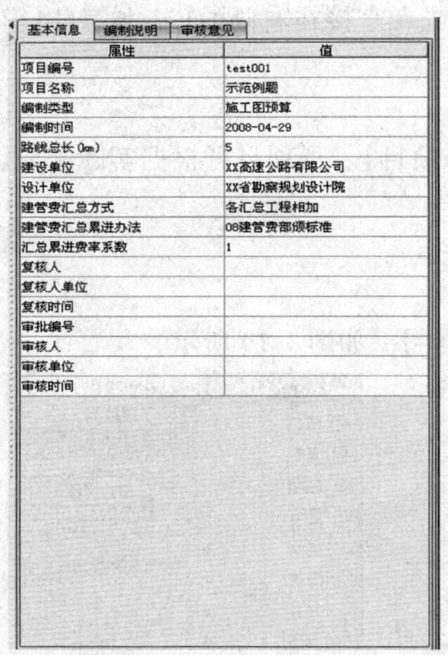

基本信息　编制说明　审核意见

属性	值
项目编号	test001
项目名称	示范例题
编制类型	施工图预算
编制时间	2008-04-29
路线总长(km)	5
建设单位	XX高速公路有限公司
设计单位	XX省勘察规划设计院
建管费汇总方式	各汇总工程相加
建管费汇总累进办法	08建管费部颁标准
汇总累进费率系数	1
复核人	
复核人单位	
复核时间	
审批编号	
审核人	
审核单位	
审核时间	

图 3-13

基本信息

属性	值
文件编号	test001
文件名称	示范例题
计价依据	08部颁概算计价依据
工程类别	路线
起止桩号	K0+000~K5+000
公路公里	5.0
公路等级	高速公路
建设性质	新建
大桥等级	
桥长米	0.0
桥梁(或路基)宽度(m)	32
平均养护月数	12
车船税标准	广东省养路费车船税标准
机械不变费用系数	1.0
建管费累进办法	08建管费部颁标准
累进系数	1.0
年造价上涨率%	0.0
上涨计费年限	1.0
编制人单位	造价事业部
编制人	温晓军
编制人资格证号	
编制时间	2008-04-29
复核人单位	
复核人	
复核人资格证号	
复核时间	
审核人单位	
审核人	
审核人资格证号	
审核时间	

图 3-14

造价文件名称、起止桩号、编制人、编制人单位、审核人、审核单位用于报表取数,如报表表头表尾需要输出这些数据时,必须正确填写。

工程类别、公路等级、大桥等级、公路公里、桥长米、养护月数、建管费累进办法、年造价上涨率%、上涨计费年限等基本属性,关系到报表计算及第 1、2、3 部分费用计算,需要计算相关费用时,也必须填写,才能正确计算及输出正确报表数据。

②填写编制说明。在项目管理右边界面,【编制说明】窗口,可以输入项目编制说明,在该处输入的数据,会在【项目报表】的“编制说明”表以及【预算书报表】的“编制说明”表中输出。

可根据需要选择打印其中一张编制说明表。如图3-15所示。

(5)建立项目结构。

①选择标准项。在"预算书"界面,右击【选择】→【标准项】或者直接点击停靠在预算书右侧的【标准模板】按钮,系统弹出选择标准模板对话框,选择节点后,双击或右击选择【添加选中】即可添加单条记录,在复选框中勾选多条,点击"添加选中",可以一次选择多条记录。如图3-16所示。

图3-15 编写说明

②增加非标准项目。增加前项:在"预算书"界面选择要增加的位置,右击选择【增加】→【前项】或直接单击工具栏中的快捷图标,在选中项的前面增加一个非标准项。

增加后项:选择【增加】→【后项】或直接单击工具栏中的快捷图标,在选中项的后面增加一个非标准项。

增加子分项:选择【增加】→【子项】或直接单击工具栏中的快捷图标,在选中项的子节点增加一个非标准项。

子项下面是可以再增加定额同级项的,但定额同级项下面不能再增加任何对象。如图3-17所示。

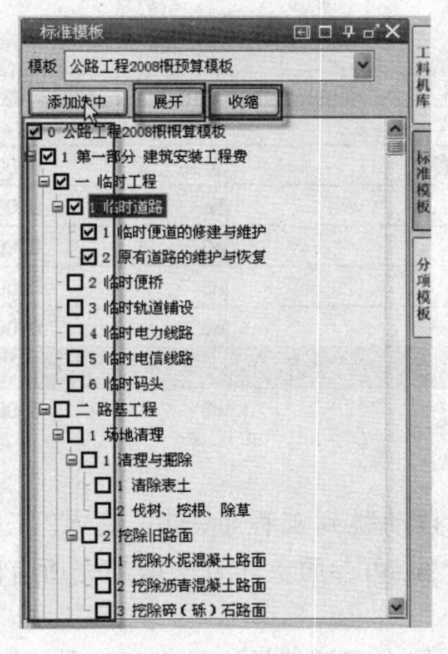

图3-16 选择标准项

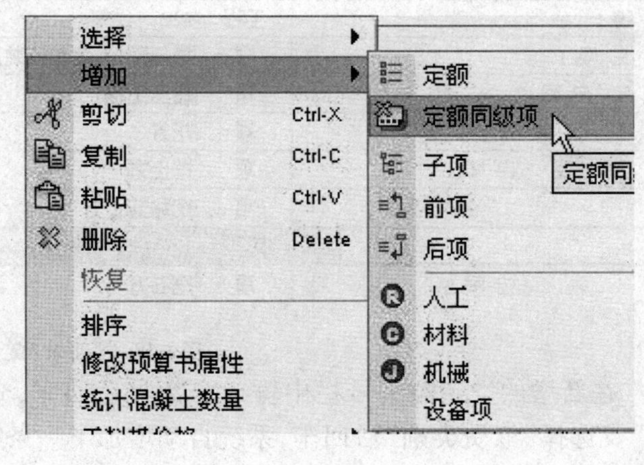

图3-17 增加非标准项

(6)选套定额。

①定额库中选择。在"预算书"界面点击需要套取定额的位置,点击鼠标右键,在右键菜单【选择】→【定额】,或者直接点击停靠在预算书右或下侧的【定额库】按钮,则系统弹出定额库窗口(见图3-18),从"定额"的下拉框中选择需要的定额库(系统默认的定额库是创建造价文件时的选择的主定额库),然后再查找所需套用的定额子目,双击选入或者右击选择【添加选中行】来套取定额。

②手工录入定额。选择录入的位置,右击“增加”→“定额”或直接点击工具栏中的快捷图标,新增一条空记录,在“编号”栏直接输入定额编号,回车即可套入,如图3-19所示;也可点击该空记录“编号”右侧的按钮[...],进入定额库中选套定额,选择定额同上。

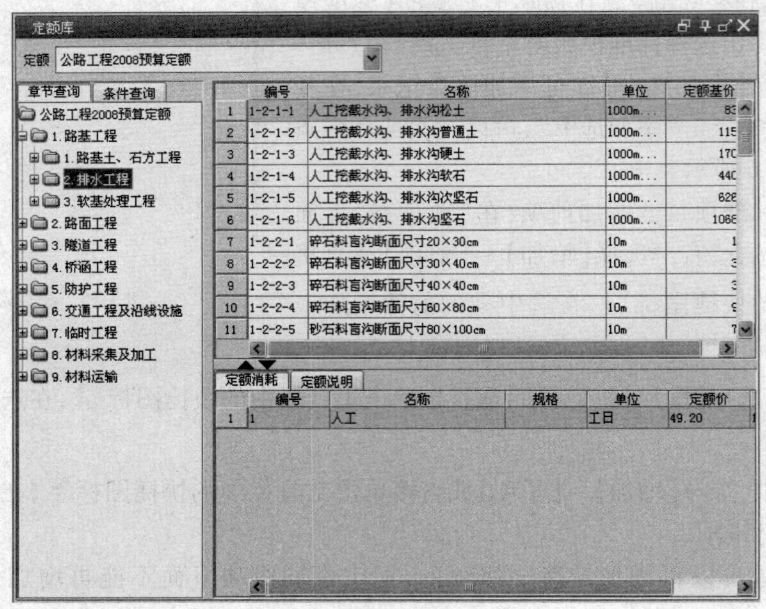

图3-18 定额库中选套定额

编号	标识	名称	单位	工程量
1	工程	222		
1	项	第一部分 建筑安装工程费	公路公里	0.000
二	项	路基工程	km	0.000
2	项	挖方	m3	0.000
1	项	挖土方	m3	0.000
1	项	挖路基土方	m3	0.000
...	定额			0.000
2	项	挖石方	m3	0.000

图3-19 手工录入定额

在新增的空定额编号栏中输入定额号后回车,光标自动跳到工程量一栏,输入“工程量”及选择“取费类别”后回车,系统自动增加下一条空定额,可参照上述方法增加完所有的定额。

③添加补充定额。如果输入要添加补充定额,可以直接在定额编号中录入新编号,系统会提示并在定额编号前加“LB”作为补充的标志,可以直接在预算书界面来编制补充定额内容。

④填写工程量。在定额库中选择定额后,应注意定额工程量与分项工程量是否相同,否则应在定额中输入实际工程量。

系统默认子节点继承父节点工程量。当修改上级节点工程量时,和上级节点工程量相等的下级节点工程量也自动改变。

不需要自动继承工程量功能，可在“工具”菜单→“系统参数设置”处，把“是否自动填写工程量”的值设置为“否”。

系统默以自然单位处理工程量，即：输入的工程量会自动除以定额单位系数。如用户需按定额单位处理工程量时，即输入的工程量无需除以定额单位系数时，可在“工具”菜单→“工程量输入方式”的下拉列表中，把“自然单位”改为“定额单位”。

⑤确定取费类别。系统已经为每一条定额根据施工类别确定了取费类别，所以在选套定额后，不需要再选择取费类别。如果认为系统确定的取费类别不符合实际情况，可直接以数字键选择相应取费类别，也可以通过鼠标以下拉菜单的方式选。

批量取费类别——预算书右键菜单选择“批量”→“设置取费类别”，可实现批量设置取费类别功能，所有被选中分项及选中分项下的子目都会被设置为选中的取费类别。

(7)工料机汇总(工料机分析)。

工料机分析是单位工程造价基础数据分析，是各类费用的计算基础。工料机分析包括工料机消耗量汇总、工料机分项汇总、工料机预算价确定、机械台班单价计算、材料单价计算等。进入“工料机汇总”窗口，系统会自动汇总当前单位工程的工料机。

①录入价格分为手工录入和批量导入两种：

a. 手工录入。在“工料机汇总”界面，手工逐条录入已知的材料预算价格。

b. 批量导入。在“工料机汇总”界面，右击选择“导入”→“一般工料机价格”，选择后缀名为“.xls”或“prices”的工料机价格信息文件点击“打开”，导入成功后系统会提示：导入材料价格文件完毕！此时系统内相同的工料机价格被刷新。

工料机价格导入的 Excel 格式如图 3-20。

说明：如图 3-20 所示，在第 F 列填写 1，则把该材料的价格导入成原价，在第 F 列不填或填写“1”以外的值，则该材料价格导入成预算价。第 G 列，填写该材料的供应地点。

	A	B	C	D	E	F	G
1	编号	名称	规格	单位	预算价	是否导入为原价	供应地点
2	101	原木		m^3	1600		
3	182	型钢		t	3700		
4	832	32.5级水泥		t	320		
5	899	中（粗）砂		m^3	60	1	深圳
6	911	黏土		m^3	8.21		
7	931	片石		m^3	30	1	广州
8	952	碎 石（4cm）		m^3	40	1	中山
9	954	碎 石（8cm）		m^3	50	1	中山
10	961	石屑		m^3	65		
11	996	其他材料费		元	1		
12	997	设备摊销费		元	1		

图 3-20　工料机价格导入的 Excel 格式

②计算价格分为自采材料计算和运杂费计算两种：

a. 自采材料计算。选中要计算的材料，切换到“采购点”，在“起讫地点”处输入自采地点，在“自采定额”视窗的空白处右击选择“增加”，进入选套自采定额。

b. 运杂费计算：

ⓐ社会运输：在“计算”列打钩，选择计算材料，进入到“采购点”，输入材料的起讫地点、原价、运距、t · km 运价、装卸费单价等参数，并选择运输方式，输入完毕后点击“计算”菜单→“分析与计算”，即可查看材料运费、预算价的计算结果。

ⓑ自办运输:选择运输方式为“自办运输”,输入除“t·km 运价”和“装卸费单价”的其他参数,切换到“自办运输定额”窗口,在空白处点击选择“增加”进入选套运输定额。

如要进行运距调整,则直接在“实际运距”处输入实际的运输距离(单位为 km)。

如有高原施工取费,则请检查“取费程序”窗口项目属性是否已经选择了高原施工,并在此处的“高原施工取费类别”处选择取费类别。

ⓒ批量设置起讫地点:为了方便批量设置材料起讫地点,在材料单价计算视窗批量选中同一起讫地点的材料后,右击选择“批量设置起讫地点”→弹出维护“起讫地点”对话框,点击新增按钮,新建一条运输起讫地点记录,直接输入起点、终点、运距和选择运输工具等等。建立好运输起讫地点后,在“序号”处双击,系统会提示“已经选择序号 X 的起讫地点”,则所选材料的运输起讫地点被批量设置好,不需要重复录入。

③机械台班计算。机械台班费用,一般是根据机械台班定额,以及动力燃料预算价格(如柴油、汽油、电等)和车船税标准进行计算。在项目管理界面的“基本信息”栏内,对“车船税标准”选择需要的养路费车船税标准,系统即可自动计算。

④导出价格文件。在“工料机汇总”界面的“输出”列中勾选要导出的记录,右击选择“导出”→“一般工料机价格”,可导出编制的价格文件,导出文件的文件类型为.xls。

(8)取费程序(即综合费率计算)。

①设置费率参数。进入“取费程序”界面,在右半窗口选择费率文件属性:按工程实际情况选择、填写各项,如工程所在地、冬季施工、雨季施工、工地转移、综合里程等。系统将按此自动取费,计算综合费率。

②修改费率值。可以实现直接修改费率、费率乘系数、恢复默认值功能。

③借用费率文件。可实现借用系统中其他造价文件取费模板的功能。

(9)分析计算。分析计算是建设项目各项费用的综合分析,是各类报表的数据源。在分析计算以前,应完成选套定额、确定工程量、工料机分析计算、选择取费模板以及设置项目属性,最后进行分析计算。

点击菜单“计算”→“分析计算”,或者点击工具栏的图标,系统进行分析计算。

(10)报表输出:

①直接打印单种报表;

②连续打印项目各种报表;

③输出为 Excel、Word 或者 Html 文件,进一步修改。

(六)任务实施

1.创建建设项目及造价文件,填写项目预算编制信息

运行 WECOST 系统,完成以下信息的输入。

(1)建设项目基本信息:

①建设项目名称;

②编制类型:施工图预算;

③路线总长:22.851km;

④建设单位:★★★★★★;

⑤设计单位:★★公路勘察设计有限公司;

⑥建管费汇总方式:各汇总工程相加;

⑦建管费汇总累计办法:08 建管费交通运输部颁布的标准;

⑧汇总累进费率系数:1。

(2)造价文件基本信息:

①文件名称;

②计价依据:交通运输部颁布的 08 预算计价依据;

③主定额:交通运输部颁布的 08 预算定额;

④工程类别:路线工程;

⑤起止桩号:K0 + 000 ~ K22 + 851;

⑥设计长度:22.851km;

⑦公路等级:二级;

⑧建设性质:改建工程;

⑨平均养护月数:3 个月;

⑩车船税标准;

⑪机械不变费用系数:1.1;

⑫建管费累进办法:08 建管费交通运输部颁布的标准;

⑬年造价上涨率:0;

⑭上涨计费年限:0。

(3)设备、工具、器具及家具购置费。

设备购置费、工器具及生产家具购置费不计;办公和生活用家具购置费按交通部颁布的费率标准(《概算预算编制办法》)执行。

(4)工程建设其他费:

①土地征用及拆迁补偿费。用地面积及拆迁建筑物、电力、电信等数量见该项目的设计图纸,补偿标准见表 3-48。

工程建设其他费用及回收金额计算表 表 3-48

序号	费用名称及回收金额项目	说明及计算式	金额(元)	备 注
	第三部分 工程建设其他费用		6285481	
一	土地征用及拆迁补偿费		19766	
1	工程临时占荒地	154.42(亩) × 128	19766	
二	建设项目管理费		6265715	
1	建设单位管理费	{建设单位管理费}(建安费为基数)	1500351	1500350.75
2	工程监理费	建安工程费 ×2.5%	1496542	59861697.04 ×2.5%
3	设计文件审查费	建安工程费 ×0.1%	59862	59861697.04 ×0.1%
4	竣(交)工验收试验检测费	10000 ×22.851	228510	
5	项目前期工作费		2980450	
(1)	工可编制费	270950 ×1	270950	
(2)	勘察设计费	2709500 ×1	2709500	
	预备费		1989762	
二	2. 基本预备费	(第一、二、三部分费用合计 - {N} - {P}) ×3%	1989762	(66325415.48 -0 -0) ×3%

②建设项目管理费。按照交通部颁布的费率标准(《概算预算编制办法》)执行。

③建设项目前期工作费。

④预备费。价差预备费不计;基本预备费以第一、二、三部分费用之和(扣除固定资产投资方向调节税和建设期贷款利息)为基数,按3%的费率计算。

⑤其他费用。不计。

2. 编制分项预算文件

(1)建立项目结构。完成选择标准项、增加非标准项、增加子项、填写工程量等相关操作。

(2)选套定额。选套定额(含定额调整)、填写工程量、确定取费类别等相关工作。

(3)工料机分析,确定人工、材料、机械价格。在"工料机汇总"界面,输入材料预算价格;计算自采材料的料场价格、自办运输费用,得到预算价格;计算机械台班单价(由软件计算生成)。

人工、主要材料价格信息见表3-49。

人工、主要材料价格信息表 表3-49

序号	名称	单位	代号	预算单价(元)	序号	名称	单位	代号	预算单价(元)
1	人工	工日	1	48.00	23	橡皮线	m	713	10.91
2	机械工	工日	2	48.00	24	油漆	kg	732	12.72
3	原木	m^3	101	2327.75	25	桥面防水涂料	kg	735	11.18
4	锯材木中板 § =19~35	m^3	102	2440.50	26	热熔涂料	kg	738	7.08
5	光圆钢筋直径10~14mm	t	111	4982.50	27	反光玻璃珠	kg	739	5.34
6	带肋钢筋直径15~24mm,25mm以上	t	112	5126.00	28	反光膜	m^2	740	235.91
					29	土工布	m^2	770	7.30
7	型钢	t	182	5320.75	30	玻璃纤维布	m^2	771	3.67
8	钢板	t	183	5105.50	31	草籽	kg	821	62.54
9	钢管	t	191	6612.25	32	油毛毡	m^2	825	3.70
10	钢丝绳	t	221	7493.75	33	32.5级水泥	t	832	466.77
11	电焊条	kg	231	5.69	34	42.5级水泥	t	833	518.54
12	钢管立柱	t	247	6838.69	35	硝铵炸药	kg	841	7.98
13	钢模板	t	271	6778.09	36	导火线	m	842	1.09
14	组合钢模板	t	272	6374.09	37	普通雷管	个	845	0.92
15	四氟板式橡胶组合支座	dm^3	401	122.41	38	石油沥青	t	851	6195.82
16	铸铁	kg	561	6.26	39	重油	kg	861	4.52
17	铁件	kg	651	6.10	40	汽油	kg	862	11.38
18	镀锌铁件	kg	652	7.02	41	柴油	kg	863	9.59
19	铁钉	kg	653	6.20	42	煤	t	864	724.55
20	8~12号铁丝	kg	655	6.01	43	电	kW·h	865	0.80
21	20~22号铁丝	kg	656	5.70	44	水	m^3	866	26.29
22	铝合金标志	t	668	18494.09	45	砂	m^3	897	38.83

续上表

序号	名　称	单位	代号	预算单价（元）	序号	名　称	单位	代号	预算单价（元）
46	中(粗)砂	m^3	899	103.59	49	黏土	m^3	911	25.98
47	砂砾	m^3	902	29.00	50	片石	m^3	931	76.89
48	天然级配	m^3	908	29.00					

(4)确定取费费率。在“取费程序”界面的右半窗口,选择项目属性及取费参数,软件自行取费计算。取费程序的基本信息如下:

①工程所在地;

②费率标准:2008 交通运输部颁布的费率标准;

③冬季、雨天、高原施工增加费:按提示选定;

④风沙施工、沿海施工、行车干扰:不计;

⑤安全文明、临时设施、施工辅助:计;

⑥企业管理基本费用、职工探亲、财务费用:计;

⑦职工取暖:计;

⑧辅助生产、利润:计;

⑨主副食综合里程;54.281km 工地转移:667.43km;

⑩纳税人所在地:市区;

⑪规费费率:养老保险 18%;失业保险:2%;医疗保险:7%;住房公积金 10%;工伤保险 1%。

(5)分析计算,查看报表。

①点击菜单“计算”→“分析计算”,系统进行分析计算;

②进行分析计算后切换报表窗口,在左栏中选取不同的报表,系统自动显示相应的数据。通过预览 03 表、01 表检查各分项工程的单价或技术经济指标是否合理。

继续执行工料机分析等操作。最后打印报表。

该项目的施工图预算部分成果如下:

a. 总预算表(01 表),见表 3-50;

b. 人工、材料、机械台班数量汇总表(02 表),见表 3-51;

c. 建筑安装工程费计算表(03 表),见表 3-52;

d. 其他工程费及间接费计算表(04 表),见表 3-53;

e. 设备、工具、器具购置费计算表(05 表),见表 3-54;

f. 工程建设其他费用及回收金额计算表(06 表),见表 3-55;

g. 人工、材料、机械台班单价汇总表(07 表),见表 3-56;

h. 建筑安装工程费计算数据表(08-1 表),见表 3-57;

i. 分项工程预算表(08-2 表),见表 3-58;

j. 材料预算单价计算表(09 表),见表 3-59;

k. 自采材料料场价格计算表(10 表),见表 3-60;

l. 机械台班单价计算表(11 表),见表 3-61;

m. 辅助生产工料机械台班单位数量表(12 表),见表 3-62。

总 预 算 表

表 3-50

建设项目名称:大柴旦工业园区饮马峡公路改建工程(预算)

编制范围:大柴旦工业园区饮马峡公路改建工程

第 1 页　共 4 页　01 表

项	目	节	细目	工程或费用名称	单 位	数 量	预算金额(元)	技术经济指标	各项费用比例(%)	备 注
				第一部分 建筑安装工程费	公路公里	22.851	59861697	2619653.28	87.63	
一				临时工程	公路公里	22.851	843006	36891.43	1.23	
	1			临时道路	km	0.900	55179	61310.00		
		1		临时便道的修建与维护	km	0.900	55179	61310.00		
	2			预制场地平整	m^2	70000.000	683215	9.76		
	3			临时电力线路	km	1.000	104612	104612.00		
二				路基工程	km	22.851	5040705	220590.13	7.38	
	1			拆除原有桥涵圬工	m^3	499.100	66994	134.23		
		1		混凝土圬工	m^3	302.900	49520	163.49		
		2		砌石圬工	m^3	196.200	17474	89.06		
	2			土方	m^3	171813.400	3806658	22.16		
		1		挖方	m^3	16037.400	97938	6.11		
		2		借方	m^3	155776.000	2414475	15.50		
		3		填方	m^3	171813.400	1294245	7.53		
	3			特殊路基处理	km	22.851	410497	17964.07		
		1		新旧路基衔接处理(开挖台阶及回填土方)	m^2	41797.950	356058	8.52		
		2		桥涵端头路基处理	m^3	4469.510	54439	12.18		
	4			排水工程	km	22.851	351793	15395.08		
		1		M10 浆砌片石边沟	m^3/m	389.300/458.000	215920	554.64/471.44		
		2		C25 混凝土边沟盖板	m^3	22.100	33920	1534.84		
		3		土质截水沟	m^3/m	2840.000/1420.000	88150	31.04/62.08		
		4		开挖水沟	m^3/m	2970.000/360.000	13802	4.65/38.34		
	5			防护与加固工程	km	22.851	404762	17713.10		

续上表

第2页　共4页　01表

项	目	节	细目	工程或费用名称	单　位	数　量	预算金额(元)	技术经济指标	各项费用比例(%)	备　注
		1		M10浆砌片石护坡	m^3/m	256.900/120.000	128662	500.83/1072.18		
		2		M10浆砌片石护岸墙	m^3/m	700.500/120.000	276100	394.15/2300.83		
三				路面工程	km	22.851	46789757	2047602.16	68.49	
	1			路面垫层	m^2	127900.000	3234761	25.29		
		1		30cm级配砂砾垫层	m^2	127900.000	2299004	17.98		
		2		16.65cm砂砾整平层	m^2	100430.000	935757	9.32		
	2			20cm水泥稳定砂砾基层	m^2	217060.000	8337642	38.41		
	3			黏层、下封层	m^2	205810.000	3056905	14.85		
		1		黏层	m^2	205810.000	684051	3.32		
		2		1cm沥青表处下封层	m^2	205810.000	2372855	11.53		
	4			沥青混凝土面层	m^2	205810.000	25144552	122.17		
		1		4cm沥青混凝土面层	m^2	205810.000	11206887	54.45		
		2		5cm沥青混凝土面层	m^2	205810.000	13937665	67.72		
	5			路槽、路肩及中央分隔带	km	22.851	6547796	286543.08		
		1		59cm培路肩	m^2	52520.000	690246	13.14		
		2		路缘石	m^3	5342.960	5367125	1004.52		
		3		水泥座浆	m^3	1050.330	490425	466.92		
	6			长丝土工布	m^2	33480.000	468101	13.98		
四				桥梁涵洞工程	km	22.851	3172246	138823.07	4.64	
	1			涵洞工程	m/道	221.860/18.000	2017086	9091.71/112060.33		
		1		新建钢筋混凝土盖板明涵	m/道	121.860/10.000	1476376	12115.35/147637.60		
		2		新建钢筋混凝土盖板暗涵	m/道	16.000/1.000	144992	9062.00/144992.00		
		3		接长利用钢筋混凝土盖板涵	m/道	84.000/7.000	395717	4710.92/56531.00		
	2			小桥工程	m/座	43.840/3.000	1155160	26349.45/385053.33		

续上表

第 3 页　共 4 页　01 表

项	目	节	细目	工程或费用名称	单位	数量	预算金额(元)	技术经济指标	各项费用比例(%)	备注
		1		新建钢筋混凝土矩形板小桥	m/座	12.000/1.000	196203	16350.25/196203.00		
		2		新建钢筋混凝土空心板小桥	m/座	16.000/1.000	756222	47263.88/756222.00		
		3		接长利用小桥	m/座	15.840/1.000	202735	12798.93/202735.00		
五				交叉工程	处	11.000	776657	70605.18	1.14	
	1			平面交叉道	处	11.000	776657	70605.18		
		1		公路与公路平面交叉	处	7.000	751506	107358.00		
		2		管线交叉	处	4.000	25151	6287.75		
六				公路设施及预埋管线工程	公路公里	22.851	1620546	70917.95	2.37	
	1			安全设施	公路公里	22.851	1225680	53637.92		
		1		C25 钢筋混凝土防撞护栏	m^3/m	281.430/1410.000	552660	1963.76/391.96		
		2		公路标线	m^2	8308.940	524479	63.12		
		3		里程碑、百米桩、公路界碑	块	684.000	30513	44.61		
			1	里程碑	块	22.000	3026	137.55		
			2	百米桩	块	434.000	6440	14.84		
			3	界碑	块	228.000	21047	92.31		
		4		各类标志牌	块	10.000	118028	11802.80		
			1	单悬臂铝合金标志牌	块	9.000	84493	9388.11		
			2	双悬臂铝合金标志牌	块	1.000	33536	33536.00		
	2			其他工程	公路公里	22.851	394865	17279.99		
		1		公路交工前养护费	km	22.851	394865	17279.99		
七				绿化及环境保护工程	公路公里	22.851	1618781	70840.71	2.37	
	1			环境保护工程	m^2	102696.300	1618781	15.76		
				第二部分　设备及工具、器具购置费	公路公里	22.851	178238	7800.01	0.26	
二				工具、器具购置	公路公里	22.851	178238	7800.01	0.26	

续上表

第 4 页　共 4 页　01 表

项	目	节	细目	工程或费用名称	单位	数量	预算金额(元)	技术经济指标	各项费用比例(%)	备注
				第三部分　工程建设其他费用	公路公里	22.851	6285481	275063.72	9.20	
一				土地征用及拆迁补偿费	公路公里	22.851	19766	864.99	0.03	
	1			工程临时占荒地	亩	154.420	19766	128.00		
二				建设项目管理费	公路公里	22.851	6265715	274198.72	9.17	
	1			建设单位管理费	公路公里	22.851	1500351	65658.00		
	2			工程监理费	公路公里	22.851	1496542	65491.31		
	3			设计文件审查费	公路公里	22.851	59862	2619.67		
	4			竣(交)工验收试验检测费	公路公里	22.851	228510	10000.00		
	5			项目前期工作费	公路公里	1.000	2980450	2980450.00		
		1		工可编制费	公路公里	1.000	270950	270950.00		
		2		勘察设计费	公路公里	1.000	2709500	2709500.00		
				第一、二、三部分费用合计	公路公里	22.851	66325415	2902516.96	97.09	
				预备费	元		1989762		2.91	
一				价差预备费	元					
二				基本预备费	元		1989762		2.91	
				预算总金额	元		68315178		100.00	
				其中:回收金额	元					
				公路基本造价	公路公里	22.851	68315178	2989592.49	100.00	

编制:　　　　复核:

表 3-51

人工、材料、机械台班数量汇总表

建设项目名称:大柴旦工业园区饮马峡公路改建工程(预算)

编制范围:大柴旦工业园区饮马峡公路改建工程 第 1 页 共 6 页 02 表

序号	规格名称	单位	总数量	分项统计									场外运输损耗	
				临时工程	路基工程	路面工程	桥梁涵洞工程	交叉工程	公路设施及预埋管线工程	绿化及环境保护工程	辅助生产	其他	%	数量
1	人工	工日	128602	3845	8561	45105	7771	315	1907	6644	44238	10216		
2	机械工	工日	12959	245	3653	6679	396	135	157	541	1155			
3	原木	m^3	29	11	1		15		1					
4	锯材木中板 § =19 ~ 35m	m^3	29	0	1	12	15	0	2					
5	光圆钢筋直径 10 ~ 14mm	t	45	0	0		20		25					
6	带肋钢筋直径 15 ~ 24mm,25mm 以上	t	37		1		36							
7	型钢	t	19	0		16	3	0	0					
8	钢板	t	2	0		2	0	0						
9	钢管	t	6				1		5					
10	钢丝绳	t	0				0							
11	电焊条	kg	412			267	144	1	0					
12	钢管立柱	t	5						5					
13	钢模板	t	3		0		0		3					
14	组合钢模板	t	7			0	7		0					
15	四氟板式橡胶组合支座	dm^3	9				9							
16	铸铁	kg	8242						8242					
17	铁件	kg	7768	110		2165	3916	5	1573					
18	镀锌铁件	kg	2421						2421					
19	铁钉	kg	271		4	228	39							
20	8 ~ 12 号铁丝	kg	373	40	117		217							
21	20 ~ 22 号铁丝	kg	335		12		204		120					

续上表

第2页　　共6页　　02表

序号	规格名称	单位	总数量	分项统计									场外运输损耗	
				临时工程	路基工程	路面工程	桥梁涵洞工程	交叉工程	公路设施及预埋管线工程	绿化及环境保护工程	辅助生产	其他	%	数量
22	铝合金标志	t	0						0					
23	橡皮线	m	3150	3150										
24	油漆	kg	167						167					
25	桥面防水涂料	kg	455				455							
26	热熔涂料	kg	38969						38969					
27	反光玻璃珠	kg	3074						3074					
28	反光膜	m^2	51						51					
29	土工布	m^2	36219			36219								
30	玻璃纤维布	m^2	513				513							
31	草籽	kg	1068							1058			1.00	11
32	油毛毡	m^2	219				219							
33	32.5级水泥	t	9299	94	170	7696	1033	98	116				1.00	92
34	42.5级水泥	t	10				10						1.00	0
35	硝铵炸药	kg	103		103									
36	导火线	m	969		969									
37	普通雷管	个	636		636									
38	石油沥青	t	2467	0		2420	3	44						
39	重油	kg	253528			248727	370	4430						
40	汽油	kg	11171	63	18	7280	175	77	3558					
41	柴油	kg	413555	10583	156930	187836	5278	4566	91	19793	28478			
42	煤	t	63	0		62		1					1.00	1
43	电	kW·h	267372	628	43	192528	8143	3278	622		62129			

续上表

第 3 页　共 6 页　02 表

序号	规格名称	单位	总数量	分项统计									场外运输损耗	
				临时工程	路基工程	路面工程	桥梁涵洞工程	交叉工程	公路设施及预埋管线工程	绿化及环境保护工程	辅助生产	其他	%	数量
44	水	m^3	22442	96	1611	16317	3879	121	419					
45	砂	m^3	8115			7755	12	150					2.50	198
46	中(粗)砂	m^3	7071	115	573	4256	1775	8	171				2.50	172
47	砂砾	m^3	134554		204	127659	3016	2342					1.00	1332
48	天然级配	m^3	651	644									1.00	6
49	黏土	m^3	30		17		12						3.00	1
50	片石	m^3	4560		1589	707	1853				411			
51	矿粉	t	2291			2181	3	40					3.00	67
52	碎石(2cm)	m^3	356		18		326		8				1.00	4
53	碎石(4cm)	m^3	6640	207		4605	1475	10	277				1.00	66
54	碎石(8cm)	m^3	116		5		96		15				1.00	1
55	石屑	m^3	4416			4284	7	81					1.00	44
56	路面用碎石(1.5cm)	m^3	8090			7795	19	196					1.00	80
57	路面用碎石(2.5cm)	m^3	9826			9633		95					1.00	97
58	块石	m^3	907			861	46							
59	其他材料费	元	330692	586	485	31356	12599	284	17344	268037				
60	设备摊销费	元	102323	14528		86440	187	1167						
61	开采片石	m^3	28317								28317			
62	75kW 以内履带式推土机	台班	119	11	62		2	5		39				
63	105kW 以内履带式推土机	台班	95								95			
64	165kW 以内履带式推土机	台班	10		10									
65	$10m^3$ 以内拖式铲运机	台班	232							232				

序号	规格名称	单位	总数量	分项统计									场外运输损耗	
				临时工程	路基工程	路面工程	桥梁涵洞工程	交叉工程	公路设施及预埋管线工程	绿化及环境保护工程	辅助生产	其他	%	数量
66	0.6m^3 履带式单斗挖掘机	台班	17			17								
67	2.0m^3 履带式单斗挖掘机	台班	266	20	235		8	3						
68	1.0m^3 轮胎式装载机	台班	0				0							
69	2.0m^3 轮胎式装载机	台班	440		1	336		6			96			
70	3.0m^3 轮胎式装载机	台班	107								107			
71	120kW 以内平地机	台班	385		287	96		2						
72	6～8t 光轮压路机	台班	621	1	225	383	3	9						
73	8～10t 光轮压路机	台班	18	18										
74	10～12t 光轮压路机	台班	0				0							
75	12～15t 光轮压路机	台班	860	3		841		15						
76	0.6t 手扶式振动碾	台班	714	5		709								
77	10t 以内振动压路机	台班	413		410			3						
78	100t/h 以内稳定土厂拌设备	台班	212			208		4						
79	9.5m 稳定土摊铺机	台班	106			104		2						
80	撒布宽度 1～3m 石屑撒布机	台班	4			4		0						
81	4000L 以内沥青洒布车	台班	25			25	0	0						
82	30t/h 以内沥青混合料拌和设备	台班	0				0							
83	120t/h 以内沥青混合料拌和设备	台班	71			69		1						
84	6.0m 以内带自动找平沥青混合料摊铺机	台班	77			75		1						
85	16～20t 轮胎式压路机	台班	52			51		1						
86	20～25t 轮胎式压路机	台班	22			22		0						
87	含热熔标线车 BJ－130、油抹器动力等热熔标线设备	台班	46						46					

续上表

第 5 页　　共 6 页　　02 表

序号	规格名称	单位	总数量	分项统计									场外运输损耗	
				临时工程	路基工程	路面工程	桥梁涵洞工程	交叉工程	公路设施及预埋管线工程	绿化及环境保护工程	辅助生产	其他	%	数量
88	3.0~9.0m 滑模式水泥混凝土摊铺机	台班	0				0							
89	电动混凝土真空吸水机组	台班	4	4										
90	电动混凝土刻纹机	台班	1				1							
91	250L 以内强制式混凝土搅拌机	台班	325	9	1	204	99	0	12					
92	$60m^3/h$ 以内混凝土输送泵	台班	0				0							
93	4t 以内载货汽车	台班	43						43					
94	6t 以内载货汽车	台班	1		1									
95	10t 以内载货汽车	台班	209			203	6	0						
96	3t 以内自卸汽车	台班	2				2							
97	5t 以内自卸汽车	台班	73			72		1						
98	10t 以内自卸汽车	台班	1564	136	1415			13						
99	12t 以内自卸汽车	台班	1079			1060		19						
100	15t 以内平板拖车组	台班	8			8								
101	20t 以内平板拖车组	台班	6			6								
102	4000L 以内洒水汽车	台班	2	2										
103	6000L 以内洒水汽车	台班	209			205		4						
104	1.0t 以内机动翻斗车	台班	82				71		10					
105	5t 以内汽车式起重机	台班	139		1	134	4	0	1					
106	8t 以内汽车式起重机	台班	12				12							
107	12t 以内汽车式起重机	台班	52			3	49							
108	20t 汽车式起重机	台班	31			16	15							
109	40t 汽车式起重机	台班	27			27								

续上表

第 6 页　共 6 页　02 表

序号	规格名称	单位	总数量	分项统计									场外运输损耗	
				临时工程	路基工程	路面工程	桥梁涵洞工程	交叉工程	公路设施及预埋管线工程	绿化及环境保护工程	辅助生产	其他	%	数量
110	75t 汽车式起重机	台班	10			10								
111	50kN 以内单筒慢动电动卷扬机	台班	2				2							
112	10×0.5(m×m)皮带运输机	台班	435			226		6			203			
113	32kV·A 交流电弧焊机	台班	65			37	27	0	0					
114	500mm×750mm 电动颚式破碎机	台班	87								87			
115	100t/h 以内反击式破碎机	台班	84								84			
116	生产率 8~10m^3/h 滚筒式筛分机	台班	216			113		3			101			
117	生产率 100~300t/h 惯性振动筛	台班	96								96			
118	小型机具使用费	元	21654	347	53	2092	3585	16	449		15112			

编制：　　　　复核：

建筑安装工程费计算表

表 3-52

建设项目名称:大柴旦工业园区饮马峡公路改建工程(预算)

编制范围:大柴旦工业园区饮马峡公路改建工程　　第 1 页　共 3 页　03 表

序号	工程名称	单位	工程量	直接费(元)						间接费(元)	利润(元)费率7.0%	税金(元)综合税率3.24%	建筑安装工程费	
				直接工程费				其他工程费	合计				合计(元)	单价(元)
				人工费	材料费	机械使用费	合计							
1	临时便道的修建与维护	km	0.900	8472	20274	9426	38172	7392	45564	4542	3341	1732	55179	61309.99
2	预制场地平整	m^2	70000.000	172716	87779	167859	428354	119166	547520	74124	40130	21441	683215	9.76
3	临时电力线路	km	1.000	3360	77207		80567	7610	88176	6585	6567	3283	104612	104611.54
4	混凝土圬工	m^3	302.900	22100	2542	2954	27596	9196	36792	8441	2733	1554	49520	163.49
5	砌石圬工	m^3	196.200	7722		1913	9636	3394	13030	2930	966	548	17474	89.06
6	挖方	m^3	16037.400	4121		58605	62727	20575	83302	5432	6131	3074	97938	6.11
7	借方	m^3	155776.000	37386		1584691	1622077	473990	2096068	90319	152314	75774	2414475	15.50
8	填方	m^3	171813.400	24741		809757	834498	273724	1108222	63846	81560	40618	1294245	7.53
9	新旧路基衔接处理(开挖台阶及回填土方)	m^2	41797.950	141143		62756	203899	68278	272178	52729	19977	11174	356058	8.52
10	桥涵端头路基处理	m^3	4469.510	1716		33258	34974	11472	46446	2866	3418	1708	54439	12.18
11	M10 浆砌片石边沟	m^3/m	389.300	50119	94968		145087	26289	171377	25003	12764	6776	215920	554.64
12	C25 混凝土边沟盖板	m^3	22.100	5937	16786	1184	23906	3714	27621	3194	2041	1065	33920	1534.86
13	土质截水沟	m^3/m	2840.000	47358			47358	16748	64105	16560	4718	2766	88150	31.04
14	开挖水沟	m^3/m	2970.000	713		8102	8815	2891	11707	801	862	433	13802	4.65
15	M10 浆砌片石护坡	m^3/m	256.900	26871	61053		87924	14932	102856	14108	7661	4038	128662	500.83
16	M10 浆砌片石护岸墙	m^3/m	700.500	41012	153427	1999	196439	28412	224850	25840	16744	8665	276100	394.15
17	30cm 级配砂砾垫层	m^2	127900.000	46167	1418731	307278	1772176	205374	1977550	104467	144836	72150	2299004	17.98
18	16.65cm 砂砾整平层	m^2	100430.000	4339	618282	109727	732348	76184	808531	38642	59217	29367	935757	9.32

续上表

第2页　共3页　03表

序号	工程名称	单位	工程量	直接费(元)						间接费(元)	利润(元)	税金(元)	建筑安装工程费	
				直接工程费				其他工程费	合计		费率7.0%	综合税率3.24%	合计(元)	单价(元)
				人工费	材料费	机械使用费	合计							
19	20cm 水泥稳定砂砾基层	m^2	217060.000	194646	4289580	1800486	6284712	891790	7176502	374709	524770	261662	8337642	38.41
20	黏层	m^2	205810.000	6915	541865	4179	552959	37152	590111	29252	43220	21468	684051	3.32
21	1cm 沥青表处下封层	m^2	205810.000	83970	1751130	45598	1880699	151292	2031991	117573	148824	74468	2372855	11.53
22	4cm 沥青混凝土面层	m^2	205810.000	73325	7707065	1068791	8849181	962203	9811384	334987	708809	351708	11206887	54.45
23	5cm 沥青混凝土面层	m^2	205810.000	82038	9602968	1325685	11010691	1193749	12204440	414125	881692	437408	13937665	67.72
24	59cm 培路肩	m^2	52520.000	306549		83877	390426	130105	520531	109929	38124	21662	690246	13.14
25	路缘石	m^3	5342.960	1249740	2214247	249519	3713506	621988	4335493	545985	317209	168437	5367125	1004.52
26	水泥座浆	m^3	1050.330	40837	324547		365384	41822	407205	37500	30329	15391	490425	466.92
27	长丝土工布	m^2	33480.000	76495	267375		343870	41999	385869	39280	28261	14690	468101	13.98
28	新建钢筋混凝土盖板明涵	m/道	121.860	171718	816695	71958	1060370	154781	1215151	124483	90409	46333	1476376	12115.35
29	新建钢筋混凝土盖板暗涵	m/道	16.000	17815	77458	7846	103119	15806	118926	12655	8861	4550	144992	9062.01
30	接长利用钢筋混凝土盖板涵	m/道	84.000	45116	219960	18672	283748	41619	325367	33683	24249	12419	395717	4710.92
31	新建钢筋混凝土矩形板小桥	m/座	12.000	20749	113481	9382	143612	19265	162877	15116	12053	6157	196203	16350.22
32	新建钢筋混凝土空心板小桥	m/座	16.000	91583	440120	21208	552911	72665	625576	60671	46242	23733	756222	47263.89
33	接长利用小桥	m/座	15.840	26006	113929	6830	146765	20359	167124	16879	12370	6362	202735	12798.96
34	公路与公路平面交叉	处	7.000	13710	470539	98672	582921	69466	652388	28164	47370	23585	751506	107357.95
35	管线交叉	处	4.000	1403	10281	7328	19011	2796	21807	987	1568	789	25151	6287.83
36	C25 钢筋混凝土防撞护栏	m^3/m	281.430	61161	338900	3399	403461	51714	455175	46241	33900	17344	552660	1963.76
37	公路标线	m^2	8308.940	20340	308935	57711	386986	54233	441219	33938	32862	16460	524479	63.12
38	里程碑	块	22.000	580	1347	132	2059	373	2432	318	181	95	3026	137.56
39	百米桩	块	434.000	1250	3015	145	4410	762	5172	681	385	202	6440	14.84

续上表

第 3 页　共 3 页　03 表

序号	工程名称	单位	工程量	直接费(元)						间接费（元）	利润（元）	税金（元）	建筑安装工程费	
				直接工程费				其他工程费	合计					
				人工费	材料费	机械使用费	合计				费率 7.0%	综合税率 3.24%	合计（元）	单价(元)
40	界碑	块	228.000	3699	10452	454	14605	2392	16997	2124	1266	661	21047	92.31
41	单悬臂铝合金标志牌	块	9.000	3476	63383	533	67391	5146	72537	4014	5290	2652	84493	9388.07
42	双悬臂铝合金标志牌	块	1.000	1037	25669	218	26924	1956	28880	1497	2106	1052	33536	33535.84
43	公路交工前养护费	km	22.851				394865		394865				394865	17280.00
44	环境保护工程	m^2	102696.300	318934	334190	382395	1035519	269634	1305154	166089	96736	50803	1618781	15.76
	各项费用合计	公路公里	22.851	3559083	32598178	8424527	44976654	6224410	51201064	3091307	3703067	1866259	59861697	2619653.28

编制：　　　　复核：

其他工程费及间接费综合费率计算表

表 3-53

建设项目名称：大柴旦工业园区饮马峡公路改建工程（预算）

编制范围：大柴旦工业园区饮马峡公路改建工程　　　　第 1 页　共 1 页　04 表

序号	工程类别	其他工程费费率（%）													间接费费率（%）											
													综合费率		规费						企业管理费					
		冬季施工增加费	雨季施工增加费	夜间施工增加费	高原地区施工增加费	风沙地区施工增加费	沿海地区施工增加费	行车干扰工程施工增加费	安全及文明施工措施费	临时设施费	施工辅助费	工地转移费	Ⅰ	Ⅱ	养老保险费	失业保险费	医疗保险费	住房公积金	工伤保险费	综合费率	基本费用	主副食运费补贴	职工探亲路费	职工取暖补贴	财务费用	综合费率
01	人工土方	2.050	0.040		29.750				0.590	1.570	0.890	0.474	5.614	29.750	10.000	2.000	10.000	4.000	2.000	28.000	3.360	1.288	0.100	0.170	0.230	5.148
02	机械土方	3.140	0.040		25.600				0.590	1.420	0.490	1.521	7.201	25.600	10.000	2.000	10.000	4.000	2.000	28.000	3.260	1.006	0.220	0.440	0.210	5.136
03	汽车运输	0.560	0.040		25.000				0.210	0.920	0.160	0.904	2.794	25.000	10.000	2.000	10.000	4.000	2.000	28.000	1.440	1.060	0.140	0.410	0.210	3.260
04	人工石方	0.440	0.020		29.750				0.590	1.600	0.850	0.494	3.994	29.750	10.000	2.000	10.000	4.000	2.000	28.000	3.450	0.971	0.100	0.170	0.220	4.911
05	机械石方	0.610	0.030		27.010				0.590	1.970	0.460	1.074	4.734	27.010	10.000	2.000	10.000	4.000	2.000	28.000	3.280	0.941	0.220	0.350	0.200	4.991
06	高级路面	2.000	0.030		25.720				1.000	1.920	0.800	1.891	7.641	25.720	10.000	2.000	10.000	4.000	2.000	28.000	1.910	0.634	0.140	0.250	0.270	3.204
07	基他路面	0.800	0.030		27.150				1.020	1.870	0.740	1.714	6.174	27.150	10.000	2.000	10.000	4.000	2.000	28.000	3.280	0.649	0.160	0.240	0.300	4.629
08	构造物Ⅰ	1.840	0.030		28.560				0.720	2.650	1.300	1.714	8.254	28.560	10.000	2.000	10.000	4.000	2.000	28.000	4.440	0.941	0.290	0.360	0.370	6.401
09	构造物Ⅱ	2.270	0.030		27.540				0.780	3.140	1.560	2.038	9.818	27.540	10.000	2.000	10.000	4.000	2.000	28.000	5.530	1.016	0.340	0.410	0.400	7.696
10	构造物Ⅲ（一般）	4.460	0.060		27.190				1.570	5.810	3.030	4.032	18.962	27.190	10.000	2.000	10.000	4.000	2.000	28.000	9.790	1.863	0.550	0.740	0.820	13.763
10-1	构造物Ⅲ（室内管道）	4.460			27.190				1.570	5.810	3.030	4.032	18.902	27.190	10.000	2.000	10.000	4.000	2.000	28.000	9.790	1.863	0.550	0.740	0.820	13.763
10-2	构造物Ⅲ（安装工程）	4.460			27.190				0.785	5.810	3.030	4.032	18.117	27.190	10.000	2.000	10.000	4.000	2.000	28.000	9.790	1.863	0.550	0.740	0.820	13.763
11	技术复杂大桥	2.580	0.030		26.940				0.860	2.920	1.680	2.294	10.364	26.940	10.000	2.000	10.000	4.000	2.000	28.000	4.720	0.837	0.200	0.340	0.460	6.557
12	隧道	0.750			27.500				0.730	2.570	1.230	1.614	6.894	27.500	10.000	2.000	10.000	4.000	2.000	28.000	4.220	0.813	0.270	0.280	0.390	5.973
13	钢材及钢结构（一般）	0.190			27.660				0.530	2.480	0.560	2.194	5.954	27.660	10.000	2.000	10.000	4.000	2.000	28.000	2.420	0.847	0.160	0.250	0.480	4.157
13-1	钢材及钢结构（金属标志牌等）	0.190			27.660				0.530	2.480	0.560	2.194	5.954	27.660	10.000	2.000	10.000	4.000	2.000	28.000	2.420	0.847	0.160	0.250	0.480	4.157

编制：　　　　复核：

设备、工具、器具购置费计算表

表 3-54

建设项目名称:大柴旦工业园区饮马峡公路改建工程(预算)

编制范围:大柴旦工业园区饮马峡公路改建工程　　第 1 页　共 1 页　05 表

编　号	设备、工具、器具规格名称	单　位	数　量	单价(元)	金额(元)	说　　明
二	工具、器具购置	公路公里	22.85	7800.00	178238	7800×22.851

工程建设其他费用及回收金额计算表

表 3-55

建设项目名称：大柴旦工业园区饮马峡公路改建工程（预算）

编制范围：大柴旦工业园区饮马峡公路改建工程　　　　第 1 页　共 1 页　06 表

序　号	费用名称及回收金额项目	说明及计算式	金额（元）	备　注
	第三部分　工程建设其他费用		6285481	
一	土地征用及拆迁补偿费		19766	
1	工程临时占荒地	154.42（亩）×128	19766	
二	建设项目管理费		6265715	
1	建设单位管理费	{建设单位管理费}（建安费为基数）	1500351	1500350.75
2	工程监理费	建安工程费×2.5%	1496542	59861697.04×2.5%
3	设计文件审查费	建安工程费×0.1%	59862	59861697.04×0.1%
4	竣（交）工验收试验检测费	10000×22.851	228510	
5	项目前期工作费		2980450	
（1）	工可编制费	270950×1	270950	
（2）	勘察设计费	2709500×1	2709500	
	预备费		1989762	
二	2. 基本预备费	（第一、二、三部分费用合计 - {N} - {P}）×3%	1989762	（66325415.48 - 0 - 0）×3%

编制：　　　　　　　　复核：

人工、材料、机械台班单价汇总表

表 3-56

建设项目名称：大柴旦工业园区饮马峡公路改建工程(预算)

编制范围：大柴旦工业园区饮马峡公路改建工程

第 1 页　共 2 页　07 表

序号	名　称	单位	代号	预算单价(元)	备　注	序号	名　称	单位	代号	预算单价(元)	备　注
1	人工	工日	1	48.00		27	反光玻璃珠	kg	739	5.34	
2	机械工	工日	2	48.00		28	反光膜	m^2	740	235.91	
3	原木	m^3	101	2327.75		29	土工布	m^2	770	7.30	
4	锯材木中板 § =19~35	m^3	102	2440.50		30	玻璃纤维布	m^2	771	3.67	
5	光圆钢筋直径 10~14mm	t	111	4982.50		31	草籽	kg	821	62.54	
6	带肋钢筋直径 15~24mm，25mm 以上	t	112	5126.00		32	油毛毡	m^2	825	3.70	
						33	32.5 级水泥	t	832	466.77	
7	型钢	t	182	5320.75		34	42.5 级水泥	t	833	518.54	
8	钢板	t	183	5105.50		35	硝铵炸药	kg	841	7.98	
9	钢管	t	191	6612.25		36	导火线	m	842	1.09	
10	钢丝绳	t	221	7493.75		37	普通雷管	个	845	0.92	
11	电焊条	kg	231	5.69		38	石油沥青	t	851	6195.82	
12	钢管立柱	t	247	6838.69		39	重油	kg	861	4.52	
13	钢模板	t	271	6778.09		40	汽油	kg	862	11.38	
14	组合钢模板	t	272	6374.09		41	柴油	kg	863	9.59	
15	四氟板式橡胶组合支座	dm^3	401	122.41		42	煤	t	864	724.55	
16	铸铁	kg	561	6.26		43	电	kW·h	865	0.80	
17	铁件	kg	651	6.10		44	水	m^3	866	26.29	
18	镀锌铁件	kg	652	7.02		45	砂	m^3	897	38.83	
19	铁钉	kg	653	6.20		46	中(粗)砂	m^3	899	103.59	
20	8~12 号铁丝	kg	655	6.01		47	砂砾	m^3	902	29.00	
21	20~22 号铁丝	kg	656	5.70		48	天然级配	m^3	908	29.00	
22	铝合金标志	t	668	18494.09		49	黏土	m^3	911	25.98	
23	橡皮线	m	713	10.91		50	片石	m^3	931	76.89	
24	油漆	kg	732	12.72		51	矿粉	t	949	560.58	
25	桥面防水涂料	kg	735	11.18		52	碎石(2cm)	m^3	951	150.77	
26	热熔涂料	kg	738	7.08		53	碎石(4cm)	m^3	952	141.53	

续上表

第 2 页　共 2 页　07 表

序号	名称	单位	代号	预算单价（元）	备注	序号	名称	单位	代号	预算单价（元）	备注
54	碎石(8cm)	m^3	954	129.41		80	撒布宽度 1~3m 石屑撒布机	台班	1183	842.42	
55	石屑	m^3	961	37.13		81	4000L 以内沥青洒布车	台班	1193	636.76	
56	路面用碎石(1.5cm)	m^3	965	151.23		82	30t/h 以内沥青混合料拌和设备	台班	1201	5816.76	
57	路面用碎石(2.5cm)	m^3	966	143.40							
58	块石	m^3	981	78.64		83	120t/h 以内沥青混合料拌和设备	台班	1204	21132.42	
59	其他材料费	元	996	1.00							
60	设备摊销费	元	997	1.00		84	6.0m 以内带自动找平沥青混合料摊铺机	台班	1212	2024.15	
61	开采片石	m^3	8931	75.01							
62	75kW 以内履带式推土机	台班	1003	892.81		85	16~20t 轮胎式压路机	台班	1224	852.02	
63	105kW 以内履带式推土机	台班	1005	1193.28		86	20~25t 轮胎式压路机	台班	1225	1041.40	
64	165kW 以内履带式推土机	台班	1007	2014.80		87	含热溶釜标线车 BJ-130、油抹器动力等热溶标线设备	台班	1227	806.64	
65	$10m^3$ 以内拖式铲运机	台班	1024	1501.71							
66	$0.6m^3$ 履带式单斗挖掘机	台班	1027	693.51		88	3.0~9.0m 滑模式水泥混凝土摊铺机	台班	1234	2913.07	
67	$2.0m^3$ 履带式单斗挖掘机	台班	1037	1921.02							
68	$1.0m^3$ 轮胎式装载机	台班	1048	644.05		89	电动混凝土真空吸水机组	台班	1239	87.21	
69	$2.0m^3$ 轮胎式装载机	台班	1050	1162.21		90	电动混凝土刻纹机	台班	1243	219.76	
70	$3.0m^3$ 轮胎式装载机	台班	1051	1469.92		91	电动混凝土切缝机	台班	1245	153.48	
71	120kW 以内平地机	台班	1057	1336.59		92	250L 以内强制式混凝土搅拌机	台班	1272	110.63	
72	6~8t 光轮压路机	台班	1075	351.70							
73	8~10t 光轮压路机	台班	1076	399.74		93	$60m^3/h$ 以内混凝土输送泵	台班	1316	1275.04	
74	10~12t 光轮压路机	台班	1077	532.84		94	4t 以内载货汽车	台班	1372	512.06	
75	12~15t 光轮压路机	台班	1078	616.76		95	6t 以内载货汽车	台班	1374	526.03	
76	0.6t 手扶式振动碾	台班	1083	118.30		96	10t 以内载货汽车	台班	1376	727.41	
77	10t 以内振动压路机	台班	1087	924.34		97	3t 以内自卸汽车	台班	1382	513.35	
78	100t/h 以内稳定土厂拌设备	台班	1158	656.19		98	5t 以内自卸汽车	台班	1383	636.96	
79	9.5m 稳定土推铺机	台班	1165	2430.56		99	10t 以内自卸汽车	台班	1386	843.41	

建筑安装工程费计算数据表

表 3-57

建设项目名称:大柴旦工业园区饮马峡公路改建工程(预路线或桥梁长度(km):22.851)　　公路等级:一般公路二级

编制范围:大柴旦工业园区饮马峡公路改建工程

数据文件编号:3 路基或桥梁宽度(m):12.0　　第　页　共　页　08-1 表

项的代号	本项目数	目的代号	本目节数	节的代号	本节细目数	细目的代号	费率编号	定额个数	定额代号	项或目或节或细目或定额的名称	单位	数量	定额调整情况
一	3									临时工程	公路公里	22.851	
		1	1							临时道路	km	0.900	
				1				2		临时便道的修建与维护	km	0.900	
							01		7~1~1~3	汽车便道路基宽 4.5m(平原微丘区)	1km	0.900	
							07		7~1~1~6	汽车便道天然砂砾路面(压实厚度 15cm)路面宽 3.5m	1km	0.900	
		2						4		预制场地平整	m^2	70000.000	
							02		1~1~9~9	$2.0m^3$ 以内挖掘机挖装硬土	$1000m^3$ 天然密实方	15.785	
							03		1~1~11~13	10t 以内自卸汽车运土 1.5km	$1000m^3$ 天然密实方	15.785	+14×1.0
							06		2~2~17~1	人工铺筑混凝土路面厚度 20cm	$1000m^2$ 路面	1.224	
							08		4~11~1~2	平整场地需碾压	$1000m^2$	70.000	
		3						1		临时电力线路	km	1.000	
							08		7~1~5~2	架设角铁横担干线输电线路(三线橡皮线)	100 m	10.000	
二	5									路基工程	km	22.851	
		1	2							拆除原有桥涵圬工	m^3	499.100	
				1				3		混凝土圬工	m^3	302.900	
							08		4~11~17~4	炸除混凝土及钢筋混凝土	$10m^3$	30.290	
							05		1~1~10~5	$2m^3$ 以内装载机装软石	$1000m^3$ 天然密实方	0.303	
							03		1~1~11~13	10t 以内自卸汽车运土 1.5km	$1000m^3$ 天然密实方	0.303	+14×1.0
				2				3		砌石圬工	m^3	196.200	
							08		4~11~17~2	拆除浆砌圬工	$10m^3$	19.620	

编制:　　复核:

表3-58

分项工程预算表

编制范围:大柴旦工业园区饮马峡公路改建工程

工程名称:临时便道的修建与维护

第　页　共　页　08-2表

序号	工程项目			汽车便道			汽车便道						合计	
	工程细目			汽车便道路基宽4.5m（平原微丘区）			汽车便道天然砂砾路面（压实厚度15cm）路面宽3.5m							
	定额单位			1km			1km							
	工程数量			0.900			0.900							
	定额表号			7~1~1~3			7~1~1~6							
	工料机名称	单位	单价(元)	定额	数量	金额(元)	定额	数量	金额(元)	定额	数量	金额(元)	数量	金额(元)
1	人工	工日	48.00	28.800	25.920	1244	167.300	150.570	7227				176.490	8472
2	水	m^3	26.29				67.000	60.300	1585				60.300	1585
3	天然级配	m^3	29.00				716.040	644.436	18689				644.436	18689
4	75kW以内履带式推土机	台班	892.81	7.460	6.714	5994							6.714	5994
5	6~8t光轮压路机	台班	351.70	0.630	0.567	199							0.567	199
6	8~10t光轮压路机	台班	399.74	0.480	0.432	173	0.970	0.873	349				1.305	522
7	12~15t光轮压路机	台班	616.76	1.860	1.674	1032	1.940	1.746	1077				3.420	2109
8	0.6t手扶式振动碾	台班	118.30				5.650	5.085	602				5.085	602
9	定额基价	元	1.00	7048.000	6343.000	6343	38552.000	34697.000	34697				41040.000	41040
	直接工程费	元				8643			29529					38172
	其他工程费 Ⅰ	元		5.614		485	6.174		1823					2308
	其他工程费 Ⅱ	元		29.750		2571	27.150		2513					5084
	间接费 规费	元		28.000		348	28.000		2024					2372
	间接费 企业管理费	元		5.148		602	4.629		1568					2170
	利润及税金	元			7.000/3.240		1299	7.000/3.240		3774				5073
	建筑安装工程费	元					13949			41230				55179

编制:　　　　复核:

材料预算单价计算表

表 3-59

建设项目名称：大柴旦工业园区饮马峡公路改建工程（预算）

编制范围：大柴旦工业园区饮马峡公路改建工程　　第 1 页　共 5 页　09 表

序号	规格名称	单位	原价（元）	运杂费					原价运费合计（元）	场外运输损耗		采购及保管费		预算单价（元）
				供应地点	运输方式、比重及运距（km）	毛重系数或单位毛重	运杂费构成说明或计算式	单位运费（元）		费率（%）	金额（元）	费率（%）	金额（元）	
1	原木	m^3	1860.000	西宁—工地 2	汽车、1.0、667.4	1.000000	(0.61×667.43+3.85×1.0)×1×1	410.980	2270.98			2.500	56.774	2327.750
2	锯材木中板 § =19~35	m^3	1970.000	西宁—工地 2	汽车、1.0、667.4	1.000000	(0.61×667.43+3.85×1.0)×1×1	410.980	2380.98			2.500	59.524	2440.500
3	光圆钢筋直径 10~14mm	t	4450.000	西宁—工地 2	汽车、1.0、667.4	1.000000	(0.61×667.43+3.85×1.0)×1×1	410.980	4860.98			2.500	121.524	4982.500
4	带肋钢筋直径 15~24mm，25mm 以上	t	4590.000	西宁—工地 2	汽车、1.0、667.4	1.000000	(0.61×667.43+3.85×1.0)×1×1	410.980	5000.98			2.500	125.024	5126.000
5	型钢	t	4780.000	西宁—工地 2	汽车、1.0、667.4	1.000000	(0.61×667.43+3.85×1.0)×1×1	410.980	5190.98			2.500	129.775	5320.750
6	钢板	t	4570.000	西宁—工地 2	汽车、1.0、667.4	1.000000	(0.61×667.43+3.85×1.0)×1×1	410.980	4980.98			2.500	124.524	5105.500
7	钢管	t	6040.000	西宁—工地 2	汽车、1.0、667.4	1.000000	(0.61×667.43+3.85×1.0)×1×1	410.980	6450.98			2.500	161.275	6612.250
8	钢丝绳	t	6900.000	西宁—工地 2	汽车、1.0、667.4	1.000000	(0.61×667.43+3.85×1.0)×1×1	410.980	7310.98			2.500	182.774	7493.750
9	电焊条	kg	5.100	西宁—工地 2	汽车、1.0、667.4	0.001100	(0.61×667.43+3.85×1.0)×1×0.0011	0.450	5.55			2.500	0.139	5.690

续上表

第 2 页　共 5 页　09 表

序号	规格名称	单位	原价（元）	运杂费				原价运费合计（元）	场外运输损耗		采购及保管费		预算单价（元）
				供应地点	运输方式、比重及运距（km）	毛重系数或单位毛重	运杂费构成说明或计算式	单位运费（元）		费率（%）	金额（元）	费率（%）	金额（元）	
10	钢管立柱	t	6360.000	西宁—工地 2	汽车、1.0、667.4	1.000000	(0.61×667.43+3.85×1.0)×1×1	410.980	6770.98			1.000	67.710	6838.690
11	钢模板	t	6300.000	西宁—工地 2	汽车、1.0、667.4	1.000000	(0.61×667.43+3.85×1.0)×1×1	410.980	6710.98			1.000	67.110	6778.090
12	组合钢模板	t	5900.000	西宁—工地 2	汽车、1.0、667.4	1.000000	(0.61×667.43+3.85×1.0)×1×1	410.980	6310.98			1.000	63.110	6374.090
13	四氟板式橡胶组合支座	dm^3	118.000	西宁—工地 3	汽车、1.0、667.4	0.003200	(0.66×667.43+4.2×1.0)×1×0.0032	1.420	119.42			2.500	2.986	122.410
14	铸铁	kg	5.700	西宁—工地 2	汽车、1.0、667.4	0.001000	(0.61×667.43+3.85×1.0)×1×0.001	0.410	6.11			2.500	0.153	6.260
15	铁件	kg	5.500	西宁—工地 2	汽车、1.0、667.4	0.001100	(0.61×667.43+3.85×1.0)×1×0.0011	0.450	5.95			2.500	0.149	6.100
16	镀锌铁件	kg	6.400	西宁—工地 2	汽车、1.0、667.4	0.001100	(0.61×667.43+3.85×1.0)×1×0.0011	0.450	6.85			2.500	0.171	7.020
17	铁钉	kg	5.600	西宁—工地 2	汽车、1.0、667.4	0.001100	(0.61×667.43+3.85×1.0)×1×0.0011	0.450	6.05			2.500	0.151	6.200
18	8~12 号铁丝	kg	5.450	西宁—工地 2	汽车、1.0、667.4	0.001000	(0.61×667.43+3.85×1.0)×1×0.001	0.410	5.86			2.500	0.147	6.010
19	20~22 号铁丝	kg	5.150	西宁—工地 2	汽车、1.0、667.4	0.001000	(0.61×667.43+3.85×1.0)×1×0.001	0.410	5.56			2.500	0.139	5.700

续上表

第 3 页　共 5 页　09 表

序号	规格名称	单位	原价（元）	运杂费					原价运费合计（元）	场外运输损耗		采购及保管费		预算单价（元）
				供应地点	运输方式、比重及运距（km）	毛重系数或单位毛重	运杂费构成说明或计算式	单位运费（元）		费率（%）	金额（元）	费率（%）	金额（元）	
20	铝合金标志	t	17900.000	西宁—工地 2	汽车、1.0、667.4	1.000000	(0.61 ×667.43 +3.85 ×1.0) ×1 ×1	410.980	18310.98			1.000	183.110	18494.090
21	橡皮线	m	10.500	西宁—工地 2	汽车、1.0、667.4	0.000350	(0.61 ×667.43 +3.85 ×1.0) ×1 ×0.00035	0.140	10.64			2.500	0.266	10.910
22	油漆	kg	12.000	西宁—工地 2	汽车、1.0、667.4	0.001000	(0.61 ×667.43 +3.85 ×1.0) ×1 ×0.001	0.410	12.41			2.500	0.310	12.720
23	桥面防水涂料	kg	10.500	西宁—工地 2	汽车、1.0、667.4	0.001000	(0.61 ×667.43 +3.85 ×1.0) ×1 ×0.001	0.410	10.91			2.500	0.273	11.180
24	热熔涂料	kg	6.500	西宁—工地 2	汽车、1.0、667.4	0.001000	(0.61 ×667.43 +3.85 ×1.0) ×1 ×0.001	0.410	6.91			2.500	0.173	7.080
25	反光玻璃珠	kg	4.800	西宁—工地 2	汽车、1.0、667.4	0.001000	(0.61 ×667.43 +3.85 ×1.0) ×1 ×0.001	0.410	5.21			2.500	0.130	5.340
26	反光膜	m^2	230.000	西宁—工地 2	汽车、1.0、667.4	0.000400	(0.61 ×667.43 +3.85 ×1.0) ×1 ×0.0004	0.160	230.16			2.500	5.754	235.910
27	土工布	m^2	7.000	西宁—工地 2	汽车、1.0、667.4	0.000280	(0.61 ×667.43 +3.85 ×1.0) ×1 ×0.00028	0.120	7.12			2.500	0.178	7.300
28	玻璃纤维布	m^2	3.500	西宁—工地 2	汽车、1.0、667.4	0.000200	(0.61 ×667.43 +3.85 ×1.0) ×1 ×0.0002	0.080	3.58			2.500	0.090	3.670
29	草籽	kg	60.000	西宁—工地 2	汽车、1.0、667.4	0.001000	(0.61 ×667.43 +3.85 ×1.0) ×1 ×0.001	0.410	60.41	1.000	0.604	2.500	1.525	62.540

续上表

第4页　共5页　09表

序号	规格名称	单位	原价（元）	运杂费				单位运费（元）	原价运费合计（元）	场外运输损耗		采购及保管费		预算单价（元）
				供应地点	运输方式、比重及运距（km）	毛重系数或单位毛重	运杂费构成说明或计算式			费率（%）	金额（元）	费率（%）	金额（元）	
30	油毛毡	m^2	2.800	西宁—工地2	汽车、1.0、667.4	0.001970	(0.61×667.43+3.85×1.0)×1×0.00197	0.810	3.61			2.500	0.090	3.700
31	32.5级水泥	t	350.000	德令哈—工地2	汽车、1.0、157.4	1.010000	(0.61×157.43+3.85×1.0)×1×1.01	100.880	450.88	1.000	4.509	2.500	11.385	466.770
32	42.5级水泥	t	400.000	德令哈—工地2	汽车、1.0、157.4	1.010000	(0.61×157.43+3.85×1.0)×1×1.01	100.880	500.88	1.000	5.009	2.500	12.647	518.540
33	硝铵炸药	kg	7.100	西宁—工地4	汽车、1.0、667.4	0.001350	(0.76×667.43+4.9×1.0)×1×0.00135	0.690	7.79			2.500	0.195	7.980
34	导火线	m	1.050	西宁—工地4	汽车、1.0、667.4	0.000012	(0.76×667.43+4.9×1.0)×1×0.000012	0.010	1.06			2.500	0.027	1.090
37	重油	kg	4.000	西宁—工地2	汽车、1.0、667.4	0.001000	(0.61×667.43+3.85×1.0)×1×0.001	0.410	4.41			2.500	0.110	4.520
38	汽油	kg	10.980	德令哈—工地4	汽车、1.0、157.4	0.001000	(0.76×157.43+4.9×1.0)×1×0.001	0.120	11.10			2.500	0.278	11.380
44	砂砾	m^3	15.850	砂、砂砾—工地	汽车、1.0、5.1	1.700000	(0.71×5.14+3.5×1.0)×1×1.7	12.160	28.01	1.000	0.280	2.500	0.707	29.000
45	天然级配	m^3	15.850	砂、砂砾—工地	汽车、1.0、5.1	1.700000	(0.71×5.14+3.5×1.0)×1×1.7	12.160	28.01	1.000	0.280	2.500	0.707	29.000
46	黏土	m^3	15.850	黏土—工地	汽车、1.0、3.9	1.400000	(0.71×3.88+3.5×1.0)×1×1.4	8.760	24.61	3.000	0.738	2.500	0.634	25.980

续上表

第 5 页　共 5 页　09 表

序号	规格名称	单位	原价（元）	运杂费					原价运费合计（元）	场外运输损耗		采购及保管费		预算单价（元）
				供应地点	运输方式、比重及运距（km）	毛重系数或单位毛重	运杂费构成说明或计算式	单位运费（元）		费率（%）	金额（元）	费率（%）	金额（元）	
47	片石	m^3	65.000	片石—工地	汽车、1.0、3.9	1.600000	(0.71×3.88+3.5×1.0)×1×1.6	10.010	75.01			2.500	1.875	76.890
48	矿粉	t	120.000	西宁—工地2	汽车、1.0、667.4	1.000000	(0.61×667.43+3.85×1.0)×1×1	410.980	530.98	3.000	15.929	2.500	13.673	560.580
49	碎石(2cm)	m^3	135.900	碎石—工地	汽车、1.0、4.2	1.500000	(0.71×4.22+3.5×1.0)×1×1.5	9.740	145.64	1.000	1.456	2.500	3.677	150.770
50	碎石(4cm)	m^3	126.970	碎石—工地	汽车、1.0、4.2	1.500000	(0.71×4.22+3.5×1.0)×1×1.5	9.740	136.71	1.000	1.367	2.500	3.452	141.530
51	碎石(8cm)	m^3	115.260	碎石—工地	汽车、1.0、4.2	1.500000	(0.71×4.22+3.5×1.0)×1×1.5	9.740	125.00	1.000	1.250	2.500	3.156	129.410
52	石屑	m^3	26.130	碎石—工地	汽车、1.0、4.2	1.500000	(0.71×4.22+3.5×1.0)×1×1.5	9.740	35.87	1.000	0.359	2.500	0.906	37.130
53	路面用碎石(1.5cm)	m^3	136.340	碎石—工地	汽车、1.0、4.2	1.500000	(0.71×4.22+3.5×1.0)×1×1.5	9.740	146.08	1.000	1.461	2.500	3.689	151.230
54	路面用碎石(2.5cm)	m^3	128.780	碎石—工地	汽车、1.0、4.2	1.500000	(0.71×4.22+3.5×1.0)×1×1.5	9.740	138.52	1.000	1.385	2.500	3.498	143.400
55	块石	m^3	65.000	块石—工地	汽车、1.0、3.9	1.850000	(0.64×3.88+3.85×1.0)×1×1.85	11.720	76.72			2.500	1.918	78.640
56	开采片石	m^3	65.000	片石—工地	汽车、1.0、3.9	1.600000	(0.71×3.88+3.5×1.0)×1×1.6	10.010	75.01					75.010

编制：　　　　复核：

自采材料料场价格计算表

表 3-60

建设项目名称：大柴旦工业园区饮马峡公路改建工程（预算）

编制范围：大柴旦工业园区饮马峡公路改建工程　　第　页　共　页　10 表

序号	定额号	材料规格名称	单位	料场价格（元）	人工/劳务工 48.0 元/工日		间接费（元）	片石 76.89 元/m^3		105kW 以内履带式推土机 1193.28 元/台班		2.0m^3 轮胎式装载机 1162.21 元/台班		3.0m^3 轮胎式装载机 1469.92 元/台班		10×0.5(m×m) 皮带运输机 111.49 元/台班		高原增加费（元）
					定额	金额	占人工费 5.0%	定额	金额	定额	金额	定额	金额	定额	金额	定额	金额	
1	8-1-4-10	砂	m^3	26.23	0.034	1.632	0.082			0.006	7.637	0.007	7.554			0.014	1.527	5.561
2	8-1-4-3、8-1-4-10、8-1-4-6	中（粗）砂	m^3	87.02	0.974	46.752	2.338			0.006	7.637	0.007	7.554			0.014	1.527	18.984
3	8-1-5-1	砂砾	m^3	15.85	0.245	11.760	0.588											3.499
4	8-1-5-1	天然级配	m^3	15.85	0.245	11.760	0.588											3.499
5	8-1-3-3	黏土	m^3	15.85	0.245	11.760	0.588											3.499
6	8-1-9-12	碎石（2cm）	m^3	135.90	0.110	5.280	0.264	1.169	89.884					0.005	7.026			28.845
7	8-1-9-14	碎石（4cm）	m^3	126.97	0.095	4.560	0.228							0.004	5.468			26.952
8	8-1-9-18	碎石（8cm）	m^3	115.26	0.054	2.592	0.130							0.003	3.998			24.485
9	8-1-10-1	石屑	m^3	26.13	0.404	19.392	0.970											5.769
10	8-1-9-11	路面用碎石（1.5cm）	m^3	136.34	0.127	6.096	0.305							0.005	7.717			28.930
11	8-1-9-13	路面用碎石（2.5cm）	m^3	128.78	0.102	4.896	0.245							0.004	5.762			27.334

编制：　　复核：

机械台班单价计算表

表 3-61

建设项目名称:大柴旦工业园区饮马峡公路改建工程(预算)

编制范围:大柴旦工业园区饮马峡公路改建工程　　第 1 页　共 3 页　11 表

序号	定额号	机械规格名称	台班单价(元)	不变费用(元)		可变费用(元)												养路费及车船税	合计
				调整系数		机械工		重油		汽油		柴油		电		木柴			
				1.1		48.0 元/工日		4.52 元/kg		11.38 元/kg		9.59 元/kg		0.8 元/kW·h		0.0 元/kg			
				定额	调整值	定额	费用	定额	费用	定额	费用	定额	费用	定额	费用	定额	费用		
1	1003	75kW 以内履带式推土机	892.81	245.136	269.65	2.000	96.00					54.970	527.16						623.16
2	1005	105kW 以内履带式推土机	1193.28	330.409	363.45	2.000	96.00					76.520	733.83						829.83
3	1007	165kW 以内履带式推土机	2014.80	695.127	764.64	2.000	96.00					120.350	1154.16						1250.16
4	1024	10m³ 以内拖式铲运机	1501.71	612.982	674.28	2.000	96.00					76.270	731.43						827.43
5	1027	0.6m³ 履带式单斗挖掘机	693.51	219.836	241.82	2.000	96.00					37.090	355.69						451.69
6	1037	2.0m³ 履带式单斗挖掘机	1921.02	855.382	940.92	2.000	96.00					92.190	884.10						980.10
7	1048	1.0m³ 轮胎式装载机	644.05	112.918	124.21	1.000	48.00					49.030	470.20					1.64	519.84
8	1050	2.0m³ 轮胎式装载机	1162.21	200.436	220.48	1.000	48.00					92.860	890.53					3.20	941.73
9	1051	3.0m³ 轮胎式装载机	1469.92	241.364	265.50	2.000	96.00					115.150	1104.29					4.13	1204.42
10	1057	120kW 以内平地机	1336.59	408.055	448.86	2.000	96.00					82.130	787.63					4.10	887.73
11	1075	6～8t 光轮压路机	351.70	107.573	118.33	1.000	48.00					19.330	185.37						233.37
12	1076	8～10t 光轮压路机	399.74	117.500	129.25	1.000	48.00					23.200	222.49						270.49
13	1077	10～12t 光轮压路机	532.84	146.873	161.56	1.000	48.00					33.710	323.28						371.28
14	1078	12～15t 光轮压路机	616.76	164.318	180.75	1.000	48.00					40.460	388.01						436.01
15	1083	0.6t 手扶式振动碾	118.30	38.100	41.91	1.000	48.00					2.960	28.39						76.39
16	1087	10t 以内振动压路机	924.34	236.918	260.61	2.000	96.00					59.200	567.73						663.73
17	1158	100t/h 以内稳定土厂拌设备	656.19	273.700	301.07	4.000	192.00							203.900	163.12				355.12
18	1165	9.5m 稳定土摊铺机	2430.56	1373.091	1510.40	2.000	96.00					85.940	824.16						920.16
19	1183	撒布宽度 1～3m 石屑撒布机	842.42	393.564	432.92	2.000	96.00					32.690	313.50						409.50
20	1193	4000L 以内沥青洒布车	636.76	179.136	197.05	1.000	48.00			34.280	390.11							1.60	439.71
21	1201	30t/h 以内沥青混合料拌和设备	5816.76	940.691	1034.76	5.000	240.00	897.600	4057.15					606.060	484.85				4782.00

续上表

第 2 页　　共 3 页　　11 表

序号	定额号	机械规格名称	台班单价(元)	不变费用(元)		可变费用(元)																	
				调整系数		机械工		重油		汽油		柴油		煤		电		水		木柴		养路费及车船税	合计
				1.1		48.0 元/工日		4.52 元/kg		11.38 元/kg		9.59 元/kg		724.55 元/t		0.8 元/kW·h		26.29 元/m^3		0.0 元/kg			
				定额	调整值	定额	费用	定额	费用	定额	费用	定额	费用	定额	费用	定额	费用	定额	费用	定额	费用		
22	1204	120t/h 以内沥青混合料拌和设备	21132.42	2844.027	3128.43	6.000	288.00	3590.400	16228.61							1859.230	1487.38						18003.99
23	1212	6.0m 以内带自动找平沥青混合料摊铺机	2024.15	1302.700	1432.97	3.000	144.00					46.630	447.18										591.18
24	1224	16～20t 轮胎式压路机	852.02	362.236	398.46	1.000	48.00					42.290	405.56										453.56
25	1225	20～25t 轮胎式压路机	1041.40	464.655	511.12	1.000	48.00					50.290	482.28										530.28
26	1227	含热熔釜标线车 BJ－130、油抹器动力等热熔标线设备	806.64	175.136	192.65	2.000	96.00			45.430	516.99											1.00	613.99
27	1234	3.0～9.0m 滑模式水泥混凝土摊铺机	2913.07	1787.973	1966.77	3.000	144.00					83.660	802.30										946.30
28	1239	电动混凝土真空吸水机组	87.21	24.427	26.87	1.000	48.00									15.420	12.34						60.34
29	1243	电动混凝土刻纹机	219.76	128.655	141.52	1.000	48.00									37.800	30.24						78.24
30	1245	电动混凝土切缝机	153.48	81.227	89.35	1.000	48.00									20.160	16.13						64.13
31	1272	250L 以内强制式混凝土搅拌机	110.63	18.582	20.44	1.000	48.00									52.740	42.19						90.19
32	1316	60m^3/h 以内混凝土输送泵	1275.04	849.955	934.95	1.000	48.00									365.110	292.09						340.09
33	1372	4t 以内载货汽车	512.06	66.382	73.02	1.000	48.00			34.280	390.11											0.93	439.04
34	1374	6t 以内载货汽车	526.03	91.382	100.52	1.000	48.00					39.240	376.31									1.20	425.51
35	1376	10t 以内载货汽车	727.41	177.427	195.17	1.000	48.00					50.290	482.28									1.96	532.24
36	1382	3t 以内自卸汽车	513.35	67.618	74.38	1.000	48.00			34.280	390.11											0.86	438.97
37	1383	5t 以内自卸汽车	636.96	103.491	113.84	1.000	48.00			41.630	473.75											1.37	523.12
38	1386	10t 以内自卸汽车	843.41	238.209	262.03	1.000	48.00					55.320	530.52									2.86	581.38
39	1387	12t 以内自卸汽车	941.00	271.927	299.12	1.000	48.00					61.600	590.74									3.14	641.88
40	1392	15t 以内平板拖车组	755.60	242.264	266.49	2.000	96.00					40.460	388.01									5.10	489.11

续上表

第3页 共3页 11表

序号	定额号	机械规格名称	台班单价（元）	不变费用（元）		可变费用(元)															
				调整系数		机械工		重油		汽油		柴油		煤		电		水		木柴		养路费及车船税	合计
				1.1		48.0 元/工日		4.52 元/kg		11.38 元/kg		9.59 元/kg		724.55 元/t		0.8 元/kW·h		26.29 元/m^3		0.0 元/kg			
				定额	调整值	定额	费用	定额	费用	定额	费用	定额	费用	定额	费用	定额	费用	定额	费用	定额	费用		
41	1393	20t 以内平板拖车组	969.53	392.891	432.18	2.000	96.00					45.260	434.04									7.31	537.35
42	1404	4000L 以内洒水汽车	700.22	219.164	241.08	1.000	48.00			36.000	409.68											1.46	459.14
43	1405	6000L 以内洒水汽车	740.36	257.900	283.69	1.000	48.00					42.430	406.90									1.77	456.67
44	1408	1.0t 以内机动翻斗车	170.28	32.455	35.70	1.000	48.00					9.000	86.31									0.27	134.58
45	1449	5t 以内汽车式起重机	562.53	199.618	219.58	1.000	48.00			25.710	292.58											2.37	342.95
46	1450	8t 以内汽车式起重机	710.63	273.955	301.35	2.000	96.00					32.380	310.52									2.76	409.28
47	1451	12t 以内汽车式起重机	957.69	387.109	425.82	2.000	96.00					44.950	431.07									4.80	531.87
48	1453	20t 以内汽车式起重机	1380.52	672.982	740.28	2.000	96.00					56.000	537.04									7.20	640.24
49	1456	40t 以内汽车式起重机	2542.17	1566.300	1722.93	2.000	96.00					74.290	712.44									10.80	819.24
50	1458	75t 以内汽车式起重机	3725.53	2501.309	2751.44	2.000	96.00					89.530	858.59									19.50	974.09
51	1500	50kN 以内单筒慢动电动卷扬机	114.18	20.082	22.09	1.000	48.00									55.110	44.09						92.09
52	1531	10m×0.5m 皮带运输机	111.49	43.055	47.36	1.000	48.00									20.160	16.13						64.13
53	1726	32kV·A 交流电弧焊机	126.06	7.236	7.96	1.000	48.00									87.630	70.10						118.10
54	1760	500mm×750mm 电动颚式破碎机	448.20	165.455	182.00																		266.20
55	1768	100t/h 以内反击式破碎机	658.48	258.355	284.19																		374.29
56	1775	生产率 8~10m^3/h 滚筒式筛分机	179.23	102.300	112.53	1.000	48.00									23.380	18.70						66.70
57	1777	生产率 100~300t/h 惯性振动筛	114.16	40.100	44.11																		70.05

编制： 复核：

辅助生产工、料、机械台班单位数量表

表 3-62

建设项目名称：大柴旦工业园区饮马峡公路改建工程（预算）

编制范围：大柴旦工业园区饮马峡公路改建工程　　第 1 页　共 1 页　12 表

序号	规格名称	单位	人工（工日）	片石（m^3）	105kW 以内履带式推土机（台班）	2.0m^3 轮胎式装载机（台班）	3.0m^3 轮胎式装载机（台班）	10m×0.5m 皮带运输机（台班）	500mm×750mm 电动颚式破碎机（台班）	100t/h 以内反击式破碎机（台班）	生产率 8～10m^3/h 滚筒式筛分机	生产率 100～300t/h 惯性振动筛（台班）	小型机具使用费（元）
1	砂	m^3	0.034		0.006	0.007		0.014			0.007		1.020
2	中（粗）砂	m^3	0.974		0.006	0.007		0.014			0.007		1.020
3	砂砾	m^3	0.245										
4	天然级配	m^3	0.245										
5	黏土	m^3	0.245										
6	碎石（2cm）	m^3	0.110	1.169			0.005		0.004	0.004		0.004	
7	碎石（4cm）	m^3	0.095				0.004		0.003	0.003		0.003	
8	碎石（8cm）	m^3	0.054				0.003		0.003			0.002	
9	石屑	m^3	0.404										
10	路面用碎石（1.5cm）	m^3	0.127				0.005		0.004	0.004		0.004	
11	路面用碎石（2.5cm）	m^3	0.102				0.004		0.003	0.003		0.004	

编制：　　复核：

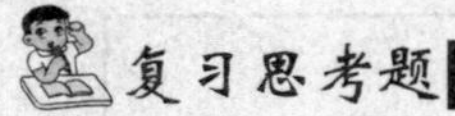

一、简答题

1. 公路工程定额按因素和作用分类有哪些？公路工程常见的定额有哪些？

2. 材料的预算价格由哪几项费用组成？

3. 什么是施工图预算？预算与概算有什么区别？

4. 施工图预算的作用有哪些？

5. 公路基本建设概(预)算费用由哪些费用组成？

6. 简述其他工程费的组成和计算方法。

7. 规费包括哪些费用？如何计算规费？

8. 如何计算利润和税金？

9. 建设项目管理由哪些费用组成？如何计算？

10. 简述建筑安装工程费得计算程序。

11. 简要说明施工图预算的编制步骤。

12. 什么是辅助生产间接费？

二、案例分析

1. 编制施工图预算时，某工程细目的人工费、材料费和机械使用费分别为 10 万元、30 万元、20 万元，又已知其他工程费综合费率Ⅰ为 10%、Ⅱ 为 5%，间接费中规费费率为 30%、企业管理费综合费率为 20%，利润率为 2%、综合税率为 3.41%，试计算该工程细目的建筑安装工程费。(计算保留两位小数)

2. 某公路工程用袋装水泥，经调查供应价格为 210 元/t，运价率为 0.4 元/t · km，装卸费为 3.5 元/t，运距 75km，试确定其预算价格。(场外运输损耗率为 1.0%)

3. 某段新建公路的砂料场分布如下图所示，已知各料场原价相等，全段的用砂量均匀分布。试用最大运距相等法确定料场经济供应范围，并用加权平均值法计算全线平均运距。

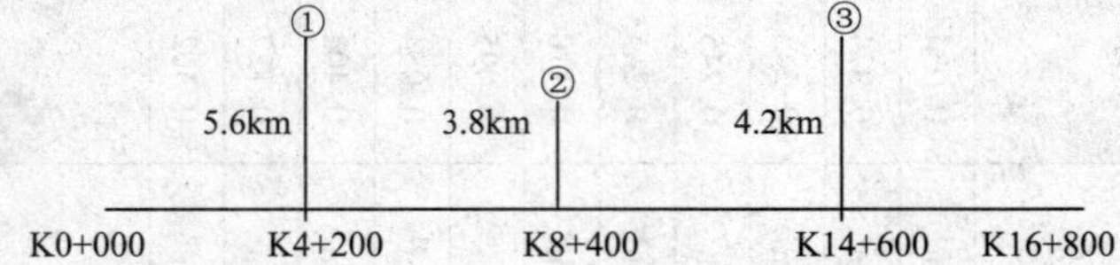

第四章　公路工程招投标阶段造价编制

能力目标

1. 能够根据《公路工程标准施工招标文件》(2009 年版)编制项目招标文件的工程量清单。
2. 能够应用造价软件编制施工投标报价文件。

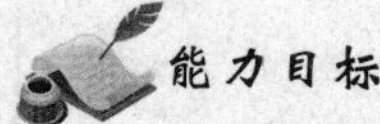

知识目标

1. 公路工程招标投标的概念、作用。
2. 公路工程招投标的形式。
3. 项目招标文件工程量清单编制方法。

第一节　工程量清单的编制

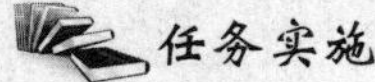

能力目标

1. 能够正确进行项目划分。
2. 能够正确进行工程量整理。

知识目标

1. 明确不同类型的施工承包合同的适用范围。
2. 明确工程量清单的组成。
3. 明确工程量清单的编制原则和方法。

任务实施

编制基础的工程量清单见表 4-1。

编制基础的工程量清单　　表 4-1

工作任务	1. 参考资料 (1)××省拟修建一座预应力混凝土连续刚构大桥,桥跨组合为:3×30m+60m+2×100m+60m+3×30m,桥梁全长 505.50m,桥梁宽度为 12. 50m。其中:30m 跨径为现浇预应力混凝土连续箱梁。基础为钻孔灌注桩,采用回旋钻机施工,连续刚构桥主墩(单墩)为每排 3 根共 6 根 1.50m 的桩、过渡墩(单墩)为每排两根共 4 根 1.20m 的桩,桥台及现浇箱梁段均为 2 根 1.20m 的桩,1.50m 的桩平均设计桩长为 63.00m,1.20m 的桩平均设计桩长为 28.00m

续上表

工作任务

部 位	标 号	工程项目名称	单 位	各工程项目数量
基础	1	ϕ1.50m 桩径钻孔深度		
	(1)	砂、黏土	m	69
	(2)	砂砾	m	871.4
	(3)	软石	m	175.5
	(4)	次坚石	m	26.9
	2	ϕ1.20m 桩径钻孔深度		
	(1)	砂、黏土	m	66.8
	(2)	砂砾	m	333.2
	(3)	软石	m	160
	3	灌注桩混凝土	m^3	2637.3
	4	灌注桩光圆钢筋	t	41.45
	5	灌注桩带肋钢筋	t	76.97
	6	承台封底混凝土	m^3	341
	7	承台混凝土	m^3	1376.3
	8	承台光圆钢筋	t	11.92
	9	承台带肋钢筋	t	22.15

(2)《公路工程标准施工招标文件》

2. 具体要求

(1)编制基础的工程量清单,并将各细目的计量工程数量;

(2)独立完成

3. 提交成果

清单第400章 桥梁、涵洞

子目号	子 目 名 称	单位	数量	单价	合 价
清单 第400章合计 人民币______元					

一、施工承包合同类型

(一)总价合同

1. 固定总价合同

按双方商定的总价承包工程的合同称为总价合同。其特点是以图纸和技术规范为依据,明确内容和计算承包价,签约时一次完成;在合同执行过程中,除非业主要求变更原定的承包内容，承包方一般不得要求变更承包价。这种方式简便，但双方均须承担一定的风险。对业主来说，管理工作量少，结算简便，但对承包费用，特别是不可预见费难以掌握，则不利于降低造价。对承包人来说，如果图纸和规范要求不够详细，未知因素较多或遇到材料等突然涨价以及恶劣的气候等意外情况，则必须承担风险，为此，往往采用加大不可预见费的方式，但承包价增大有限，难以把握。

总价承包方式只适用于施工图纸明确、规模小、工期短、技术不太复杂的工程。

2. 变动（调值）总价合同

合同总承包价款随工程进展中的变更、违约索赔、材料涨价等因素变化而变动合同总价。显然这种承包方式比较客观、合理，但双方操作较复杂，往往会产生一些矛盾，加大管理工作量。因此，在选择本方式时，必须注意变动或调值要以公式法或文件证据法为依据。这种方式一般适用于公开招标、工期较长的大规模工程。

（二）单价合同

它是由业主开列出所有工程细目的工程清单，然后交投标方投标报价，再择其一家能胜任工程任务而总报价低的为中标方，双方签合同，根据所完成的工程数量按工程量清单中的单价结算工程款，此即为单价合同方式。本方式具有更好的合同公平性，便于处理工程变更和施工索赔问题，说明工程变更给双方带来的风险而利于降低风险报价，因而被广泛采用。但本方式将增大业主的管理工作量，并对监理工程师的素质有很高的要求。这种方式适用于在没有详细的施工图及工程数量，对工程某些施工条件也不完全清楚的情况下就要开工的工程。

（三）成本补偿合同

按工程实际发生的成本（包括人工费、材料费、施工机械使用费、其他直接费和施工管理以及各项独立费，但不包括承包人的总管理费和应缴所得税），加上商定的总管理费和利润来确定工程总造价，此即为成本补偿合同方式。本方式一般适用于开工前对工程内容尚不十分清楚的工程，如边设计边施工的紧急工程，或遭受地震、战火等灾害破坏后的修复工程，以及保密工程或科学研究的工程等。

二、工程量清单的概念与组成

所谓工程量清单就是招标单位按照一定的原则将招标的工程进行合理分解，以明确工程的内容和范围，并将这些内容数量化的一套工程项目表。工程量清单是合同文件之一，它反映出每一个相对独立项目的主要内容和预算数量，并且通常以每一个体工程为对象，按分部分项工程列出工程数量。工程量清单一般由招标单位提供，但国际上的某些工程项目招标，并无工程量清单，而仅有招标图纸，这就要求投标人按照自己的习惯列出工程细目并计算出工程量。我国的公路工程招标都由招标单位提供工程量清单。《公路工程标准施工招标文件》第五章专门介绍工程量清单，并给出了按章、节、目排列的工程细目表，以供招标单位制作工程量清单时参考。

工程量清单是招标文件的重要组成部分，其用途之一是为投标人报价用，投标人根据合同条款、图纸、技术规范以及拟订的施工方案，根据本企业以往的经验或通过单价分析，对清单中的各项进行报价，以逐项汇总为各章和整个工程的投标报价。用途之二是在合同执行过程中进行期中支付和结算时，可按已实施项目的工程数量、工程量清单中的单价来计算应付给承包人的款项。在招标文件中，工程量清单包括说明和清单表两部分内容。

在《公路工程标准施工招标文件》中，工程量清单说明包括工程量清单说明、投标报价说明、计日工说明及其他说明，清单表包括工程量清单表、计日工表（包括计日工劳务表、计日工材料表、计日工施工机械表）、暂估价表（包括材料暂估价表、工程设备暂估价表和专业工程暂估价表）、投标报价汇总表、工程量清单单价分析表。

（一）工程量清单说明

工程量清单说明通常应说明以下内容：

（1）工程量清单是根据招标文件中包括的、有合同约束力的图纸以及有关工程量清单的国家标准、行业标准、合同条款中约定的工程量计算规则编制。约定计量规则中没有的子目，其工程量按照有合同约束力的图纸所标示尺寸的理论净量计算。计量采用中华人民共和国法定计量单位。

（2）程量清单应与招标文件中的投标人须知、通用合同条款、专用合同条款、技术规范及图纸等一起阅读和理解。

（3）程量清单中所列工程数量是估算的或设计的预计数量，仅作为投标报价的共同基础，不能作为最终结算与支付的依据。实际支付应按实际完成的工程量，由承包人按"技术规范"规定的计量方法，以监理人认可的尺寸、断面计量，按本工程量清单的单价和总额价计算支付金额；或者，根据具体情况，按合同条款的规定，由监理人确定的单价或总额价计算支付额。

（4）程量清单各章是按"技术规范"的相应章次编号的，因此，工程量清单中各章的工程子目的范围与计量等应与"技术规范"相应章节的范围、计量与支付条款结合起来理解或解释。

（5）作业和材料的一般说明或规定，未重复写入工程量清单内，在给工程量清单各子目标价前，应参阅"技术规范"的有关内容。

（6）量清单中所列工程量的变动，丝毫不会降低或影响合同条款的效力，也不免除承包人按规定的标准进行施工和修复缺陷的责任。

（7）纸中所列的工程数量表及数量汇总表仅是提供资料，不是工程量清单的外延。当图纸与工程量清单所列数量不一致时，以工程量清单所列数量作为报价的依据。

（二）标报价说明

投标报价说明应说明以下内容：

（1）程量清单中的每一子目须填入单价或价格，且只允许有一个报价。

（2）合同另有规定，工程量清单中有标价的单价和总额价均已包括了为实施和完成合同工程所需的劳务、材料、机械、质检（自检）、安装、缺陷修复、管理、保险、税费、利润等费用，以及合同明示或暗示的所有责任、义务和一般风险。

（3）量清单中投标人没有填入单价或价格的子目，其费用视为已分摊在工程量清单中其他相关子目的单价或价格之中。承包人必须按监理人指令完成工程量清单中未填入单价或价格的子目，但不能得到结算与支付。

（4）合同条款规定的全部费用应认为已被计入有标价的工程量清单所列各子目之中，未列子目不予计量的工作，其费用应视为已分摊在本合同工程的有关子目的单价或总额价之中。

（5）用于本合同工程的各类装备的提供、运输、维护、拆卸、拼装等支付的费用，已包括在工程量清单的单价与总额价之中。

（6）量清单中各项金额均以人民币（元）结算。

（7）金额（不含计日工总额）的数量及拟用子目的说明。

（8）价的数量及拟用子目的说明。

(三)计日工说明

1. 总则

(1)说明应参照《公路工程标准施工招标文件》“通用合同条款”第15.7款一并理解。

(2)未经监理人书面指令,任何工程不得按计日工施工;接到监理人按计日工施工的书面指令,承包人也不得拒绝。

(3)投标人应在计日工单价表中填列计日工子目的基本单价或租价,该基本单价或租价适用于监理人指令的任何数量的计日工的结算与支付。计日工的劳务、材料和施工机械由招标人(或发包人)列出正常的估计数量,投标人报出单价,计算出计日工总额后列入工程量清单汇总表中并进入评标价。

(4)计日工不调价。

2. 计日工劳务

(1)在计算应付给承包人的计日工工资时,工时应从工人到达施工现场,并开始从事指定的工作算起,到返回原出发地点为止,扣去用餐和休息的时间。只有直接从事指定的工作,且能胜任该工作的工人才能计工,随同工人一起做工的班长应计算在内,但不包括领工(工长)和其他质检管理人员。

(2)承包人可以得到用于计日工劳务的全部工时的支付,此支付按承包人填报的“计日工劳务单价表”所列单价计算。该单价应包括基本单价及承包人的管理费、税费、利润等所有附加费,说明如下:

①劳务基本单价包括承包人劳务的全部直接费用,如工资、加班费、津贴、福利费及劳动保护费等。

②承包人的利润、管理、质检、保险、税费;易耗品的使用,水电及照明费,工作台、脚手架、临时设施费,手动机具与工具的使用及维修,以及上述各项伴随而来的费用。

3. 计日工材料

承包人可以得到计日工使用的材料费用(已计入劳务费内的材料费用除外)的支付,此费用按承包人“计日工材料单价表”中所填报的单价计算。该单价应包括基本单价及承包人的管理费、税费、利润等所有附加费,说明如下:

(1)材料基本单价按供货价加运杂费(到达承包人现场仓库)、保险费、仓库管理费以及运输损耗等计算。

(2)承包人的利润、管理、质检、保险、税费及其他附加费。

(3)从现场运至使用地点的人工费和施工机械使用费不包括在上述基本单价内。

4. 计日工施工机械

(1)承包人可以得到用于计日工作业的施工机械费用的支付,该费用按承包人填报的“计日工施工机械单价表”中的租价计算。该租价应包括施工机械的折旧、利息、维修、保养、零配件、油燃料、保险和其他消耗品的费用,以及全部使用这些机械的有关管理费、税费、利润和驾驶员与助手的劳务费等费用。

(2)在计日工作业中,承包人计算所用的施工机械费用时,应按实际工作小时支付。除非经监理人的同意,在计算的工作小时中,才可以将施工机械从现场某处运到监理人指令的计日工作业的另一现场往返运送时间折合成工作小时包括在施工机械费中。

5. 其他说明

说明其他需交代的内容。

6. 工程量清单及其他相关表

(1)工程量清单表。工程量清单表包括第100章总则、第200章路基、第300章路面、第400章桥梁涵洞、第500章隧道、第600章安全设施及预埋管线、第700章绿化及环境保护设施。其中,第100章总则是开办项目的工程量清单。开办项目是工程施工开工前就要发生或一开工就要发生或大部分发生的项目,如工程保险、临时工程费、承包人驻地建设费等。在工程量清单及技术规范中,这些项目单独列项,放在工程量清单第100章总则中,其特点是有关款项包干支付,按总额结算。具体格式如表4-2所示。

工程量清单 表4-2

清单 第100章 总 则					
子目号	子目名称	单位	数量	单价	合价
101-1	保险费				
-a	按合同条款规定,提供建筑工程一切险	总额			
-b	按合同条款规定,提供第三者责任险	总额			
102-1	竣工文件	总额			
102-2	施工环保费	总额			
102-3	安全生产费	总额			
102-4	工程管理软件(暂估价)	总额			
103-1	临时道路修建、养护与拆除(包括原道路的养护费)	总额			
103-2	临时占地	总额			
103-3	临时供电设施				
-a	设施架设、拆除	总额			
-b	设施维修	月			
103-4	电讯设施的提供、维修与拆除	总额			
103-5	供水与排污设施	总额			
104-1	承包人驻地建设	总额			
清单 第100章合计 人民币________元					

除第100章外,其他的第200章~700章为永久工程项目的工程量清单。其内容包括路基、路面、桥梁涵洞、隧道、安全设施及预埋管线、绿化及环境保护设施等。其工程量应根据图纸中的工程量并按“技术规范”的规定确定。该工程量是暂估数量,实际的工程量要通过计量方式来确定。表4-3为第200章路基的清单格式,其他各章的格式相同。

工程量清单 表4-3

清单 第200章 总 则					
子目号	子目名称	单位	数量	单价	合价
201-1	清理与掘除				
-a	清理现场	m^2			
-b	砍伐树木	棵			
-c	挖除树根	棵			
202-2	挖除旧路面				
-a	水泥混凝土路面	m^2			

续上表

清单　第200章　总　则					
子目号	子 目 名 称	单　位	数　量	单　价	合　价
-b	沥青混凝土路面	m^2			
-c	碎石路面	m^2			
202-3	拆除结构物				
-a	钢筋混凝土结构	m^3			
-b	混凝土结构	m^3			
-c	砖、石及其他砌体结构	m^3			
203-1	路基挖方				
-a	挖土方	m^3			
-b	挖石方	m^3			
-c	挖除非适用材料(包括淤泥)	m^3			
203-2	改河、改渠、改路挖方				
-a	挖土方	m^3			
-b	挖石方	m^3			
-c	……				
204-1	路基填筑(包括填前压实)				
-a	换填土	m^3			
-b	利用土方	m^3			
-c	利用石方	m^3			
…	…				
清单　第200章合计　人民币＿＿＿＿＿元					

(2)计日工表。计日工也称散工或按日计工,在招标文件中一般列有计日工劳务、材料和施工机械单价表及计日工汇总表。计日工清单是用来处理一些临时性的或新增加项目(这些项目小到可以用计日工的形式来计价)计价用的。清单中计日工的数量是发包人虚拟的,通常称为“名义工程量”,投标者在填入计日工单价后,再乘以“名义工程量”,然后将汇总的计日工总价加入投标总报价中,以避免投标人投标时计日工的单价报得太高。若招标文件中缺少计日工的工程量清单将会使合同管理很不方便。

①劳务:计日工劳务见表4-4。

劳　　务　　表4-4

编　号	子 目 名 称	单　位	暂 定 数 量	单　价	合　价
101	班长	h			
102	普通工	h			
103	焊工	h			
104	电工	h			
105	混凝土工	h			
106	木工	h			
107	钢筋工	h			
	……				
劳务小计金额:＿＿＿＿＿(计入“计日工汇总表”)					

②材料:计日工材料见表4-5。

材　料　　表4-5

编　号	子目名称	单　位	暂定数量	单　价	合　价
201	水泥	t			
202	钢筋	t			
203	钢绞线	t			
204	沥青	t			
205	木材	m^3			
206	砂	m^3			
207	碎石	m^3			
208	片石	m^3			
	……				
材料小计金额:__________(计入“计日工汇总表”)					

③施工机械:施工机械见表4-6。

施　工　机　械　　表4-6

编　号	子目名称	单　位	暂定数量	单　价	合　价
301	装载机				
301-1	$1.5m^3$ 以下	h			
301-2	$1.5 \sim 2.5m^3$	h			
301-3	$2.5m^3$ 以上	h			
302	推土机				
302-1	90kW 以下	h			
302-2	90 ~ 180kW	h			
302-3	180kW 以下	h			
	……				
施工机械小计金额:__________(计入“计日工汇总表”)					

④计日工:计日工见表4-7。

计日工汇总表　　表4-7

名　称	金　额	备　注
劳务		
材料		
施工机械		
计日工总计:__________(计入“投标报价汇总表”)		

(3)暂估价表。暂估价表包括材料暂估价表、工程设备暂估价表和专业工程暂估价表,其具体格式如表4-8、表4-9、表4-10所示。

材料暂估价表　　表4-8

序　号	名　称	单　位	数　量	单　价	合　价	备　注

工程设备暂估价表　　表 4-9

序　号	名　称	单　位	数　量	单　价	合　价	备　注

专业工程暂估价表　　表 4-10

序　号	专业工程名称	工程内容	金　额
小计:			

(4)投标报价汇总表。投标报价汇总表格式见表 4-11。

投标报价汇总表　　表 4-11

＿＿（项目名称）＿＿标段

序　号	章　次	科目名称	金额(元)
1	100	总则	
2	200	路基	
3	300	路面	
4	400	桥梁、涵洞	
5	500	隧道	
6	600	安全设施及预埋管线	
7	700	绿化及环境保护设施	
8	第 100 章～第 700 章清单合计		
9	已包含在清单合计中的材料、工程设备、专业工程暂估价合计		
10	清单合计减去材料、工程设备、专业工程暂估价合计(即 8－9＝10)		
11	计日工合计		
12	暂列金额(不含计日工总额)		
13	投标报价(8＋11＋12)＝13		

注:材料、工程设备、专业工程暂估价已包括在清单合计中,不应重复计入投标报价。

(5)工程量清单单价分析表。工程量清单单价分析表格式见表 4-12。

工程量清单单价分析表　　表 4-12

序号	编码	子目名称	人工费			材料费						机械使用费	其他	管理费	税费	利润	综合单价
						主材				辅材费	金额						
			工日	单价	金额	主材耗量	单位	单价	主材费								

三、工程量清单的编制

工程量清单的编制要依据招标文件的发包范围、所选用的合同条件、施工图设计文件和施工现场实际情况。

工程量清单的编制包括项目划分及工程量整理两项工作。

1. 工程量清单的项目划分

(1)应满足的要求:

①和技术规范保持一致性;

②便于计量支付,减小计量难度;

③便于合同管理及处理工程变更;

④保持合同的公平性。

(2)应注意的问题:

①应将开办项目作为独立的工程细目单列。开办项目往往是一些一开工就要发生或开工前就要发生的项目,如工程保险、担保、监理设施、承包人的驻地建设、测量放样、临时工程等。如果将这些项目包含在其他项目的单价中,到承包人在开工时上述各种款项将得不到及时支付,这不仅影响合同的公平性和承包商的资金周转,而且会增加招标中预付款的数量,并且会加剧承包人的不平衡报价(承包人会将开工早的工程细目报价提高,以尽早收回成本),并因此影响变更工程的计价。

②要合理划分工程项目。在工程细目划分时,要注意将不同等级要求的工程区分开;将同一性质但不属于同一部位的工程区分开;将情况不同,可能要进行不同报价的项目分开。这一做法主要是为了强化工程投标中的竞争性,使投标人报价更加具体,针对不同情况可以采用不同的单价,便于降低总造价。

③工程细目的划分要大小合适。工程细目的划分可大可小,工程细目大,可减少计算工作量,但太大就难以发挥单价合同的优势,不便于工程变更的处理;另外,工程细目太大也会使支付周期延长,影响承包人的资金周转,最终影响合同的正常履行。工程细目小会增加计量工作量,但对处理工程变更和合同管理是有利的。

工程细目的划分不是绝对的,既要简单明了,高度概括,又不能漏掉项目和应计价的内容,要结合工程实际,具体问题具体对待,灵活掌握。

④工程量清单中应备有计日工清单。计日工清单是用来处理一些附加的或小型的变更工程(小到可以用计日工的形式来计价)计价用的,使工程量清单在造价管理上的可操作性更强。清单中计日工的数量完全是由业主虚拟的,用以避免承包人在投标时计日工的单价报得太离谱。有了计日工清单会使合同管理很方便。

⑤应与技术规范一致。工程量清单各细目的名称、单位等要与技术规范相一致,以便承包人清楚各工程细目的内涵,准确地填写各细目的单价,从而保证整个合同的严密性和前后一致性。因此,在采用《公路工程标准施工招标文件》时,其工程细目划分应尽量与《公路工程标准施工招标文件》相一致;如果根据实际需要对某些工程细目重新予以划分,则应注意修改技术规范的相应内容(包括相应的计量与支付方法)。

2. 工程量清单的工程量整理

计算和整理工程量的依据是设计图纸和技术规范。这是项严谨的技术工作,绝不是简单地罗列设计文件中的工程量。要认真阅读技术规范中的计量和支付方法,仔细核查设计文件中工程量所对应计量方法与技术规范中的计量方法是否一致;如不一致,则需在整理工程量时进行技术处理。此外,在工程量的计算过程中,要做到不重不漏,更不能发生计算错误,否则会带来一系列问题。如:

(1)工程量的错误一旦被承包人发现,承包人会利用不平衡报价给业主带来损失。

(2)工程量的错误会引起合同总价的调整和索赔(或反索赔)。

(3)工程量的错误还会增加变更工程和费用索赔的处理难度。

(4)工程量的错误会造成投资控制的困难。

因此,工程量的准确性应予以保证,使清单所列工程量与实际工程量的差距尽可能小。

四、招标控制价

1. 招标控制价的概念

《建设工程工程量清单计价规范》(GB 50500—2008)提出了招标控制价的概念,招标控制价是招标人根据国家或省级、行业建设主管部门颁发的有关计价依据和办法,按设计施工图纸计算的,对招标工程限定的最高工程造价。有的地方亦称拦标价、预算控制价,在《公路工程标准施工招标文件》中又称投标控制价。

国有资金投资的工程建设项目应实行工程量清单招标,并应编制招标控制价。招标控制价超过批准的概算时,招标人应将其报原概算审批部门审核。投标人的投标报价高于招标控制价的,其投标应予以拒绝。

为强化对招标控制价计价活动的监督管理,促进工程建设招投标工作更加规范、有序、健康发展,防止招标人有意抬高或压低工程造价,《建设工程工程量清单计价规范》规定:招标人应在招标文件中如实公布招标控制价,不得对所编制的招标控制价进行上浮或下调。同时,招标人应将招标控制价报工程所在地的工程造价管理机构备查。

2. 招标控制价的编制原则

在编制招标控制价的过程中,应注意以下原则和要求:

(1)招标控制价的价格应反映建筑产品的价值,即在招标控制价编制过程中,应遵循价值规律。

(2)招标控制价的价格应反映建筑市场的供求状况对建筑产品价格的影响,即服从供求规律。

(3)招标控制价的价格应反映出一种平均先进的社会生产力水平,以达到通过招标,促使社会劳动生产力水平提高的目的。

3. 招标控制价编制的依据

招标控制价编制的依据与概预算编制依据类似,主要有:招标文件、概预算定额、费用定额、工料机价格、初步设计文件或施工图设计文件、施工方案等6个方面。

4. 招标控制价编制的程序

招标控制价的编制方法与程序基本上和概、预算相同,但它比概、预算的要求更为具体和确切,因此更应结合招标工程的实际情况进行编制。招标控制价编制的具体步骤和方法如下:

(1)准备工作:

①熟悉招标图纸和说明。招标控制价编制前,应仔细阅读招标图纸和说明,如发现图纸、说明和技术规范有矛盾或不符、不够明确的地方,应要求招标文件编制单位给予交底或澄清。

②熟悉招标文件内容。对投标须知、合同条款、工程量清单和辅助资料表中与报价有关的内容要搞清楚,对业主"三通一平"的提供程度、价格调整的有关规定、预付款额度、工程质量和工期要求等都要明确。

③考察工程现场。对工程施工现场条件和周围环境进行实地考察,以作为考虑施工方案、

工程特殊技术措施费和临时工程设置等的依据。

④进行材料价格调查。掌握当地材料、设备的实际市场价格,砂、石等地方材料的料场价、运距、运费和料源等也要调查收集。

(2)工程量计算:

①复核工程量清单。首先要弄清楚工程量清单中工程数量的范围,应根据图纸和技术规范中计量支付的规定计算复核工程数量,如和工程量清单有出入,必须搞清楚出入的原因。

②按定额计算工程量。以工程量清单的每一个细目作为一个项目,根据图纸和施工组织方案,考虑其由几个定额子目组成,并计算这几个定额项目的工程量。如工程量清单的一个细目是"直径1.2m水中钻孔灌注桩",技术规范计量与支付中规定,除钢筋在钢筋一节中另行计量外,它包括了灌注桩成桩的所有工作,一般可由以下定额项目组成:不同土质的钻孔长度、护筒埋设、水中钻孔平台、灌注混凝土、船上拌和台和泥浆船摊销、船上拌和混凝土等。有定额可套的临时工程如便道、便桥等的工程数量也应按施工方案予以计算确定。

(3)确定工、料、机单价。根据准备工作中收集到的资料,计算和确定人工、材料、机械台班单价。

(4)计算综合费率。综合费率由其他工程费、间接费、利润、税金的费率等组成,要根据招标文件中有关条款和概、预算编制办法的有关规定确定各项费率。

(5)计算工程项目总金额。按《公路工程基本建设项目概算预算编制办法》计算各项工程项目的总金额,也就是编制一个概预算。

(6)编制招标控制价单价。根据工程量清单各工程细目所包含的工作内容及相应的计量与支付办法,在概、预算工作的基础上,对概、预算08表中的分项工程进行适当合并、分解或用其他技术处理,然后按综合费率再增加税金、包干费等项目后确定出各工程细目的招标控制价单价。

(7)计算招标控制价总金额。按工程量清单计算各章金额,其中第100章总则中的保险费、临时工程费、监理工程师设施等按实际费用计算列入,其余各章按工程量清单中的数量乘以计算得出的单价计算,然后计算工程量清单汇总表,得出投标控制价总金额。

(8)编写招标控制价说明。计算出招标控制价总金额后,应写出招标控制价编制说明。编制说明的内容与概、预算编制说明差不多,主要涉及编制依据、费率取定、问题说明等有关内容。最后将编制说明、标价的工程量清单、人工和主要材料数量汇总表等合订在一起,就完成一份完整的招标控制价文件。

【案例4-1】 某高速公路第×合同长15km,路基宽度26m,其中挖方路段长4.5km,填方路段长10.5km。招标文件图纸提供的路基土石方表如表4-13所示。

路基土石方表

表4-13

挖方(m^3)				本桩利用(m^3)		远运利用(m^3)			借方(m^3)	
普通土	硬土	软石	次坚石	普通土	硬土	石方	普通土	硬土	石方	普通土
265000	220000	404000	340000	50000	35000	105000	200000	185000	450000	600000

注:表中挖方、利用方均指天然密实方,借方指压实方。

已知:远运利用土、石方的平均运距为400m,借方、弃方的平均运距为3km。

根据招标文件技术规范规定,路基挖方包括土石方的开挖和运输,路基填筑包括土石方的压实,借土填方包括土方的开挖、运输和压实费用。

问题:

(1)请根据上述资料和《公路工程标准施工招标文件》编制工程量清单,并将各子目的计量工程数量,填入表4-14中。

第200章 路基 表4-14

子目号	子目名称	单位	数量	单价	合价
清单 第200章合计 人民币________元					

(2)请计算各子目应分摊的整修路拱和整修边坡的工程数量。

解:

(1)工程量清单及计量工程数量。

考虑到实际计量支付以断面进行计量。故挖方数量为天然密实方,填方数量为压实方,并据此计算清单计量工程数量。

203-1-a 挖土方:$265000+220000=485000\text{m}^3$

203-1-b 挖石方:$404000+340000=744000\text{m}^3$

204-1-b 利用土方:$(50000+200000)\div 1.16+(35000+185000)\div 1.09=417352\text{m}^3$

204-1-c 利用石方:$(105000+450000)\div 0.92=603261\text{m}^3$

204-1-e 借土填方:600000m^3

完成的工程量清单如表4-15所示。

第200章 路基 表4-15

子目号	子目名称	单位	数量	单价	合价
203-1-a	挖土方	m^3	485000		
203-1-b	挖石方	m^3	744000		
204-1-b	利用土方	m^3	417352		
204-1-c	利用石方	m^3	603261		
204-1-e	借土填方	m^3	600000		
清单 第200章合计 人民币________元					

(2)各支付子目应分摊的整修路拱的工程数量计算。

挖方总量:$485000+744000=1229000\text{m}^3$

填方总量：417352 + 603261 + 600000 = 1620613m^3

203-1-a 挖土方：4500 × 26 × (485000 ÷ 1229000) = 46172m^2

203-1-b 挖石方：4500 × 26 × (744000 ÷ 1229000) = 70828m^2

204-1-b 利用土方：10500 × 26 × (417352 ÷ 1620613) = 70305m^2

204-1-c 利用石方：10500 × 26 × (603261 ÷ 1620613) = 101622m^2

204-1-e 借土填方：10500 × 26 × (600000 ÷ 1620613) = 101073m^2

(3)各支付子目应分摊的整修边坡的工程数量计算。

203-1-a 挖土方：4.5 × (485000 ÷ 1229000) = 1.776km

203-1-b 挖石方：4.5 × (744000 ÷ 1229000) = 2.724km

204-1-b 利用土方：10.5 × (417352 ÷ 1620613) = 2.704km

204-1-c 利用石方：10.5 × (603261 ÷ 1620613) = 3.909km

204-1-e 借土填方：10.5 × (600000 ÷ 1620613) = 3.887km

第二节 基础标价的计算

能力目标

1. 确定直接费、间接费等施工成本。
2. 能够根据项目招标文件计算基础标价。

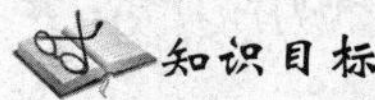

知识目标

1. 了解公路工程施工投标的工作程序。
2. 明确报价工作程序。

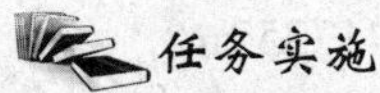

任务实施

分解工程量清单见表 4-16。

分解工程量清单　　　　表 4-16

<table>
<tr><td rowspan="2">工作任务</td><td>1. 参考资料
某预应力混凝土连续梁桥，桥跨组合为 50m + 3 × 80m + 50m，桥梁全长 345.50m，桥梁宽度为 25.00m。基础为钻孔灌注桩，采用回旋钻机施工，每个桥墩为每排 3 根共 6 根 2.50m 的桩，每个桥台为 8 根 2.50m 的桩。承台尺寸为 8.00m × 20.00m × 3.00m，除桥台为干处施工外，其余均为水中施工（水深 4 ~ 5m）。混凝土均要求采用集中拌和、泵送施工，水上混凝土施工考虑搭便桥的方法，便桥费用不计。本工程计划工期为 18 个月。</td></tr>
<tr><td>
<table>
<tr><td colspan="2" rowspan="2">项　目</td><td colspan="4">钻孔深度（m）</td><td rowspan="2">钢筋（t）</td></tr>
<tr><td>砂土</td><td>砂砾</td><td>软石</td><td>次坚石</td></tr>
<tr><td rowspan="2">灌注桩</td><td>桥墩</td><td>87</td><td>862</td><td>176</td><td>27</td><td rowspan="2">329</td></tr>
<tr><td>桥台</td><td>67</td><td>333</td><td>160</td><td>—</td></tr>
<tr><td colspan="2" rowspan="2">承台</td><td>封底混凝土（m^3）</td><td colspan="2">承台混凝土（m^3）</td><td colspan="2">钢筋（t）</td></tr>
<tr><td>640</td><td colspan="2">1920</td><td colspan="2">91</td></tr>
</table>
注：承台采用钢套箱施工，按低桩承台考虑，钢套箱按高出水面 0.5m 计算，其质量按 150kg/m^2 计算。</td></tr>
</table>

续上表

工作任务

工程量清单(第 400 章 桥梁、涵洞)

细目号	细 目 名 称	单 位	数 量	单 价	合 价
403-1	基础钢筋(包括灌注桩、承台等)				
-a	光圆钢筋(Ⅰ级)	t	147		
-b	带肋钢筋(HRB355、HRB400)	t	273		
405-1	钻孔灌注桩、桩径 2500mm	m	1712		
410-1	混凝土基础 (包括桩基承台,但不包括桩基)	m^3	2560		
清单 第 400 章合计 人民币__________元					

2. 具体要求

(1)独立完成;

(2)对其工程量清单进行分解及列出各清单细目工程造价所涉及的定额名称、定额编号、单位、工程量和基价,并填入表中

3. 提交成果

原工程量清单				分 解 项 目				
子目号	子目名称	单位	清单数量	定额表号	分解定额细目名称	定额单位	工程数量	定额调整

一、报价工作程序

报价编制程序如图 4-1 所示。

1. 仔细核实工程量

工程量是整个计算标价工作的基础。招标项目的工程量在招标文件的工程量清单中有详细说明,但由于种种原因,工程量清单中的工程数量有时会和图纸中的数量存在不一致的现象,因此有必要进行复核。核实工程量的主要作用如下:

(1)全面掌握本项目需发生的各分项工程的数量,便于投标中进行准确的报价。

(2)及时发现工程量清单中关于工程量的错误和漏洞,为制定投标策略提供依据。

(3)有利于促使投标单位对技术规范中的计量支付规定做进一步的研究,便于精确地编写各工程细目的单价。

核实工程量可从两方面入手:一是认真研究招标文件,熟悉技术规范;二是通过切实的考察取得第一手资料。具体来讲应做好如下几项工作:

①全面核实设计图纸中各分项工程的工程量;

②计算受施工方案影响而需额外发生和消耗的工程量;

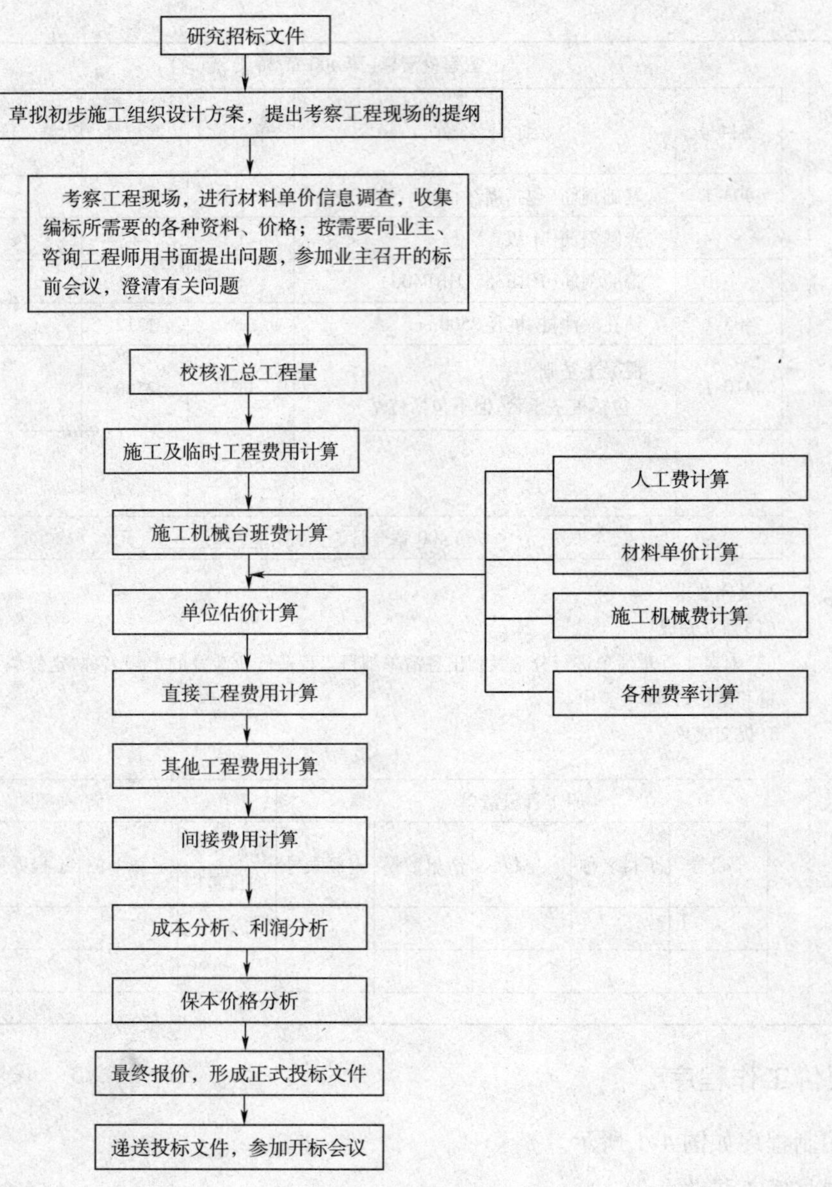

图 4-1　报价编制程序

③根据技术规范中计量与支付的规定，对以上数量进行折算、在折算过程中有时需要对设计图纸中的工程量进行分解或合并。

2. 重视施工组织设计的编制

高效率和低消耗是编制施工组织设计的总原则，编制施工组织设计时应遵循连续性原则、均衡性原则、协调性原则和经济性原则。其中，经济性原则是施工组织设计的核心和落脚点。

投标竞争是比技术、比管理的竞争，技术和管理的先进性应充分体现在编制的施工组织设计中，以达到降低成本、缩短工期的目的。

3. 明确报价的组成部分及内容

一个项目的投标报价由以下三部分组成：施工成本、利润和税金、风险费用。在投标报价中，应科学地编制以上三项费用，使总报价既有竞争力，又有利可图。

4. 掌握市场情报和信息，确定投标策略

报价策略是投标单位在激烈竞争的环境下为了企业的生存与发展而可能使用的对策，报价策略运用是否得当，对投标单位能否中标和获得的利润多少影响很大。

二、投标报价的组成

国内工程投标报价的组成主要有直接成本费、间接成本费、利润、税金和风险费等。

(1)直接成本费是指工程施工中直接用于工程上的人工、材料和施工机械使用费用的总和。

(2)间接成本费是指组织和管理工程施工所需的各项费用，如现场管理费、企业管理费、临时设施费、施工队伍调遣费等。

(3)利润和税金。利润是指投标时根据企业的利润目标和本项目的具体情况确定的利润，税金是按规定应向国家缴纳的营业税、城市建设维护税及教育费附加等税金。

(4)风险费是对风险分析后确定的用于防范风险的费用。

三、基础标价的计算

基础标价的计算是指报价编制人员在施工总进度计划、主要施工方法、分包商和资源安排确定后，根据企业的工料消耗(企业定额)和水平以及询价结果(主要为劳务、材料、施工机械设备等生产要素的价格及分包商对分包工程的报价)，对本企业完成招标工程所需要支出的费用的分析计算。其原则是根据本企业的实际情况合理确定施工成本和待摊费用，不考虑其他因素，不涉及投标决策问题、利润的高低及施工风险，即成本价由直接费、间接费(含规费和企业管理费)、税金等组成。基础报价计算的主要内容是直接费和间接费的计算，并按规定计取税金后形成基础标价。

我国投标人员常用定额单价分析法来计算直接费和间接费。定额单价法，是按照招标文件的工程量清单所列工程细目，选用与工作内容相适应的工、料、机消耗定额，并分析实际的工、料、机单价，从而计算出各工程细目的直接工程费用；根据有关费用定额计算其他工程费用和间接费用。它与编制工程概预算的方法大致相同，但报价所依据的工、料、机消耗定额和其他工程费用及间接费用定额应反映企业实际水平的企业定额，工、料、机价格应是市场价格(如施工机械价格可以是市场租赁价格)。

同标底或招标控制价的编制一样，由于技术及经验和所掌握的资料的限制，目前投标人还是以概、预算定额及概、预算编制办法为基础来进行成本预测，并以此作为报价的依据。但是，这毕竟是权宜之计，从长远来看，根据企业定额进行的投标报价才具有市场竞争力，才能符合我国《招投标法》和国际惯例。本教材主要介绍基于预算定额和预算编制办法的定额单价法。

四、用同望 WECOST 软件计算基础标价

WECOST 系统清单报价编制操作步骤如图 4-2 所示。

编制清单报价与编制预算的软件操作基本相似。此处只概要介绍编制清单报价中的软件提供的一些专业、易用功能。

(1)导入工程量清单。在「预算书」界面，软件提供导入 Excel 工程量清单功能。软件根据

清单编号自动排序,用户可使用工具栏上的 ⇧ ⇩ ⇦ ⇨ 调整。

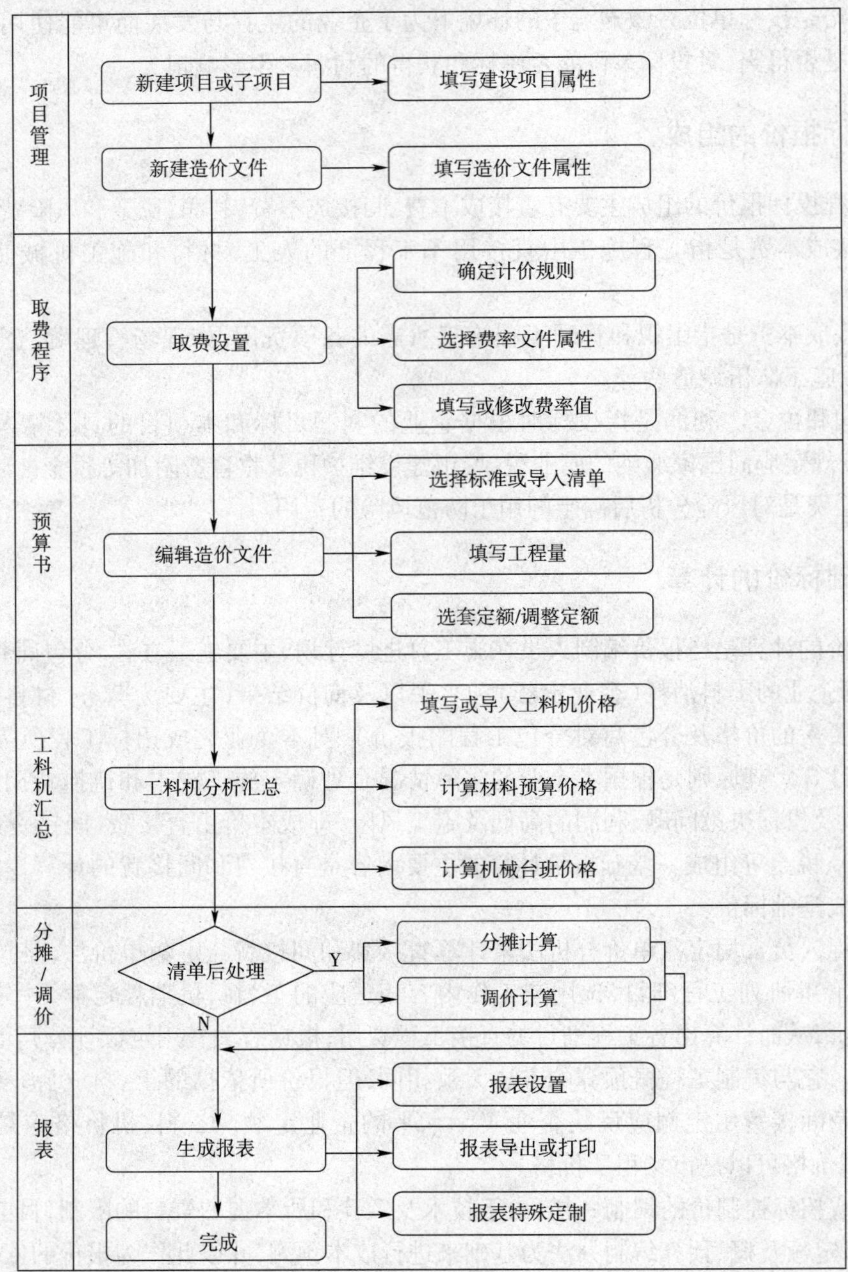

图4-2 清单报价编制操作步骤

①Excel 模板1(见图4-3)。

②Excel 模板2(见图4-4)。

(2)选套定额与定额调整。

(3)复核工程量。

(4)确定工料机价格。允许一份文件同编号材料不同价格,如图4-5所示。

(5)确定取费费率。

(6)基础标价的计算。

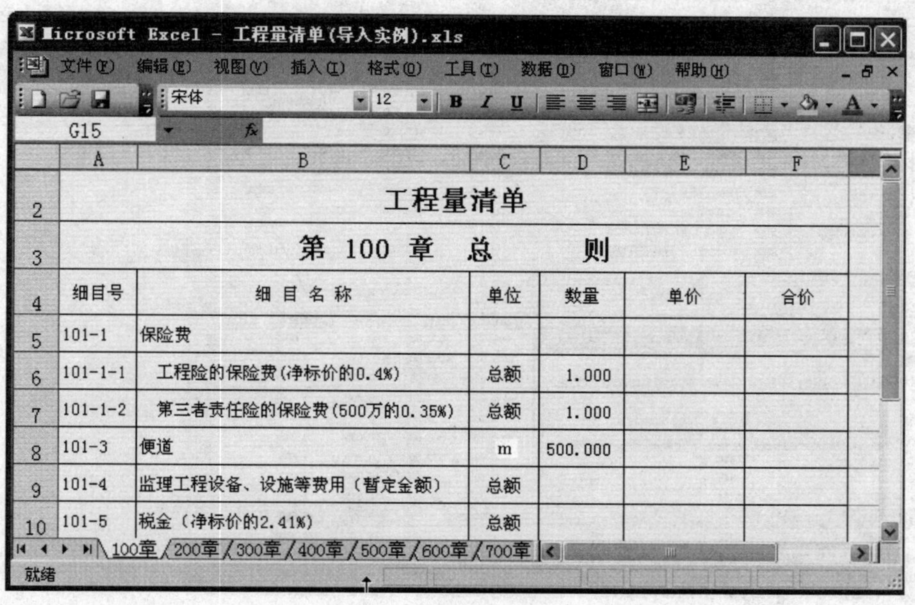

细目号	细 目 名 称	单位	数量	单价	合价
工程量清单					
第 100 章 总 则					
101-1	保险费				
101-1-1	工程险的保险费(净标价的0.4%)	总额	1.000		
101-1-2	第三者责任险的保险费(500万的0.35%)	总额	1.000		
101-3	便道	m	500.000		
101-4	监理工程设备、设施等费用（暂定金额）	总额			
101-5	税金（净标价的2.41%）	总额			

图 4-3　Excel 模板 1

清单编号	名称	单位	数量	单价	合价
	第100章　总则				
101-2	临时便道	km	3	50	
101-3	临时供电				
101-3-1	输电线路	m	500	50	
101-3-2	支线输电线路	m	500		
	第200章　路基土石方				
201-1	路基土方				
201-1-1	路基挖土方	m^3	3000		
201-1-2	路基填方(取土资源费)	m^3	3000		
	第300章　路面				
301-1	水泥稳定石屑基层				
301-1-1	厚18cm	m	8000		
301-2	混凝土路面				
301-2-1	厚24cm	m	70000		
301-2-2	混凝土路面钢筋	t	10		
301-3	中粒式沥青混凝土路面				

图 4-4　Excel 模板 2

详细的软件操作,见该软件的用户手册或打开软件的帮助菜单查阅需要解决的问题。

【案例 4-2】　某高速公路第×合同长 15km,路基宽度 26m,其中挖方路段长 4.5km,填方路段长 10.5km。招标文件图纸提供的路基土石方表见表 4-17。

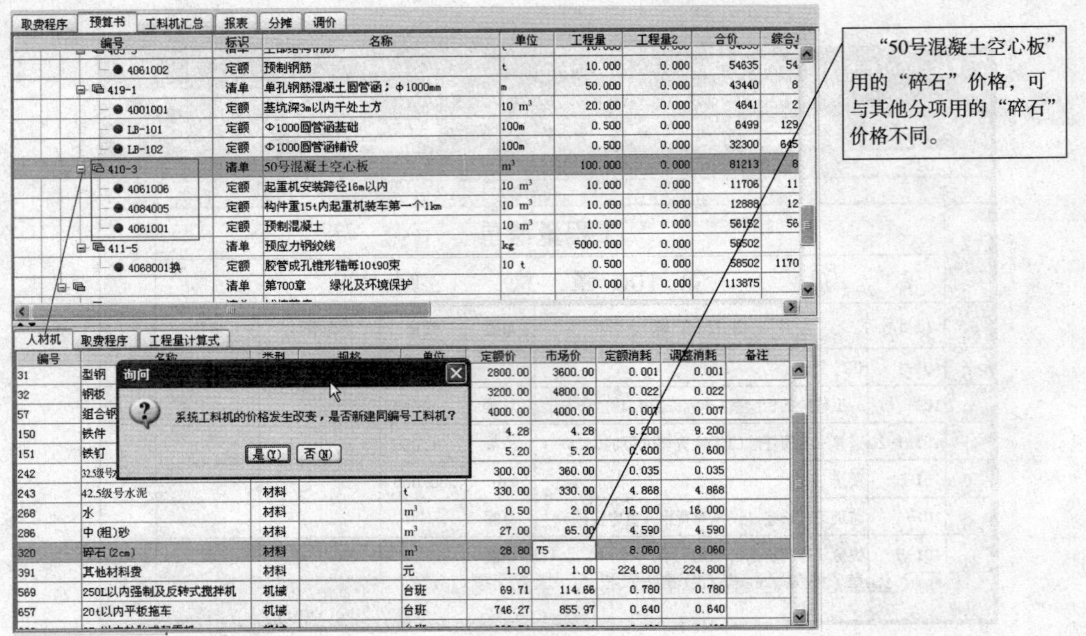

图4-5　文件同编号材料不同价格

路 基 土 石 方 表

表4-17

挖方(m^3)				本桩利用(m^3)		远运利用(m^3)			借方(m^3)	
普通土	硬土	软石	次坚石	普通土	硬土	石方	普通土	硬土	石方	普通土
265000	220000	404000	340000	50000	35000	105000	200000	185000	450000	600000

注:表中挖方、利用方均指天然密实方,借方指压实方。

已知:远运利用土、石方的平均运距为400m,借方、弃方的平均运距为3km。

根据招标文件技术规范规定:路基挖方包括土石方的开挖和运输,路基填筑包括土石方的压实,借土填方包括土方的开挖、运输和压实费用。招标文件提供的工程量清单见表4-18。

工程量清单表(第200章路基)

表4-18

细 目 号	细 目 名 称	单　位	数　量	单　价	合　价
203-1-a	挖土方	m^3	485000		
203-1-b	挖石方	m^3	744000		
204-1-b	利用土方	m^3	417352		
204-1-c	利用石方	m^3	603261		
204-1-e	借土填方	m^3	600000		
清单　第200章合计　人民币______元					

问题:设报价编制年工程所在地的工、料、机价格按现行《公路工程预算定额》的基价为准,其他工程费综合费率Ⅰ为3.58%、其他工程费综合费率Ⅱ为0,间接费规费综合费率为38.7%、间接费企业管理综合费率为3.63%,分析计算该工程项目的工程量清单单价(本案例只计直接费和间接费,不考虑利润和税金等其他费用)。

解:

工程量清单有关数量和各细目应分摊的整修路拱和整修边坡的工程数量计算见本章【案例】。

(1)分解工程量清单及套用定额。

由于工程量清单的每一个细目包含定额中的若干子目,因此在套用定额前,应根据清单项目划分和实际工作内容进行工程量清单分解。工程量清单分解及各项目的定额编号和基价见表4-19。

工程量清单分解及定额编号表

表4-19

序号	子目号(定额编号)	子目名称	单位	工程量	定额调整	基价(元)	定额直接工程费(人工费)(元)
1	203-1-a	挖土方	m^3	485000			
(1)	1-1-12-18	165kW以内推土机推普通土第一个20m	$1000m^3$	50		1715	85750 (11070)
(2)	1-1-12-19	165kW以内推土机推硬土第一个20m	$1000m^3$	35		2086	73010 (8610)
(3)	1-1-13-6	$10m^3$以内铲运机铲运普通土第一个100m	$1000m^3$	200		2839	567800 (44280)
(4)	1-1-13-7	$10m^3$以内铲运机铲运硬土第一个100m	$1000m^3$	185		3594	664890 (45510)
(5)	1-1-13-8	$10m^3$以内铲运机铲运土方每增运50m	$1000m^3$	385	×6	6×423	977130 (0)
(6)	1-1-9-8	$2m^3$以内挖掘机挖装普通土	$1000m^3$	15		1991	29865 (3321)
(7)	1-1-11-13	10t以内自卸汽车运土方第一个1km	$1000m^3$	15		4233	63495 (0)
(8)	1-1-11-14	10t以内自卸汽车运土方每增运0.5km	$1000m^3$	15	×4	4×570	34200 (0)
(9)	1-1-20-1	整修路拱	$1000m^3$	46.172		121	5587 (0)
(10)	1-1-20-3	整修边坡	1km	1.776		16566	29421 (29421)
2	203-1-b	挖石方	m^3	744000			
(1)	1-1-15-30	165kW以内推土机推软石第一个20m	$1000m^3$	404		8907	3598428 (566489)
(2)	1-1-15-31	165kW以内推土机推次坚石第一个20m	$1000m^3$	340		14765	5020100 (1314821)
(3)	1-1-10-5	$2m^3$装载机装软石	$1000m^3$	345		1515	522675 (0)
(4)	1-1-10-8	$2m^3$装载机装次坚石	$1000m^3$	294		2001	588294 (0)
(5)	1-1-11-41	10t自卸汽车运石方第一个1km	$1000m^3$	639		6992	4467888 (0)
(6)	1-1-11-42	10t自卸汽车运石方增运0.5km	$1000m^3$	189	×4	4×916	692496 (0)
(7)	1-1-20-1	整修路拱	$1000m^3$	70.828		121	8570 (0)

续上表

序号	子目号（定额编号）	子 目 名 称	单 位	工程量	定额调整	基价（元）	定额直接工程费（人工费）（元）
（8）	1-1-20-3	整修边坡	1km	2.724		16566	45126（45126）
3	204-1-b	利用土方	m^3	417352			
（1）	1-1-18-4	碾压土方	$1000m^3$	417.352		3884	1620995（573278）
（2）	1-1-20-1	整修路拱	$1000m^3$	70.305		121	8507（0）
（3）	1-1-20-3	整修边坡	1km	2.704		16566	44794（44794）
4	204-1-c	利用石方	m^3	603261			
（1）	1-1-18-17	碾压石方	$1000m^3$	603.261		6540	3945327（2395208）
（2）	1-1-20-1	整修路拱	$1000m^3$	101.622		121	12296（0）
（3）	1-1-20-3	整修边坡	1km	3.909		16566	64756（64756）
5	204-1-e	借土填方	m^3	600000			
（1）	1-1-9-8	$2m^3$ 以内挖掘机挖装普通土	$1000m^3$	600	×1.16	1991×1.16	1385736（154094）
（2）	1-1-11-13	10t以内自卸汽车运土方第一个1km	$1000m^3$	600	×1.19	4233×1.19	3022362（0）
（3）	1-1-11-14	10t以内自卸汽车运土方每增运0.5km	$1000m^3$	600	×4×1.19	570×4×1.19	1627920（0）
（4）	1-1-18-4	碾压土方	$1000m^3$	600		3884	2330400（88560）
（5）	1-1-20-1	整修路拱	$1000m^3$	101.073		121	12230（0）
（6）	1-1-20-3	整修边坡	1km	3.887		16566	64392（64392）

注：定额直接工程费＝工程量×基价。

定额直接工程费中所含人工费＝工程量×定额人工消耗量×人工基价（即：49.2元/工日）。

（2）计算工程量清单单价。

根据给定的各种条件，其清单价格为：

工程量清单价格＝直接工程费＋其他工程费＋间接费

工程量清单单价＝工程量清单价格÷工程量

其中：

直接工程费＝定额直接工程费

其他工程费＝直接工程费×其他工程费综合费率Ⅰ

间接费 = 人工费 × 规费综合费率 +（直接工程费 + 其他工程费）× 企业管理综合费率

即：

工程量清单价格 = 直接工程费 ×（1 + 其他工程费综合费率Ⅰ）×（1 + 企业管理费综合费率）+ 人工费 × 规费综合费率

= 直接工程费 ×（1 + 3.58%）×（1 + 3.63%）+ 人工费 × 38.7%

= 直接工程费 × 1.0734 + 人工费 × 0.387

①挖土方：

直接工程费 = 85750 + 73010 + 567800 + 664890 + 977130 + 29865 + 63495 + 34200 + 5587 + 29421 = 2531148 元

人工费 = 11070 + 8610 + 44280 + 45510 + 3321 + 29421 = 142212 元

工程量清单单价 =（2531148 × 1.0734 + 142212 × 0.387）÷ 485000 = 5.7 元/m^3

②挖石方：

直接工程费 = 3598428 + 5020100 + 522675 + 588294 + 4467888 + 692496 + 8570 + 45126 = 14943577 元

人工费 = 566489 + 1314821 + 45126 = 1926436 元

工程量清单单价 =（14943577 × 1.0734 + 1926436 × 0.387）÷ 744000 = 22.6 元/m^3

③利用土方：

直接工程费 = 1620995 + 8507 + 44794 = 1674296 元

人工费 = 61601 + 44794 = 106395 元

工程量清单单价 =（1674296 × 1.0734 + 106395 × 0.387）÷ 417352 = 4.4 元/m^3

④利用石方：

直接工程费 = 3945327 + 12296 + 64756 = 4022379 元

人工费 = 2395208 + 64756 = 2459964 元

工程量清单单价 =（4022379 × 1.0734 + 2459964 × 0.387）÷ 603261 = 8.7 元/m^3

⑤借土填方：

直接工程费 = 1385736 + 3022362 + 1627920 + 2330400 + 12230 + 64392 = 8443040 元

人工费 = 154094 + 88560 + 64392 = 307046 元

工程量清单单价 =（8443040 × 1.0734 + 307046 × 0.387）÷ 600000 = 15.3 元/m^3

将各细目的清单单价填入工程量清单表的单价栏中（见表 4-20）。

清单报价表（第 200 章路基）　　表 4-20

细目号	细目名称	单位	数量	单价	合价
203-1-a	挖土方	m^3	485000	5.7	
203-1-b	挖石方	m^3	744000	22.6	
204-1-b	利用土方	m^3	417352	4.4	
204-1-c	利用石方	m^3	603261	8.7	
204-1-e	借土填方	m^3	600000	15.3	
清单　第 200 章合计　人民币＿＿＿＿＿＿元					

注：本案例未考虑利润和税金等费用，在实际工作中，工程量清单的单价（报价）应包括按规定计算的税金、利润和风险费。

第三节　确定最终报价、形成报价文件

能力目标

能够确定最终报价，形成报价文件。

知识目标

1. 了解投标报价编制依据。

2. 认知报价策略与技巧。

一、投标报价编制的依据

投标报价编制的依据主要有下列几个方面：

(1)招标单位提供的招标文件。为保证投标的有效性，必须对招标文件给予全面的响应，因此招标文件是必不可少的编制依据。另外，业主在开标前规定的日期内颁发的有关合同、规范、图纸的书面修改书和书面变更通知具有与招标文件同等的效力，也是报价的依据。

(2)招标文件所规定的各种国家标准、部颁标准、技术规范等。

(3)国家、地方颁发的有关收费标准和定额及施工企业的工料机消耗定额。

(4)工程所在地的政治形势和技术经济条件，如交通运输条件等。

(5)本工程的现场情况，包括地形、地质、气象、雨量，劳动力、生活品供应、当地地方病等。

(6)当地工程机械出租的可能性、品种、数量、单价，发电厂供电正常率及提供本项目用电的功率和单价。

(7)当地劳动力的技术水平和供应数量。

(8)业主供应材料情况及交货地点、单价；当地材料供应盈缺情况，建材部门公布的材料单价，并预测当地材料市场涨落情况。

(9)企业为项目提供新添施工设备经费可能性，设备投资在标价中分摊费与成本的比率。

(10)施工组织设计和施工方案。

(11)该项目中标后，当地的工程市场信息、有否后续工程的可能性。

(12)参加投标的竞争对手情况，各有多大实力，竞争对手信誉等。

(13)有关报价的参考资料，如当地近几年来同类性质已完工程的造价分析，以及本企业历年来(至少5年)已完工程的成本分析。

二、投标报价策略、技巧与报价决策

承包人在正常经营条件下要想在一项竞争性投标中获胜，最关键的问题就是要有一个恰当的报价。工程投标报价是一种竞争性的价格，实践证明，报价太高，无疑会失去竞争力而落标；报价太低，也未必能中标或者会变成废标。因此恰当的报价应是一种适度的报价，同时还应当有一定的策略，才能在竞争中获胜。基于报价的策略问题归纳如下：

1. 报价策略

报价策略就是如何确定自己的报价，既能在投标竞争中取胜即中标，又能保证中标后的实践过程中取得一定的经济效益。报价策略一般有以下几种：

(1)盈利策略。即在报价中考虑了较大的利润值。这种投标策略通常在以下情况采用：建筑市场任务多；企业任务饱满，利润丰厚；企业对该项目拥有技术上的垄断优势。

(2)微利保本策略。即在施工成本、利税及风险费3项费用中，降低利润目标，甚至不考虑利润。这种投标策略通常在企业工程任务不饱满，无后继工程，或已出现部分窝工的情况；建筑市场供不应求(任务少，施工企业多)，竞争对手多，企业对该项目又无优势可言；业主按最低标定标时可采用。

(3)低价亏损策略。即在报价中不仅不考虑企业利润，相反考虑一定的亏损后提出报价的策略。这种报价策略通常只在下列情况采用：为打入新市场，取得拓宽市场的立足点；在本企业一统天下的地盘里，为挤垮企图插足的竞争对手；在竞争十分激烈的情况下，为中标而不惜血本压低标价；本企业已大量窝工，严重亏损，如果能承担该工程至少可以使部分人工、机械运转，减少亏损。使用该种投标策略时应注意以下两项：一是业主肯定是按最低价确定中标单位；二是这种报价方法属于不正当的商业竞争行为(不正当竞争行为是一种违法行为)。

(4)冒险投标策略。即在报价中不考虑风险费用。这是一种冒险行为，如果风险不发生，即意味着承包人的报价成功；如果风险发生，则意味着承包人要承担极大的风险损失。这种报价策略同样只在市场竞争激烈，承包人急于寻找施工任务或着眼于打入该建筑市场甚至独占该建筑市场(以后靠长期经营挽回损失)时才予以采用。

2. 附带报价策略

除投标报价的4种常见策略外，投标报价过程中，可以在以上基础上采用以下几种附带策略：

(1)优化设计策略。即发现并修改原有施工图设计中存在的不合理情况或采用新技术优化设计方案。如果这种设计能大幅度降低工程造价或缩短工期且设计方案可靠，则这种设计方案一经采纳，承包人即可获得中标资格。

(2)补充投标的优惠条件。①缩短规定的工期，通过先进的施工方案、施工方法、科学的施工组织或者优化设计来缩短合同工期。当投标工期是关键时，则业主在评标过程中会将缩短工期后所带来的预期收益考虑进去，此时对承包人获取中标资格是有利的。②施工完后免费赠送进场的施工机械或设备。③不要求招标人提供预付款等，以增加投标竞争力，争取中标。

(3)低价中标，着眼索赔。即在发现招标文件中存在许多漏洞甚至许多错误或业主的施工条件根本不具备，开工后必然违约的情形下，有意报低价格，先争取中标，中标后通过索赔来挽回低报价的损失。这种策略只有在合同条款中关于索赔的规定明显对己方有利的情形下方可采用，对于以FIDIC条款作为合同的项目招标不宜采用这种方法。

投标人不仅要掌握报价策略和技巧，还应在制定报价策略时考虑各种因素，见表4-21。

在制定报价策略时所应考虑的各种因素 表4-21

序号	高报价策略	低报价策略
1	施工条件较差。如施工场地狭窄，不易开展工作，或施工干扰如交通干扰很多的工程	施工条件好。如施工技术简单，适应大机械化作业，技术标准高或规模大的高速公路路基土石方工程(作业面大，便于发挥机械施工效率)

续上表

序号	高报价策略	低报价策略
2	专业要求高的技术密集型工程。竞争对手无施工经验,本企业有施工专长,声望较高	本企业因发展急于打入该建筑市场,或虽在该地区施工多年,但眼前无施工任务,如果转移到外地施工迁移费用很高,不利于企业发展
3	总价低的小工程,以及自己不愿意做而被邀请投标,但又不便于不投标的工程	附近有工程,而本项目可以综合利用已到场的闲置机械设备和劳动力,或有条件可以在短期内完成的工程,或可以综合利用即将作弃方的土石方工程或可利用原有的周转性材料的工程
4	业主对工期要求急的工程	非急需工程
5	投标对手少的工程	投标对手多,且竞争激烈的工程
6	支付条件不理想,风险较大的工程	支付条件好,风险较小的工程

3. 报价技巧

投标报价时采用一定技巧,中标后可能取得更多的收益,这种收益是正常的。常采用的报价技巧有:

(1)不平衡报价法。不平衡报价法是指一个工程项目总报价基本确定后,通过调整内部各个项目的报价,以期既不提高总报价、不影响中标,又能在结算时得到更理想的经济效益。不平衡报价法可以从以下两种情况考虑,见表4-22。

不平衡报价考虑的两种情况 表4-22

第一种情况	从时间上处理。由于资金具有时间价值,获取收入的时间不同,对承包商来说其收益也不一样。就时间而言,不平衡报价有以下4种方法	1. 早期摊入法。即将投标期间和开工初期需发生的费用全部摊入早期完工的分项工程中。这些费用有投标期间的各种开支、投标保函手续费、工程保险费、部分临时设施费、由承包商承担的监理设施费、施工队伍调遣费、临时工程及其他开支费用。采用不平衡报价法时,可以将工程量清单中的这些费用支付项目适当提高报价,由于这些费用支付时间较早(通常在开工初期支付),这样报价便于承包人尽早收回成本或减少周转资金 2. 递减摊入法。即将施工前期发生较多而后逐步减少的一些费用,按随时间发生逐步减少分摊比例的方法摊到各分项工程中。这些费用有履约保函手续费、贷款利息、部分临时设施费、业务费、管理费 3. 递增摊入法。其方法与递减摊入法相反,这些费用有物价上涨费等费用。当承包人预测物价上涨率在施工后期较高甚至超过银行利率时,可以采用递增摊入法来报价 4. 平均摊入法。即将费用平均分摊到各分项工程的单价中。这些费用有意外费用、利润、税金等费用
第二种情况	从单价上处理	1. 先期开工的项目(如开工费、土方、基础等)的单价报价高,后期开工的项目如高速公路的路面、交通设施、绿化等附属设施的单价报价低 2. 估计到以后会增加工程量的项目的单价报价高,工程量会减少的项目的单价报价低 3. 图纸不明确或有错误的,估计今后会修改的项目的单价报价高,估计今后会取消的项目的单价报价低 4. 没有工程量,只填单价的项目(如土方超运)其单价报价高(这样既不影响投标总价,又有利于多获利润) 5. 对暂定金额项目,分析其让承包人做的可能性大时,其单价报价高,反之,报价低 6. 对于允许价格调整的工程,当利率低于物价上涨时,则后期施工的工程细目的单价报价高,反之,报价低

(2)扩大投标价报价法。即除了按正常的已知条件编制价格外,对工程中变化较大或没有把握的工作,采用扩大单价、增加“不可预见费”的方法来减少风险。

(3)多方案报价法。多方案报价有以下两种情况:

①有些工程项目,业主要求按某一招标方案报价后,投标者可以再提出几种可供业主参考与选择的报价方法。其方法是,按原工程说明书和合同条款报一个价格,并加以注释:“如工程说明书和合同条款可作某些改变时,可降低多少费用”;使报价成为最低,以吸引业主修改说明书和合同条款,使用该方法时注意不要违反招标文件中规定的投标一致性,否则会作为废标处理。

②在招标文件中写明,允许投标人另行提出自己的建议。有经验的投标人除了按原招标文件如实填报标价外,常在投标致函中提出某种颇有吸引力的建议,并对报价作相应的降低。当然,这种建议不是要求业主降低某技术要求和标准,而是应当通过改进工艺流程或工艺方法来降低成本,降低报价。如果属于改变材料和设备的建议,则应说明绝不降低原设计标准和要求,而可以起到降低造价的作用。另外应注意,提出这种建议时可以列出降价数字,但不宜将建议内容写得十分详细、具体。否则,业主可能将你的建议提交给最低报价者研究,并要求可能得标者再进一步降价,这样就会形成己方建议免费提供给了竞争对手,对自己的中标很不利。

(4)开口升级报价法。这种方法将报价看成是协商的开始,报价时利用招标文件中规定的不明确的有利条件,将造价很高的一些单项工程的报价抛开作为活口,将标价降低至无法与之竞争的数额。利用这种“最低标价”来吸引业主,从而取得与业主商谈的机会,利用活口进行升级加价,以达到最后赢利的目的。

(5)突然降价法。这是一种迷惑对手(或保密)的竞争手段。在整个报价过程中,仍按一般情况报价,甚至有意无意的将报价泄露,或者表示对工程兴趣不大,等到投标截止期来临之时,来一个突然降价,使竞争对手措手不及,从而解决标价保密问题,避免自己真实的报价向外泄露,提高竞争能力和中标机会。

降低投标价格可以从两方面入手:

①降低计划利润。投标时确定计划利润既要考虑自己企业任务饱满的情况,又要考虑竞争对手的情况,适当地降低利润和收益目标,从而降低报价会提高投标中标的概率。

②降低经营管理费。为了竞争的需要,可降低这部分费用,可以在施工中加强组织管理予以弥补。

4. 报价决策

在确定了投标报价策略后,即可进行投标决策,确定投标报价,在报价决策中应注意如下事项:

(1)施工企业在投标中应从自身条件、兴趣、能力和远近期经营战略目标出发来进行报价决策。一个企业,首先要从战略眼光出发,投标时既要看到近期利益,更要看到长远目标,承揽的当前工程要为今后的工程创造机会和条件。在投标中,企业要注意扬长避短,注重信誉,报价中要量力而行,不顾实际情况,盲目压低标价的行为应予抵制。

(2)报价决策中应重视对业主条件和心理方面的分析。施工条件是否具备是投标中应予重视的问题,它与承包人的利益密切相关,条件不成熟的项目对业主是一种风险,应在报价决策中作相应的考虑。其次是对业主的心理分析,业主资金短缺者一般考虑最低标价中标;工程急需开工者和完工者,通常要求工期尽量提前。因此加强对业主的心理分析和情报收集对做好报价决策是很重要的。

(3)做好报价的宏观审核。投标报价编好后,是否合理,有无可能中标,可以采用工程报价宏观审核指标的方法进行分析判断。例如,可采用单位工程造价、全员劳动生产率、各分项工程价值比例、各类费用的正常比例、单位工程用工用料等正常指标进行审核。

(4)提高企业的管理水平。为了中标,企业应认真做好施工组织设计,发挥本企业管理水平和设备先进的优势,用网络图指导施工计划,班组优化组合,工艺先进,交叉作业,平衡施工,科学管理,达到缩短工期,降低报价的目的。

(5)充分发挥本企业的优势。每个施工企业都有自身的长处和优势,如果发挥这些优势来降低成本,从而降低报价,这种优势才会在投标竞争中起到实质作用,即把企业优势转化为价值形态。一个施工企业的优势一般可以从下列6个方面体现:

①职工素质高:技术人员云集、施工经验丰富、工人技术水平高、劳动态度好,工作效率高;

②技术装备强:本企业设备新、性能先进、成套齐全、使用效率高、运转劳务费低、耗油低;

③材料供应:有一定的周转材料,有稳定的来源渠道,价格合理、运输方便、运距短、费用低;

④施工技术:施工人员经验丰富,提出了先进的施工组织设计,方案切实可行,组织合理,经济效益好;

⑤管理体制:劳动组合精干、管理机构精炼,管理费开支低;

⑥切记使用各种策略和技巧时,注意不要违反招标文件中规定的投标一致性,否则会作为废标处理。

根据工程的成本,再根据拟采用的投标策略和技巧,便可确定投标报价。

三、标价的调整

1. 有关费用的分摊

所谓摊销费“是指不能作为第100章总则费用的单独项目,且其所发生的费用涉及两个及以上清单编号项目,需要直接摊入各分项单价中的费用”。

摊销费可分为两种类型:

(1)费用类。如利润、保险费(100章以外的)、风险金等。

(2)实物类。如:预制场站(或拌和站)的建设费用;拌和设备安拆费用;集中拌和混凝土的拌和与运输费用;第100章以外的临时工程(道路、桥梁、供水、供电等)、清除与掘除项目、临时占地等。

对上述费用进行分摊的目的是使投标报价更为合理,做到不重不漏。

2. 单价的调整

当投标人的总报价确定后,还要采用“不平衡报价法”来调整单价,以期在工程结算时取得最好的经济效益。采用不平衡报价一定要建立在对工程量表中工程量仔细核对分析的基础上,特别是对报低单价的项目,如工程量执行时增多将造成承包商的重大损失;不平衡报价过多和过于明显,可能会引起业主反对,甚至导致废标。

四、编制投标报价文件

在考虑了基础报价、报价策略、确定报价及调整标价后,即根据标书格式及要求编制报价文件。报价文件由填有单价和总价的工程量清单、单价分析表、人工及主要材料数量汇总表等组成。在基础报价的计算时，已形成了初步的报表，在利用报价软件调整标价后，按招标文件的要求打印有关报表，形成最终的报价文件。

五、用同望 WECOST 软件进行费用分摊、调价和报表输出

1. 分摊

系统提供 3 种分摊方式：按清单金额比重、按集中拌水泥混凝土用量和按沥青混合料用量分摊。

分摊的步骤及系统界面如图 4-6 所示。

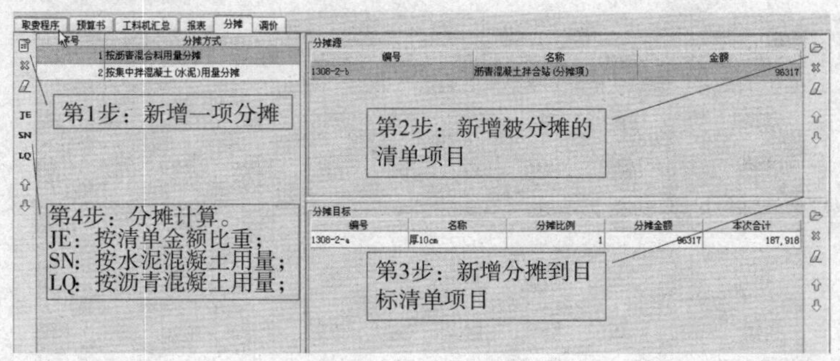

图 4-6　分摊的步骤

2. 调价（正向调价）

正向调价可调整工料机消耗量、工料机单价和综合费率。

操作界面如图 4-7 所示。

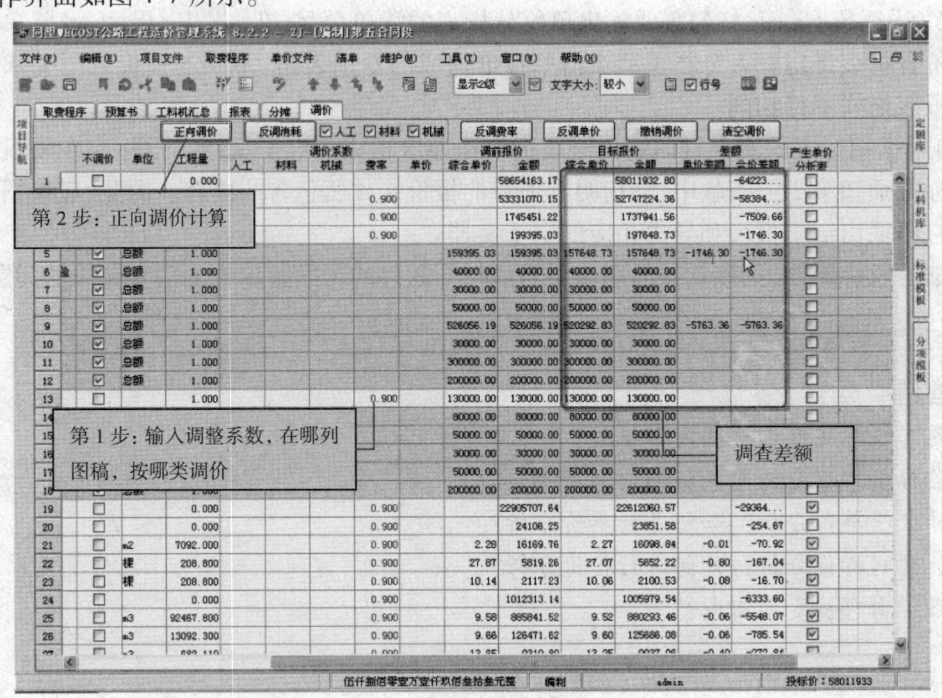

图 4-7　正向调价

3. 调价（反向调价）

在目标报价处，输入一个目标控制价，系统即根据选择条件反算报价。反向调价方式有 3 种方式：反调工料机消耗计算、反调综合费率计算和反调综合单价计算。操作界面如图 4-8

所示。

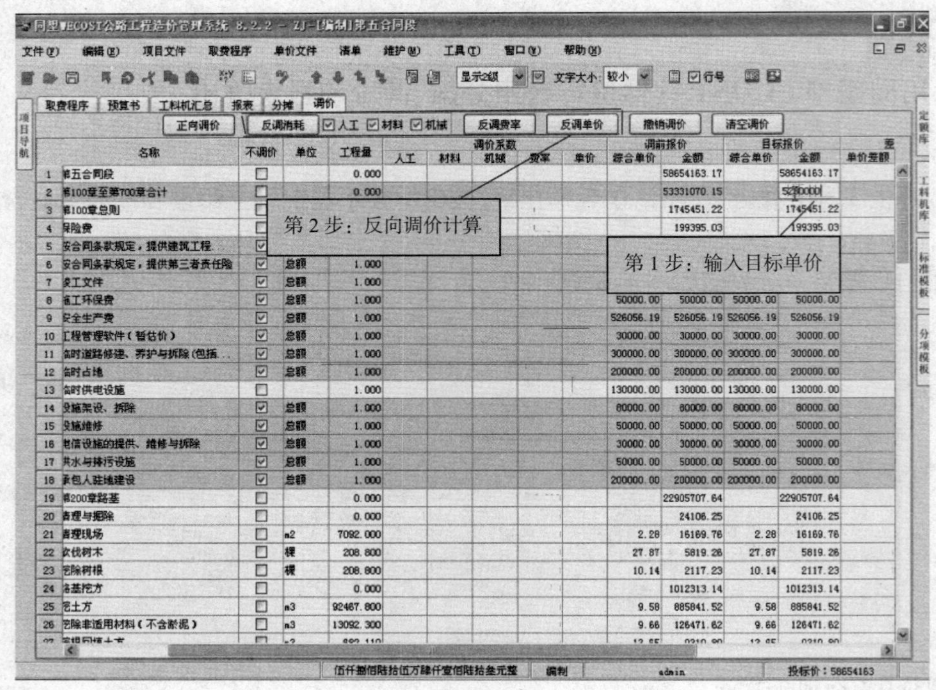

图 4-8　反向调价

4. 输出报表

(1)在「调价」界面,打勾需要输出单价分析表的清单项目,在「报表」界面,浏览单价分析表。单价分析表是招标人分析工程量清单报价构成的专用表格,不同的招标人所要求的报表项目和报表格式不尽相同。

(2)根据招标人的要求打印输出纸质报表和导出相应的电子文档。招标人在项目招标文件的投标人须知第 3.1 条款中,会指明本项目的报价文件所包含的内容。因此,应根据招标人的要求打印输出纸质报表和导出相应的电子文档。

详细的软件操作,见该软件的用户手册或打开软件的帮助菜单查阅需要解决的问题。

复习思考题

简答题

1. 施工投标文件由哪些内容组成?
2. 已标价工程量清单包括的内容有哪些?
3. 什么叫单价分析? 如何进行单价分析?
4. 什么叫标价分析? 如何进行标价分析?
5. 报价由哪些费用组成?

第五章　公路工程施工阶段的造价编制

第一节　施工企业标后预算

能够进行标后预算的编制。

1. 标后预算的作用。
2. 标后预算的形式。
3. 标后预算的编制。

一、标后预算的概念与作用

(一)标后预算的概念

标后预算是在施工企业中标后,施工前编制的施工预算。它是在中标的合同工程量清单(以下称主合同工程量清单)基础上,将企业费用和项目施工费用重新分解后计算的项目施工总费用,包括直接工程费和其他工程费以及现场管理费,其中直接工程费和其他工程费构成标后预算清单单价。标后预算按照不同的管理阶段可以分为:项目预算(直接)成本、计划预算(直接)成本、实际预算(直接)成本等。

项目预算(直接)成本是在施工准备阶段,根据企业中标的主合同工程量清单预估的工程数量和标后预算清单单价计算的预算成本,是施工企业和项目经理部签订承包经营合同的主要依据。

计划预算(直接)成本是在施工过程中,根据年度生产计划中计划的工程量和标后预算清单单价计算的预算成本,是成本管理中编制成本计划的依据。

实际预算(直接)成本是在施工过程中,根据年(季、月)度发包人批复的支付证书中累计计量工程量和标后预算清单单价计算的预算成本,是企业考核项目经理部成本管理成效的依据。

(二)标后预算的作用

标后预算在施工企业成本管理中的作用有以下5个方面。

1. 确定项目经理部目标成本和利润的标准

承包合同的价格是通过招投标方式确定的,它代表了施工企业建筑产品的市场价格,承包工程的标后预算代表了项目施工过程的预算成本价格。两者差额的多少决定了施工企业利润的高低。

在工程成本管理体系中,项目经理部是成本管理中心,企业是利润中心。企业测算的标后预算价格,实际上明确了项目经理部的责任目标成本和应实现的利润目标,企业通过与项目经理部签订经营承包合同,将企业与项目经理部的责、权、利明确下来,企业通过监控、管理承包合同的履行来保证企业实现预定的利润目标。

项目经理部以标后预算作为目标成本,结合项目的实际情况分析、测算项目的阶段性成本控制目标。阶段性成本目标包括总目标、年度目标、季度目标、月度目标。根据阶段性目标编制、下达月度成本计划,明确部门、班组的成本控制指标,落实部门、班组的成本控制责任。

2. 划分企业与项目经理部合同风险的依据

标后预算一经确定,则与之相对应的合同风险也随之划定。在主合同履行过程中,企业的风险和责任主要表现在工程质量、施工进度以及主合同的履行上。企业作为主合同的一方当事人,承担着全部的责任和义务,对项目的实施承担着监督管理的责任和义务,在项目的组建和实施过程中,在人、财、物方面对项目给予支持并承担合同履行过程中的特殊风险和不可预见风险。项目经理是企业法人代表授权的、代表企业全面履行主合同的代理人。项目经理部既承担着代表企业对主合同工程施工、管理、组织建设的责任和义务,又承担着完成企业下达的各项管理目标的责任和义务。具体地讲,对主合同而言,项目经理部应全面实现质量目标和工期目标,并承担主合同的一般风险;对企业而言,项目经理部应全面实现根据标后预算计算的企业经营目标和各项经济指标。

3. 施工企业经济活动分析的依据

经济核算是施工企业经营管理的基本方法,通过对施工生产中的消耗和施工成本的分析、计算、比较,以货币的形式来衡量其经济效益。它是企业管理的一项重要的工作。

对于施工企业来说,经济核算的内容包括生产成果核算、生产消耗核算和财务成果核算三大内容。其核算的方法也是多种多样的,其中主要有会计核算、统计核算和业务核算 3 种。不同范围、不同级别的经济核算内容和方法各不相同,但是其主导思想是统一的,其基本方法都是通过下达的各项经营指标与实际经营状况相比较而进行的。

施工企业的经济活动分析是在不同管理范围内分级进行的,如企业的、项目经理部的、班组的、各专业部门的等。项目是企业运营的基本,是企业实现利润的基础,所以,项目的经营状况、项目的盈亏是企业经营管理水平的最终体现,而衡量、分析企业经济活动的依据之一就是项目的标后预算。

4. 企业成本管理的重要环节

项目经理部的经济核算实际上就是以标后预算为尺度进行两个比较:一个是承包合同价与标后预算价的比较,另一个是标后预算价与实际成本价的比较,两个差额之和便是资源消耗的节约量,从而计算出盈亏结果。换句话说,就是通过标后预算这个中间环节,进行以承包合同价为收入与以实际成本消耗为支出的比较,经过工料机成本分析,计算出盈亏结果。

项目经理部的经济活动分析是对经济核算的成果进行系统的分析和研究,它是企业经济核算的继续和深化。通过对经济核算的第一个比较结果的分析研究,找出市场价格与企业平均成本价格的差距,预测盈亏,制订经营对策;通过对经济核算的第二个比较结果的分析研究,找出企业平均成本价格与项目经理部实际成本价格的差距,制订节约资源消耗、提高施工生产效率的可行性措施,在后续的生产经营管理工作中加以改进。把施工生产过程变为一个在确保产品质量和进度的同时,不断降低生产消耗,不断降低施工成本,不断提高经济效益的过程。

5. 项目经理下达各项经营指标的依据

标后预算中的人工、材料、机械台班消耗数量、单价及其预算费用,施工生产进度计划,人工、材料、机械进场计划等由预算工程师提供,项目经理签字,分别下发给劳资、材料和机械管理部门,作为他们业务管理工作的依据和控制标准。下达各项经营指标应是在项目经理部内部调整标后预算之后,以此为依据进行。

二、标后预算与投标报价的异同

在公路建筑市场引进了招投标制度进行承包工程后,不少中标的施工企业,认为有投标过程中编制的报价资料作为施工经营的参考,而且期中结算和期终结算完全依照承包合同中的有关规定执行就足够了,没有再做标后预算的必要,即使编制标后预算,也和投标报价资料相差无几。这样,施工企业在施工过程中,由于受投标报价的各种权宜之计或不尽合理的费用分配等等的局限性、暂时性、灵活性的影响,造成经营依据盲从,出现不少偏差,严重地影响了工程项目的经营效果。在不断地发现问题和总结经验教训之后,施工企业认识到投标报价不能取代标后预算,开始推行标后预算制度,重新建立了标后预算在施工生产经营管理中的地位。

比较投标报价和标后预算,两者的异同主要表现在以下几方面。

(一)性质和目的异同

投标报价是建筑市场竞争承包工程权利的产物,它具有很强的灵活性和随意性,其目的是为投标人获取工程项目的承建权利。当然在致力于达此目的的同时,必须考虑自身的经营能力,以保本、微利的工程价格为报价的起点;标后预算是施工生产经营管理的产物,它具有很强的原则性和严肃性。其目的是承包人在履行承包合同的全过程中,使用标后预算及一整套定额管理办法,来达到以最少的投入获得最佳工程程经济效果。

(二)编制依据的异同

相同点是它们的定额依据都是企业预算定额、企业费用定额、企业机械台班费用定额;它们所依据的设计图纸都是招标文件中的图纸;所依据的施工技术规范、计量规则,工程量清单所列工程内容等是相同的。投标时这些依据属招标文件的内容,中标后属承包合同文件的内容。不同之处是施工组织设计不同,在投标报价阶段的施工组织设计由于时间有限,在拟订施工方案时较为粗糙和存在不完全切合实际的地方。在中标后,施工企业及时组织施工技术和管理人员,重新认真地对所承担的工程建设项目现场进行调查,把投标时的施工组织设计作为参照,对施工现场平面布置、施工方法、施工进度安排及劳动力、机械设备的调配等,在原有基础上进行修订和加以补充,使其成为完全适用的施工组织设计,标后预算应以此为依据进行编制。另外,在编制投标报价时所依据的有关文件是招标文件,而标后预算是按照施工企业发布的有关经营管理方面的文件进行编制的。

(三)编制方法的异同

投标报价有很强的灵活性和随意性。灵活性指编标的方法和技巧上灵活多样。随意性指标价的高低在保证工程成本价格的前提下,随投标人夺标的决心和市场行情而决定。

企业在制定报价时,一般要考虑建设项目资金的来源:是世界银行或其他国际银行贷款的项目,还是国内、省内自筹资金的项目。世界银行贷款的项目往往是按低标中标的原则来评标的,国内项目往往采取以招标标底为标准,上下浮动一个百分比范围作为投标入围的条件,然后对入围的投标人进行施工方案、标价、施工企业实际施工生产能力、投标书的质量等进行全面评定的办法选择中标人。企业会根据不同的评标原则制定其报价策略。同时企业在决定投标报价之前,还要考虑参加竞争的其他投标单位及其实力以及企业现有承担的工程项目及对此项工程夺标的态度等,这也是决定投标人报价的重要影响因素。

而标后预算在企业内部有很强的政策性、规范性，在制订了最优施工组织设计后，按照企业预算定额、费用定额、标后预算编制办法和企业机械台班费用定额编制出标后预算，一旦经过施工企业有关业务领导部门批准，它就不可随意更改，以此作为承包工程项目经营的依据和施工企业对施工生产单位考核的依据。在编制方法上，它没有灵活性，而是严格依据设计图纸的内容和施工组织设计设定的施工方案，以及承包合同的各种工程质量要求和计量规则，按照标后预算编制办法的规定进行编制，所采用的企业预算定额也不得随意改动。

由此看出，投标报价资料是不能代替标后预算作为施工生产经营的依据的。施工企业要想取得较好的工程经济效果，必须认真做好开工前的标后预算，使整个施工生产过程中的经营管理做到有据可查、心中有底。

(四)清单单价构成的异同

施工企业在投标阶段提交的工程量清单单价是根据招标文件要求，计算得出的企业完成清单子目工作所需要的全部费用，以及预计的利润和按规定应交纳的税金，也即该工程清单子目的价格。标后预算单价是在清单单价的基础上，由企业向项目经理部下达的项目施工预算(直接)成本，是项目经理部在施工过程中需要消耗的直接工程费和其他工程费，也即该工程清单子目的直接成本。

三、标后预算的形式

标后预算是施工企业对所承建的工程在实施前所做的施工费用预算。它包括为完成工程项目所需用的人工、材料和机械费、其他工程费和现场管理费。按照不同的分类标准。标后预算有以下几种形式。

(一)按工程内容分解程度分

标后预算的形式按工程内容分解程度可以分为：

(1)单项工程标后预算。以单项工程为对象编制标后预算，例如一座独立大桥、一段路线工程都是一个单项工程。这种形式的标后预算，有利于施工过程中对各项费用进行专业化管理，标后预算为各专业管理提供有力的控制依据。

(2)单位工程标后预算。以单位工程为对象编制标后预算，例如按桥梁、隧道、路基、路面各单位工程分设项经理部(或称专业施工队)，自负盈亏，统一在全线施工指挥部协调下进行流水作业施工的组织形式。这种形式的标后预算，为施工统一调配和分专业施工提供了生产、经营管理的依据。

(二)按项目管理模式分

标后预算的形式按项目管理模式可以分为：

(1)项目经理部自行组织施工模式。项目经理部自行组织施工的管理模式，是指由企业组建项目经理部，并投入项目施工所需的机械、人力、资金等各种生产要素和资源。由项目经理部直接组织项目施工。在这种管理模式中，标后预算也可以由现场管理费和标后预算清单单价两部分构成，但全部由项目经理部按零利润承包的形式承包，用于项目的组织、管理与工程实体的施工，但标后预算清单单价中仅包含直接工程费用以及其他工程费用，不包含利润和各种税费。在具体组织施工的过程中，可以采取内部作业班组承包的形式，项目经理部可以根据现场实际测算内部作业班组承包单价，由项目经理部对作业班组承包的工程质量、数量以及承包费用定期考核发放。

路面工程项目常采用的是项目经理部自行组织施工的管理模式。

(2)混合模式。即采用两层分离和自行组织施工的混合管理模式。在这种管理模式中,标后预算基本形式也是由现场管理费和标后预算清单单价两部分构成,只是在确定清单单价时,一部分采用企业内部市场定价,如桩基成孔、混凝土、钢筋等细目,该单价中一般包含操作层利润、管理费、直接工程费、其他工程费、各种税费等,企业成本合同部门对这部分单价的管理方法与两层分离模式相同;而其余部分,项目经理部可以根据现场实际,测算内部作业班组的承包单价,由项目经理部对作业班组承包的工程的质量、数量以及人工费进行考核发放。

对于独立大桥,特别是影响较大的高、新、特、难项目,常采用两层分离和自行组织施工的混合管理模式。

(三)按编制阶段和管理程序分

标后预算按编制阶段和管理程序可以分为:

(1)开工阶段标后预算。开工阶段标后预算是在中标后,在中标价的基础上,根据主合同工程量清单中的工程量和本工程编制的实施性施工组织设计和企业的经营管理目标所编制的施工预算。它是施工企业进行成本管理和考核项目经理部经营成果的依据。

(2)施工阶段标后预算。施工阶段标后预算根据管理需要可分为年度预算和年度决算。

标后年度预算是在施工过程中,企业合同管理部门根据年度生产计划中计划的工程量和开工阶段标后预算单价计算出的向项目经理部下达的年度预算成本(计划成本),它是考核项目经理部成本管理成效的标准。

标后年度决算是在施工过程中,根据年度发包人批复的支付证书累计计量工程量和标后预算单价计算的实际预算成本,通常由企业在年终确认。年度决算与年度预算对比,可以发现工程项目实际进度和计划进度的差异,它是对项目经理部进行年度考核的依据。

(3)竣工阶段标后预算。竣工阶段的标后预算是在工程竣工后,由企业成本、合同部门组织的,以最后支付证书签署的实际完成的累计计量工程量为依据,综合考虑施工全过程实际的资源配置、材料调价、变更索赔等因素的影响,对开工阶段标后预算所进行的一次全面修正和计算。竣工阶段标后预算与开工阶段标后预算进行对比分析可以考核项目经理部最终的经营成果。

四、标后预算的编制

(一)标后预算的编制依据

编制标后预算是一项严肃、细致的工作,标后预算一经施工企业有关领导和管理部门的批准,它就成为衡量下属施工单位经营效果的标准,所以在企业内部它具有很强的权威性。预算工程师应当慎重地对待这一项工作。

在编制标后预算之前,编制人员应赴现场认真考查沿线地形地貌、材料来源情况(包括料场位置、距离、运输方式和运输道路状况等)、场地布置、当地实际普工、技工工资单价和材料供应价格,拆迁房屋、建筑物、电力电信线路等情况,生活设施方案,主副食运距等,以便与主承包合同文件和中标报价资料进行比较,寻找出与它们的差异,做到心中有数。

为了保证标后预算的编制质量,预算工程师应认真按以下依据进行编制。

(1)主承包合同。包括:中标通知书、合同协议、投标书、合同条款、技术规范、设计图纸、标价的工程量清单等全部内容。

在编制标后预算时,主承包合同总价和工程量清单的单价,以及在投标过程中编制的中标的投标报价资料,是编制标后预算的重要参考。在编制投标报价过程中,预算工程师应首先透彻了解投标的全过程和标价的编制过程。为了某些需要或疏忽大意而存在编标不合理的地方,在编制标后预算时纠正其不合理的部分,采用其正确的,对于提高标后预算的质量是很重要的。

因此,在编制标后预算时,应进一步充分、全面地研究合同,特别是合同专用条件、合同谈判记录、招投标阶段的答疑和澄清文件,认真分析工程量清单中各支付细目所包含的工作内容、附属工程以及合同风险,对原报价清单做出合理的调整。

(2)项目经理部的组成。包括:项目经理部配备的管理人员数量,管理办公设施,如计算机及网络、电话、传真、复印、空调、指挥车辆数量和费用等,项目经理部的驻地建设、临时设施、试验设备、测量设备等,财务费用,宣传和会议费用,财产和人身保险费用支出等。

(3)实施性施工组织设计。在投标报价时制定的施工组织设计是在满足质量和工期要求下编制的纲领性文件,对施工中要采取的一些具体措施还不十分明确。而实施性施工组织设计则是在投标时制定的总体计划下,具体落实到项目经理部组织实施,为达到承包工程项目目标而制定的可行的施工组织设计。

(4)企业预算定额。包括企业内部颁发使用的《公路工程标后预算定额》、《内部机械台班费用定额》,以及企业积累和自行制定的成本价指标、分包单价、工资总额控制、折旧提取、各项费用上缴比例等。在诸多编制标后预算的依据中,企业预算定额不仅是承包工程建筑安装工程费中的人工、材料、机械台班消耗量的主要依据和标准,而且因为它规定了分项工程各自的工作内容和定额的一些换算方法,所以还是计算和摘取工程量的主要依据。

(5)人工工资标准,材料供应价格及运距、运价等。人工工资标准和材料的出厂价及运费等是市场调查取得的,包括工程所在地区工程造价管理单位发布的有关规定、物价调整指数等。

(6)各种费率标准。是指企业内部制定和实施的,一般纳入“标后预算编制办法”。

(7)标后预算编制办法。它除了包括企业内部对其他工程费、现场管理费、企业管理费、预算利润和税金取费标准外,还包括组成标后预算文件的各项内容及统一的表格形式、计算方法等。

(8)其他。企业下达的有关经营管理的文件和规定,以及在投标过程中,建设单位发布的有关工程造价的资料。

(二)标后预算总费用构成

标后预算的总费用与建筑安装工程费用组成相同。从项目管理的角度出发,标后预算的总费用可以划分为上缴企业费、项目预算总成本和税金3项,见图5-1。

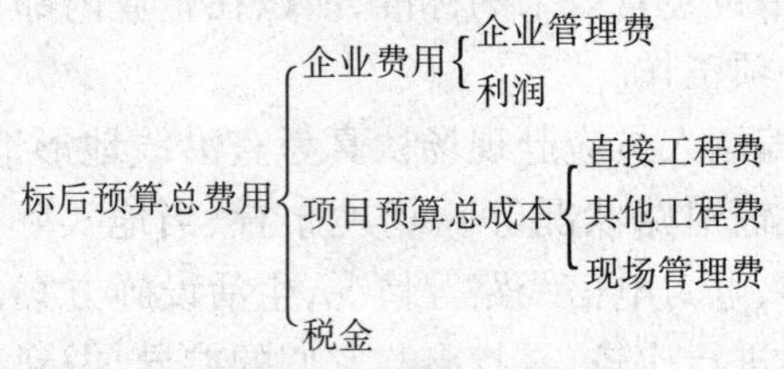

图5-1 标后预算总费用的构成

为了便于成本管理以及与投标报价中主合同清单单价进行比较,项目预算总成本采用与主合同工程量清单完全相同的形式编制,其中直接成本的章节划分、工程细目名称、单位、工程数量和工作内容均与主合同工程量清单第200章~第700章相同。即:

$$项目预算总成本 = \sum_{1}^{n}(标后预算清单单价 \times 清单工程量) + 现场管理费 \quad (5\text{-}1)$$

$$标后预算清单单价 = 某工程细目(单位直接工程费 + 单位其他工程费) \quad (5\text{-}2)$$

(三)编制方法

标后预算的费用包括:直接工程费、其他工程费、现场管理费3项。

1. 直接工程费

直接工程费指施工过程中耗费的构成工程实体和有助于工程形成的各项费用。影响直接工程费高低的因素有3个方面:①工程量;②单位实体工、料、机资源的消耗数量;③各种资源的单价。工程量发包人在工程量清单中已列明,因此,标后预算清单细目的工程量与报价单同一细目的工程量相同;单位实体人工和机械的消耗数量一般采用企业定额或根据实施性施工组织设计中计划配置的人力资源、机械设备配套计算;材料消耗量可以根据设计数量和混合料目标配合比计算,并参考同地区同类项目的历史消耗量等分析测算得出;对于从未施工过、没有历史资料的细目,单位实体消耗量也可以部颁定额作为补充;对于新技术、新工艺、新结构的工程项目,既无定额可查,也无历史数据可供参考,可以暂估一个总额价。人工和机械台班的单价可以按照企业实际测算确定,材料的预算单价应按实际采购单价并考虑一定场外运输损耗计算。

(1)人工费的计算。人工费是指直接从事建筑安装的生产工人开支的各项费用。生产工人主要指钢筋工、混凝土工、辅助工、普工等。人工费的测算方法根据项目经理部的管理模式确定。

如果采取内部班组承包形式或者劳务分包形式的,可以根据市场行情和合同谈判情况,测算分包单价。

$$人工费 = 承包(分包)单价 \times 承包(分包)工程量 \quad (5\text{-}3)$$

如果项目经理部自己组织施工的,可按施工组织设计配备的生产工人数量、辅助生产工人数量和计划工期,结合其月平均工资和工资附加费进行测算。

$$人工费 = (月平均工资 + 工资附加费) \times 用工数量 \times 计划工期(月) \quad (5\text{-}4)$$

(2)材料费的计算。材料费是指施工过程中耗用的构成工程实体的各种原材料、辅助材料、构(配)件、零件、半成品、成品的用量以及周转材料摊销量,根据工程所在地的材料市场价格计算的费用。

$$工程实体材料费用 = \sum(工程实体各种材料消耗量 \times 相应材料单价) \quad (5\text{-}5)$$

$$钢筋、钢绞线、型钢、钢管等材料消耗量 = 设计图纸的设计工程量 \times (1 + 经验损耗率) \quad (5\text{-}6)$$

$$混合料中各种原材料消耗量 = 设计图纸的设计下程量 \times 工地试验室的生产配合比中该材料所占的比率 \times (1 + 经验损耗率) \quad (5\text{-}7)$$

经验损耗率可以依据施工过的同类项目的历史经验数据确定。

$$材料单价 = (材料的采购原价 + 运杂费) \times (1 + 场外运输损耗率) \times (1 + 采购及保管费率) - 包装品回收价值 \quad (5\text{-}8)$$

$$周转材料摊销费 = 周转材料设计数量 \times 单价 \times 摊销率 \times 计划使用时间 \quad (5\text{-}9)$$

周转材料设计数量按照实施性施工组织设计中某单项工程设计用量(如模板设计、平台设计、脚手架设计等)计算。

$$周转材料单价 = (材料的采购原价 + 运杂费) \times (1 + 采购及保管费率) \quad (5\text{-}10)$$

周转材料摊销率按企业财务部门规定计算。

如周转材料为租赁的,则周转材料费按租赁合同的租金计算,一般计算式为:

$$租金 = 数量 \times 租赁单价 \times 租赁时间 \qquad (5\text{-}11)$$

(3)机械费的计算。根据施工组织设计提供的机械设备配备情况,分租赁和自有两种情况计算机械费用。

①自有机械。

$$自有机械总费用 = \sum 某种机械型号的不变费用 + 可变费用 \qquad (5\text{-}12)$$

机械设备种类、数量和计划使用时间按实施性施工组织设计进行计算。

不变费用包括折旧费、维修费和安装拆卸及辅助设施费。

$$折旧费 = 设备原值 \times 年折旧率 \times 使用时间(年) \qquad (5\text{-}13)$$

其中年折旧率按企业财务部门规定进行测算。维修费和安装拆卸及辅助设施费根据经验数据计算。

可变费用包括:燃、油料费,电费,机驾人员工资,车船使用税等。可按以下方法计算:

燃油费包括汽油、柴油和重油,根据各机械设备的吨·公里耗油量或小时耗油量测算总耗油量,或以经验数据测算总耗油量,再乘以各燃油料的市场单价计算。

电费根据机械设备铭牌标注的额定功率和预计使用时间计算用电量,再乘以电的单价得到。

$$机驾人员工资总额 = (月平均工资 + 工资附加费) \times 人数 \times 时间 \qquad (5\text{-}14)$$

车船使用税按实际缴纳计算。

②租赁机械。根据租赁合同确定计算方法。如果租赁合同约定机驾人员工资、油料、维修等使用费由项目经理部承担,则:

$$机械租赁费 = \sum[(机械租赁单价 + 使用费) \times 租赁数量 \times 租赁时间] \qquad (5\text{-}15)$$

如果租赁合同约定机驾人员工资、油料、维修等使用费由出租方承担,则:

$$机械租赁费 = \sum(租赁单价 \times 租赁数量 \times 租赁时间) \qquad (5\text{-}16)$$

2. 其他工程费

其他工程费是指直接工程费以外施工过程中发生的直接用于工程的费用。其内容包括冬季施工增加费、雨季施工增加费、夜间施工增加费、特殊地区施工增加费、临时设施费、行车干扰工程施工增加费、施工辅助费等。编制标后预算时,应根据项目可能遇到的实际情况,并结合实施性施工组织设计中的相关内容进行估算,也可以参考企业的相关费用定额进行计算。

3. 现场管理费

(1)现场管理费的计算。现场管理费是指企业在现场为组织和管理工程施工所需的费用。

①保险费。承包人为了防范风险自行为施工生产用财产、机械设备以及职工人身安全等购买的保险所支出的费用,按实际发生计算。

②安全措施费。根据发包人要求和项目经理部实际情况进行测算。

③管理人员工资。根据企业有关定岗、定员及工资总额控制的规定及项目计划工期、项目规模进行测算。

④工资附加费。以管理人员工资总额为基数,按67%的比率进行测算,即工资附加费 = 管理人员工资总额 ×67%(工资附加费包括内容及提取比率为:职工福利费14%,工会经费2%,职工教育经费1.5%,职工养老统筹20%,失业保险2.5%,住房补贴20%,医疗保险7%,提取比率合计67%)。

⑤指挥车辆使用费。根据企业规定的项目应配备的指挥车辆数量和固定资产折旧率标准

及其购买的原值、项目计划工期测算应计提的折旧费;保险费、审验费和购置税等根据实际发生的计列;维修费、燃油费和过路(桥)费,则根据车辆使用中的经验数据和计划工期预测或按实际发生的计列;驾驶人员工资总额根据企业核定的月平均工资和计划工期计算。如果为租赁的车辆,根据合同约定的租赁单价和租赁时间计算租赁费用总额。

⑥通信费、办公费、水电费、差旅交通费、取暖降温费等根据项目的规模、计划工期和经验数据计算。

(2)工地转移费。根据实际发生计列。

(3)财务费用。根据工程规模、企业投入的流动资金情况、项目经理部资金情况进行测算。

(4)不可预见费。根据工程规模、技术含量、施工难易度、市场环境等风险因素进行预测。

(5)税金。根据项目应缴纳的综合税率,以有效合同价为基数计算。

(6)其他费用:

①业务招待费按企业和财政部有关规定进行测算。

②投标费按实际发生的计列。

③缺陷责任期费用根据工程规模、缺陷责任期时间和留守人员等情况,按经验数据测算。

(7)100 章费用总额:

①保险费包括按合同条款要求办理的工程一切险、第三方责任险,按实际发生的计列。

②竣工文件费根据工程规模和发包人要求,按经验数据测算。

③施工环保费根据工程规模和施工特点及发包人的要求等,按实际发生或经验数据测算。在测算时,注意不要与"安全措施费"重项。

④临时道路修建、养护与拆除和临时工程用地、临时供电设施、电讯设施、供水与排污设施费。如有施工图纸的,根据图纸工程量进行统计测算,如没有图纸的,根据工程规模和工程特点及发包人的要求,按实际发生或按经验数据进行测算。

⑤承包人驻地建设。承包人驻地建设费用包括:经理部驻地建设费用、其他生产用固定资产使用费和工具用具使用费。

经理部驻地建设费用,根据企业有关规定和项目实际情况以及发包人要求进行经理部驻地建设的总体设计图纸计算。

其他生产用固定资产使用费,指项目管理所需属于固定资产的电脑、摄像机、复印机等办公用具的折旧费、维修费,折旧费根据财政、税务以及企业财务部门规定的固定资产折旧率标准进行测算,维修费按经验数据或实际发生的测算。

工具用具使用费,指项目管理使用的不属于固定资产的工具、器具、家具、交通工具、消防、医疗等的购置和维修费。对此类费用根据项目实际配置情况或根据经验进行测算。

五、标后预算的管理程序

(一)编制标后预算

企业预算人员在经过充分调查,掌握施工现场条件、项目经理部的具体配备、实施性施工组织设计以及各项资源价格的基础上,依据项目主合同文件、施工企业定额、标后预算编制办法和规定等,编制项目的标后预算。

（二）与项目经理部协商标后预算

标后预算编制完成后，应充分与项目经理部进行沟通和协商，以确保标后预算的合理性和项目经理部执行标后预算的积极性。与单纯靠行政命令向项目经理部下达标后预算的方式相比，采用标后预算协商的方式，充分体现了企业人性化管理的思想。与项目经理部协商标后预算的方式一般通过下发协商函、项目经理部反馈意见、与项目经理部沟通协商、最终统一意见达成共识的过程来完成。

标后预算协商函的主要内容包括：项目的有效合同价；初步确定的项目预算总成本；项目应上缴的费用以及项目经理部提出反馈意见的时间要求。

（三）下达标后预算

由于标后预算在下达前，与项目经理部进行了充分的协商，企业与项目经理部就项目预算成本已达成一致。因此，企业可以以文件的形式直接下达给项目经理部，也可以作为项目承包经营合同的组成部分，以合同的形式与项目经理部形成经济契约关系。

（四）考核标后预算

1. 考核内容

标后预算考核的内容包括项目经营目标和项目应上缴企业的其他各项费用。项目经营目标一般包括：项目预算总成本目标、企业费用目标、合同管理目标以及应缴纳的税费目标；项目应上缴企业的其他各项费用是指按照财务制度规定应上缴企业，但是在编制标后预算时已计入项目成本中的企业职工工资附加费、三金，以及施工机械折旧费和大修费、周转材料摊销费等，如图5-2及图5-3所示。

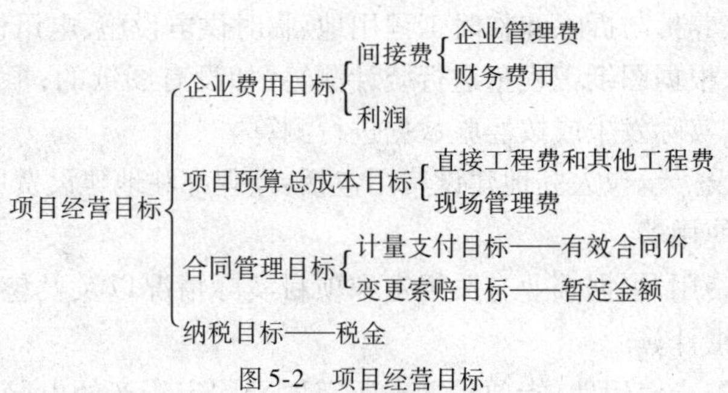

图5-2　项目经营目标

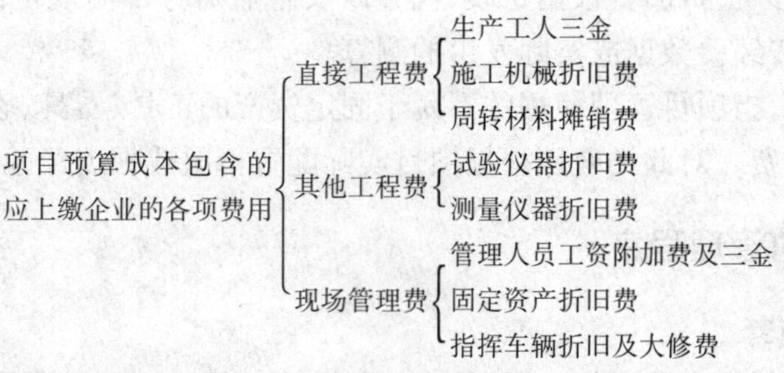

图5-3　项目预算成本包含的应上缴企业的其他各项费用

在项目经营目标中，企业费用目标、项目预算总成本目标和纳税目标均是以主合同清单预估工程量计算的。其中项目预算总成本是项目成本控制的最高限额，企业费用是项目应确保实现的最低目标。合同管理目标包括质量、进度、效益等多种目标,标后预算考核中只考虑有效合同价额度内的计量支付目标和暂定金额额度内的变更索赔目标。有效合同价是以预估工程数量和主合同清单单价为基数计算的,通过严格的中期计量支付审批程序得到的费用款项。因此,项目考核应以有效合同价作为计量支付的目标。暂定金额是由发包人掌控,通过严格的审批程序才能动用的金额。合同管理的目标就是尽可能多的完成暂定金额。

对标后预算经营目标和各项经济指标完成情况的考核认定、奖罚兑现构成了考核兑现体系。标后预算考核兑现体系由标后预算年度决算、年度预算指标与年度决算指标对比分析、标后预算竣工决算、标后预算指标与标后预算竣工决算指标对比分析、标后预算竣工决算指标与财务核算指标对比分析、超额利润确认、审计、年度考核、年度预兑现、竣工考核、竣工总兑现等组成。

2. 项目的年度考核

年度考核是将标后预算年度决算得出的各项经营目标和经济指标与年度预算的各项经营目标和经济指标进行对比分析,确认项目经理部年度的经营管理效果,并依据对比分析结果对项目经理部进行预兑现。年度考核工作由企业成本合同部门牵头,人力资源、财务、审计等部门参加,共同组成考核小组。考核小组应指导项目经理部对偏差形成的原因进行分析,制订纠正和改进措施,并在下一个年度进行改进。

3. 竣工考核

标后预算竣工考核是根据标后预算竣工决算结果与开工时下达的标后预算进行对比分析,以及与财务决算结果进行对比分析,经审计后,确认项目经理部的经营成果和各项经济指标是否完成,并对项目经理部进行考核总兑现。开工时下达的标后预算主要是以预估的工程量、计划投入的各项资源测算项目的标后预算单价,并据此计算项目预期的经营目标是考核项目经理部经营成果是否完成的基础标准;标后预算竣工决算是根据项目竣工文件和实际投入的各项资源计算的项目预算成本、实际应上缴的费用等经营目标,按实际完成的计量工程量对开工时测算的预期的经营目标的预算修正,是财务决算对比分析的标准。财务决算主要是根据财务制度和核算原则对项目实际发生的成本进行决算。通过三者的对比分析,对项目经理部经营成果、各项经济指标完成情况进行考核认定。

第二节 工程费用结算

能力目标

能进行结算款的计算。

知识目标

1. 熟悉工程结算过程。
2. 熟悉项目结算的内容。
3. 掌握工程费用结算的方式。

任务实施

工程费用结算见表5-1。

工程费用结算　　表5-1

<table>
<tr><td>工作任务</td><td>
1. 参考资料
××公路工程公司于某年3月10日与某业主签订一工程施工承包合同。合同中有关工程价款及其支付的条款摘要如下：
(1)合同总价6000万元，其中工程主要材料和结构构件总值占合同总价的60070；
(2)预付备料款为合同总价的25%，于3月20日前拨付给承包人；
(3)工程进度款由承包人逐月(每月月末)申报，经审核后于下月5日前支付；
(4)工程竣工并交付竣工结算报告后30日内，支付工程总价款的95%，留5070为工程质量保修金，保修期(1年)满后，全部结清
单位：万元
<table>
<tr><td>月份</td><td>4月</td><td>5月</td><td>6月</td><td>7月</td><td>8月</td><td>9月</td></tr>
<tr><td>完成产值</td><td>800</td><td>1000</td><td>1200</td><td>1200</td><td>1000</td><td>800</td></tr>
</table>
2. 具体要求
(1)对项目进行分析后明确需要计算的款项；
(2)熟悉进度款支付的方法和类型；
(3)根据项目背景计算需要支付的进度款；
(4)对所计算出的进度款进行检查核实
3. 提交成果
根据项目资料提交进度款支付的计划
</td></tr>
</table>

一、工程结算的概念

工程费用结算是指在施工过程中业主(建设单位)与承包人(施工单位)之间所发生的货币收支行为。正确而及时地组织工程费用的结算，全面做好费用结算的各项工作，对于加速资金周转，加强经济核算，对工程施工过程实行全面监督和管理，促进施工任务的完成，保证工程施工的顺利进行等方面都有着极其重要的意义。工程费用的结算过程，实际上也是组织施工活动，及时掌握施工活动的动态和变化情况的过程。

工程费用结算通过有关报表和必要的文字说明形式，定期反映业主、承包人和工程项目的经济活动情况。这些报表是一个综合性、阶段总结性的报告文件。工程费用结算一般采用转账结算的形式进行。

(一)工程费用结算的意义

1. 促使各方严格遵守合同

通过工程费用结算，可以促进业主与承包人恪守承包合同。通过结算，一方向可以使业主了解工程进展情况，及时组织资金和有关工作；另一方面则使承包人的施工消耗及时得到补偿。另外，还可以使双方发现问题并及时解决，改进和提高项目管理水平。

2. 强化监理工程师的监督作用

对有监理参与的工程费用结算，其结算凭证由监理工程师签认。结算过程实际上是监理工程师对工程费用进行监理的过程。

3. 确定工程费用的实际数额

工程费用的实际数值是通过工程结算，无论在施工之前对工程费用进行了多少次预算，签订合同所形成的合同价始终只是估算价，费用究竟是多少，只有通过施工过程中结算才能确定。结算的主要作用之就是对实际工程费用予以确定。

4. 业主与承包人办理财务结账的依据

项目结算包含确定各阶段已完工程造价以及根据确定的造价进行费用支付两层含义，费用的支付以确定的造价为基础，期中结算的金额作为各期进度款支付的依据；竣工结算造价确定之后，根据期中结算统计支付总额可计算竣工支付金额及缺陷责任期满后的最终支付金额作为支付依据。

5. 建设单位编制竣工决算报告的基础资料

竣工决算是建设单位编制的公路工程建设成果和财务情况的总结，在建设成本方面，根据竣工项目的所有工程的竣工结算汇总，加上设备仪器购置及工程建设其他费用的结算造价，是计算项目实际总投资、编制竣工决算的依据。

6. 承包人核对工程成本、考核企业盈方的依据

双方办理的其中及竣工结算，是承包人完成承包工程内容所获取的总报酬费费用，与工程施过程所花费的实际成本进行比较与分析，考核企业的盈亏。

（二）工程费用的结算特点

1. 时间性

结算有明确的时间限制，特别是有监理参与的工程，从结算申请到结算审查签认和费用支付这一系列环节中，各环节都有严格的时间限制。

2. 经济性

结算本身是一种重要的经济活动，它是实现合同双方经济利益的唯一途径，体现工程活动的经济性。

3. 合法性

合法性是结算的根本特点，它一方面要求结算必须依法进行，即按合同进行结算，并在结算时遵守国家有关经济政策和结算纪律及法律要求；另一方面则指结算凭证的合法性，结算凭证作为结算的基础，不仅必须准确可靠，而且应该合法。即用于结算的各类凭证如发票、报表等必须按国家有关政策合法提供，并且其签认程序应合法，签认者也必须是合法的签认人，否则，将无法进行结算。

（三）工程费用结算的原则

1. 遵守合同、协议条款的规定

合同中有关计价的条款是规定双方办理工程结算的法律性依据，应严格遵守。

随着公路工程招投标制度的建立及公路建设管理模式的规范，我国已逐步建立适应市场经济与国际惯例接轨的工程管理合同格式，其中的工程项目结算范围与内容、计量与支付、方式与程序等造价方面条款是工程项目结算的依据，也是影响结算造价的主要因素。

2. 遵守国家、地区的有关政策规定

交通运输部颁发的《公路工程概预算定额》、《公路工程概预算编制办法》、《公路工程机械台班费用定额》以及各地区的补充规定、+料价格信息等文件，是国家和各地区对于工程造价宏观管理的法规性文件，在合同条款中应予以明确，并应严格遵守。

但应说明的是，我国在计划经济体制下建立的全国平均水平的统一定额计价法，已逐渐由法令性转变为指导性、参考性作用，如与合同条款有冲突，工程项目结算更依据于合同的有关规定。

3. 体现公平合理、实事求是的原则

结算直接反映工程建设项目业主和承包人双方的利益，在计划经济向市场经济过渡之后，

过去长期在计划经济条件下形成的法规、常规的法令性逐渐减弱,新的办法尚需进一步完善此时,在拟订有关合同计价条款时,更应注重其操作性,公平、合理、实事求是地处理好双方利益的矛盾。

(四)工程费用结算的方式

工程费用结算的内容很广,原则上工程承包合同中各项费用都必须进行结算。一般施工合同中的工程费用结算包括材料费、动员预付款、永久工程款、保留金、索赔等内容。

目前,由于各地区的差别,以及承包单位流动资金供应方式的不同和各工程项目自身的特点,可以选用不同的结算方式。对于国内工程而言,建设银行于1990年实行《建设工程款结算办法》,该办法规定,工程费用结算有4种方式:按月结算、竣工后一次结算、分段结算和其他结算方式。

(1)按月结算。就是按照每月实际完成的分部分项工程进行结算,根据验收合格的各个月份已完成分部分项工程量与工程量清单相应项目的单价进行结算。

(2)分段预支,竣工结算。就是将一个工程按形象进度划分为几个阶段(部位),按照完成段落分次预支工程费,如可按规定在开工、施工和竣工后3个阶段按合同价分别预支50%、30%和15%,其余5%留在工程竣工结算时结清。

(3)竣工后一次结算工程费用。当年开工且当年竣工的工程可在全部工程竣工后一次结算;跨年度施工的工程,可在单项工程竣工后结算。

对于国外工程或外资工程来说,若按FIDIC条款施工,则在FIDIC条款中明确规定了计量支付条款,对结算内容、结算方式、结算时间和结算程序给出明确规定,在此不作介绍。

二、工程项目结算的内容

根据《标准施工招标文件》(2007年版)和《公路工程标准施工招标文件》(2009年版),(以下简称《范本》),施工正常结算的费用项目按其内容一般可以划分为两类:一类是工程量清单内的费用项目,它包括清单内各章、节、细目实际完成的工程数量按合同单价计算应支付的费用项目;另一类是清单以外、合同以内的费用项目,它包括开工预付款、材料预付款、保证金、工程变更费用、价格调整费用、索赔费用、拖期违约损失偿金、提前竣工奖金、迟付款利息等费用项目。合同终止后的费用结算有3种不同情况:承包人违约造成的合同终止、特殊风险造成的合同终止和业主违约造成的合同终止。

(一)工程量清单内费用项目

《范本》中的工程量清单内容包括:第100章总则、第200章路基、第300章路面、第400章桥梁涵洞、第500章隧道、第600章安全设施及预埋管线、第700章绿化及环境保护设施。

工程量清单所列工程数量是估算的或设计的预计数量,不能作为承包人最终结算和支付的依据。实际支付应按实际完成的工程量,由承包人按技术规范规定的计量方法,以监理工程师认可的尺寸、断面计量,按工程量清单的单价和总额价计算支付金额;或者根据具体情况,按合同条款规定,由监理工程师确定的单价或总额价计算支付额。

(二)工程量清单以外、合同以内的费用项目

1. 开工预付款

根据合同规定,承包人有权得到业主提供的一笔相当于合同价值一定比例(一般为合同价的10%)的无息开工预付款,用于支付开工初期各项准备工作的款项。具体数额在项目专用条款数据表中约定。一旦签订合同,该选择数据将作为开工预付款的支付依据,并且在施工期间按合同规定分批扣回。

2. 材料、设备预付款

材料、设备预付款是由业主预先支付给承包人的一定比例的材料、设备款项，以供购进将用于和安装在永久工程中的各种材料、设备。并在施工期间按合同规定方式予以扣回。

3. 质量保证金

质量保证金是监理工程师根据合同条件的规定，从支付给承包人的付款中替业主暂时扣留的一种款项，主要用于保证在缺陷责任期内，承包人履行缺陷修复义务的金额。

质量保证金的扣留是按项目专用合同条款数据表规定的百分比扣留质量保证金，直至扣留的质量保证金总额达到项目专用合同条款数据表规定的限额为止。质量保证金的计算额度不包括预付款的支付以及扣回的金额。

质量保证金要在整个合同工程缺陷责任期满并发给承包人缺陷责任终止证书后14天内，由监理工程师核证后，由业主一次性退还给承包人。

4. 工程变更费用

工程变更是指在工程实施中，对某些工作内容作出修改或者追加或取消某一工作内容。根据通用条款规定，业主或监理工程师如果认为有必要，可对合同工程或其任何部分的结构形式、质量、等级或数量发出变更指令，承包人必须执行。没有监理工程师的变更指令，承包人不得进行任何工程变更。

工程变更是工程费用支付中的一个重要项目。工程变更费用的支付依据是工程变更令和工程变更清单，支付方式采用列入《中期支付证书》的形式进行。

5. 索赔费用

索赔费用的支付额，应按监理人签发的索赔审批书来确定或按监理人暂时确定的索赔金额来支付。

6. 价格调整费用

工程建设的周期往往都较长，在这样的一个比较长的建设周期中，无论是业主还是承包人都必须考虑到与工程有关的各种价格变化。为了避免双方的风险损失，降低投标报价和合理确定工程造价，合同条款规定：在合同执行期间，由于人工和材料的价格涨落因素应对合同价格进行调整，调价时，应按下述公式计算，每年进行一次调整；其浮动的价格从合同价值中增加或减去。

$$TJE = ZFE \cdot ZH = \left(X + a\frac{RG}{RG_0} + b\frac{GC}{GC_0} + c\frac{SN}{SN_0} + d\frac{LQ}{LQ_0} + e\frac{JX}{JX_0} + f\frac{YL}{YL_0} + \cdots - 1 \right) \quad (5\text{-}17)$$

式中： TJE——对年累计支付额的调价额；

ZFE——年累计支付额；

ZH——综合调价系数；

a、b、c、d、e、f…——分别为人工费、钢材、水泥、沥青、机械使用费、燃油料费用等其他材料费用在合同价格中所占的权重系数；

$$X = 1 - (a + b + c + d + e + f + \cdots)$$

RG_0——人工费基期价格指数；

RG——人工费当期价格指数；

GC_0——钢材基期价格指数；

GC——钢材当期价格指数；

SN_0——水泥基期价格指数；

SN ——水泥当期价格指数；

LQ_0——沥青基期价格指数；

LQ ——沥青当期价格指数；

JX_0——机械使用费基期价格指数；

JX ——机械使用费当期价格指数；

YL_0——燃油料费用基期价格指数；

YL ——燃油料费用当期价格指数。

在采用价格调整公式进行调价时，还应遵守以下规定：

(1)合同价格在投标所在年份不作调整，此后每年调整一次。

(2)式中基期价格指数，指投标年份(即送交投标书截止期前28d的所在年份)的价格指数，计算时采用100。

(3)式中当期价格指数，采用本合同工程所在省(自治区、直辖市)统计部门正式公布的该计算年份的《建筑业产值价格指数》统计资料中的各项相关的价格环比指数。

(4)权重系数由业主根据标底资料测定确定范围，在招标文件发出前填写；承包人应在投标时在此范围内填写各因素的权重系数，合同实施期间将按此权重系数进行调价，除非由于工程的实施或变更或其他原因，监理工程师认为某一因素的权重系数不合理或不合适，则权重系数予以调整。

【案例5-1】 某项目2011年9月完成工程价款为100万元。其组成为：土方工程费10万元，占10%；砌体工程费40万元，占40%；钢筋混凝土工程50万元，占50%。这3个组成部分的人工费和材料费占工程价款85%，人工材料费中各项费用比例如下：

(1)土方工程：人工费50%，机具折旧费26%，柴油24%。

(2)砌体工程：人工费53%，钢材5%，水泥20%，骨料5%，片石12%，柴油5%。

(3)钢筋混凝土工程：人工费53%，钢材22%，水泥10%，骨料7%，木材4%，柴油4%。

根据合同规定，该工程的其他费用不调整(即不调整的费用)占工程价款的15%，该合同的原始报价日期为2011年1月5日，2012年9月完成的工程量价款为100万元，有关月报的工资、材料物价指数见表5-2。

工资、材料物价指数表 表5-2

费用名称	2011年1月5日指数	2012年9月指数
人工费	100.0	116.0
钢材	153.4	187.6
水泥	154.8	175.0
骨料	132.6	169.3
柴油	178.3	192.8
机具折旧	154.4	162.5
片石	160.1	162.0
木材	142.7	159.5

试采用“价格指数法”进行价格调整。

解:计算出各项参与调值的费用占工程价款的比例如下:

人工费:(50% ×10% +53% ×40% +53% ×50%) ×85% ≈45%

钢材:(5% ×40% +22% ×50%) ×85% ≈11%

水泥:(20% ×40% +10% ×50%) ×85% ≈11%

骨料:(5% ×40% +7% ×50%) ×85% ≈5%

柴油:(24% ×10% +5% ×40% +4% ×50%) ×85% ≈5%

机具折旧:26% ×10% ×85% ≈2%

片石:12% ×40% ×85% ≈4%

木材:12% ×40% ×85% ≈4%

根据价格调整计算公式,则2012年9月的工程款经过调值之后其调值金额为:

TJE = (0.15 +0.45 ×116 ÷100 +0.11 ×187.6 ÷153.4 +0.11 ×175 ÷154.8 +0.05 ×1162.3 ÷132.6 +0.05 ×192.8 ÷178.3 +0.02 ×162.5 ÷154.4 +0.04 ×162 ÷160.1 +0.02 ×159.5 ÷142.7 -1) =13.3万元

经过调整,2012年9月实得工程款比原工程价款多13.3万元。

7.逾期交工违约金

如果承包人未能按照规定的工期完成合同工程,则必须向业主支付按项目专用条款数据表写明的金额(按天计算),作为逾期交工违约金。时间自预定的交工日期起到合同工程交工证书中写明的交工日期或已批准的延长工期止,按天计算。逾期交工违约金应不超项目合同专用条款中写明的限额。扣除逾期交工违约金,并不解除合同规定的承包人对完成工程的义务和责任。

8.提前交工奖励

如果合同中有此条款,而承包人比此规定的工期提前完工,则可以得到提前交工奖励。该奖金时间是按工程移交证书的签署日期与合同规定的完成时间之差,按天数计算,提前交工奖励应不超过项目专用条款数据表中写明的限额。

9.逾期付款违约金

这是合同赋予承包人的权利,即承包人有权在合同规定的时间期限内从业主处支付。如果业主不按合同规定时间付款,则应按项目合同专用条款数据表规定的利率向承包人支付逾期付款违约金,付息时间从应付而未付该款额之日算起(不计复利)。

三、工程结算费用支付

(一)支付的特点

(1)以确立的造价为依据。

(2)以合同条款为依据。合同条款中规定了各项款项的支付条件、时间要求、货币形式等,应严格执行。

(3)支付的违约通常只有延迟付款一种方式,如果出现,应按合同条款规定办法计算延迟付款罚息。

(二)开工预付款

1.开工预付款的支付条件

(1)业主与承包人正式签订了工程承包合同并已生效。

(2)承包人按合同文件格式(或业主及监理工程师认可的格式)提交有效期为合同履约期的履约保证金或履约银行保函,金额由合同条款规定。

(3)承包人按合同文件格式(或业主及监理工程师认可的格式)提交有效期为扣完预付款终止的预付款银行保函,金额一般与预付款相同,且应随预付款的逐渐扣回而减少。

2. 开工预付款的支付程序

在承包人提交了履约保证和签订了合同协议书并提交了开工预付款担保 14d 内,监理工程师应按投标书附录规定的金额签发开工预付款支付证书,并报业主审批。

业主应在支付证书收到 14d 内核批,并支付开工预付款的 70% 的价款;在投标文件载明的主要设备进场后,再支付预付款 30%。承包人不得将该预付款用于与本工程无关的支出,监理工程师有权监督承包人对该项费用的使用,如经查实承包人滥用开工预付款,业主有权立即通过向银行发出通知收回开工预付款保函的方式,将该款收回。

3. 开工预付款的扣回

(1)工作量比例法。开工预付款在期中支付证书累计金额未达到合同价格的 35% 之前不予扣回,在达到合同价格 35% 之后,开始按工程进度以固定比例(即每完成合同价格的 1%,扣回开工预付款的 2%)分期从各月的期中支付证书中扣回,全部金额在期中支付证书的累计金额达到合同价格的 85% 时扣完。

$$Y_i = 2 \times [(X_i - a)/H] \times Y_0 \tag{5-18}$$

式中:X_i——ab 范围内某期累计支付额;

Y_i——某期应扣回预付款;

Y_0——预付款总额;

a——预付款起扣点;

b——预付款终止点的累计支付金额。

【案例 5-2】 某合同价格 5000 万元,预付款 10% 即 500 万元,第 12 个月的累计支付金额为 2400 万元,则应从第 12 个月扣回的预付款计算如下:

$a = 5000 \times 35\% = 1750$ 万元

$b = 5000 \times 85\% = 4250$ 万元

$X_{12} = 2400$ 万元(在扣回预付款范围内)

$H = 5000$ 万元

$Y_0 = 500$ 万元

则有:$Y_{12} = 2 \times [(X_i - a)/H] \times Y_0$

$= 2 \times [(2400 - 1750)/5000] \times 500$

$= 130$ 万元

(2)月度平均法。采用这种方法时,一般合同规定起扣点与终止点的月度,在起终点月度期内逐月按平均等量扣回。如某合同规定,其扣点为累计支付金额达到合同价的 20% 的当月,终止点在规定竣工日前三个月的当月。则每月应扣回预付款可用以下公式计算:

$$Y_i = Y_0/N \tag{5-19}$$

式中:Y_0——预付款总额;

N——扣回预付款总期数。

【案例 5-3】 为预付款总额合同规定完成工作量 20% 的当月起至竣工之前 3 个月的当月

内按月度平均法扣回预付款,合同工期为24个月,在开工6个月后完成了合同价格的20%工作量,第12个月应扣预付款的计算可用相应公式计算如下:

预付款扣回起终点的总月数计算:$N=24-(6-1)-2=17$ 月

从开工第6个月开始至22月终共17个月内,则每月按500/17=29.41万元平均扣回预付款。

(三)期中支付

期中支付又称月进度支付,是对承包人当月应获得的款项,扣减合同规定应予以扣减的款项后支付给承包人的费用。

(1)承包人应在合同规定的每月底前(一般在每月25日前),将经各方签认的中间计量汇总表、计日工一览表、工程变更一览表、索赔审批表、价格调整一览表等表格按要求的份数汇总填报期中支付申请表,提交监理工程师。

(2)监理工程师应在合同规定时间内(一般为7~14d),审批并修订承包人的支付申请后,向业主签发《中期支付证书》。如本期应支付额低于合同规定的支付最低限额时,把本期应支付额汇总于下一期支付证书中,监理工程师可不签发本期的《中期支付证书》。

监理工程师审核的内容包括:①申请的格式和内容符合合同要求;②各项资料、证明文件手续齐全;③所有款项计算与汇总无误。

(3)业主应在合同规定时间内(一般为14~28d)批准《中期支付证书》,并按合同规定的货币形式支付。

(四)竣工支付

竣工支付是指工程竣工并签发交工证书后的规定时间内进行的支付。

1.竣工支付的项目

内容与期中支付基本相同,存在的差异有以下3点:

(1)按合同规定将所扣保留金的一半退还给承包人;

(2)增加提前竣工奖金项目。为提高承包人积极性,有些合同规定:如工程比合同规定的工期提前竣工,承包人可得到提前竣工奖金。提前竣工奖金的计算一般合同规定:每提前一天竣工的奖励金额与实际提前的天数相乘进行计算,总奖金一般规定不超过合同总价的2%~5%;

(3)增加延误完工罚金项目。如承包人由自身原因造成工程未能按规定的工期完成,根据合同条款的规定,承包人应向业主支付合同规定那个的延误完工罚金,计算方法与提前竣工奖金相同:每延误一天的处罚金额与实际延误天数相乘进行计算,总罚金一般规定不超过合同总价的3%~10%。

2.支付的程序与要求

支付的程序与期中支付基本相同。由于工程竣工时,工程量清单中支付项目都已完工或部分完工,要审查的支付项目大大增加;部分工程变更、索赔等项目的费用,合同各方在施工阶段未能最终确定,此时需要进一步核实确定;各项费用要进行汇总。因此,合同条款规定办理竣工结算的时间有所延长。承包商提交《竣工支付申请》时间,一般为签发交工证书后的42d内,监理工程师审核、业主确认并支付的时间也相应延长。

(五)最终支付

最终支付是工程缺陷责任期满(一般为交工验收后12个月),在签发《缺陷责任终止证书》后规定时间内办理的最后一笔费用。

1. 支付的项目内容

(1)剩余保留金的返还。

(2)缺陷期内的剩余工程价款。

(3)缺陷期内的变更工程价款。

2. 支付的程序与要求

与期中支付、竣工支付的程序基本相同。承包人应在签发《缺陷责任终止证书》后,按合同规定的时间内(一般为28d)提交《最终支付申请书》,在合同规定的时间内,监理工程师进行审核并签发。

【案例5-4】 ××公路工程工作量计600万元,计划当年上半年内完工,主要材料金额占施工总产量的62.50%,预付备料款占工程款25%,当年上半年各月实际完成施工产值见表5-3。

施工产值(单位:万元) 表5-3

1月	2月	3月	4月	5月	6月	合同调整额
60	80	100	120	120	120	80

问题:(1)计算本工程的预付备料款和起扣点;

(2)计算按月结算的工程进度款;

(3)计算本工程竣工结算工程款。

解:

(1)预付备料款:

预付备料款=工程价款总额×预付备料款额度

起扣点=工程价款总额—预付备料款÷主要材料所占比重

$$600 \times 0.25 = 150\text{ 万元}$$

起扣点:

$$600 - 150 \div 0.625 = 360\text{ 万元}$$

(2)各月结算的工程进度款:

1月份:工程款60万元,累计完成60万元;

2月份:工程款80万元,累计完成140万元;

3月份:工程款100万元,累计完成240万元;

4月份:工程款120万元,累计完成360万元;

5月份:已达到起扣点情况下的应收工程款为

工程款=当月已完工作量-(当月累计已完工作量-起扣点)×主材所占比重

$$=120-(360+120-360)\times 0.625$$

$$=45\text{ 万元}$$

累计完成405万元;

6月份: 工程款=当月已完工作量×(1-主材所占比重)

$$=120\times(1-0.625)$$

$$=45\text{ 万元}$$

(3)本工程竣工结算工程款:

$$405+45+150+80=680\text{ 万元}$$

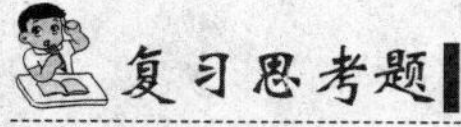

一、简答题

1. 工程结算的方式有哪些？
2. 如何进行施工中的工程结算？
3. 工程价款结算的方式有哪些？
4. 什么是标后预算？标后预算的作用有哪些？
5. 标后预算的形式包括哪些？
6. 标后预算的编制依据有哪些？
7. 标后预算的费用组成包括哪些？
8. 简述标后预算的编制方法。

二、案例分析

某工程土方合同 $30000m^3$，合同单价 13 元/m^3，超过合同工程量 15% 以上的单价按照 11 元/m^3 计算，低于合同工程量 20% 的单价按照 14 元/m^3 计算。现完成合同工程量为 $38000m^3$，试进行工程结算。

第六章 竣工决算的编制

第一节 竣 工 决 算

能力目标

根据工程资料编制工程决算报表。

知识目标

1. 熟悉竣工决算的编制依据、目的、内容及工程决算文件的组成。
2. 掌握竣工决算的编制程序和方法。

任务实施

编制竣工财务决算，见表 6-1。

编制竣工财务决算 表 6-1

工作任务	1. 参考资料 某投资公司承担的某高速公路工程项目，竣工时反应的财务核算资料如下： (1)经验收合格，交付使用的资产有： ①线路、桥梁、隧道等建筑安装工程资产价值 218560 万元；设备、收费、通信系统价值 54775 万元； ②为运营准备使用期在一年以内的工器具、物品等 125 万元；使用期在一年以上，单件价值在 2000 元以上的工、器具 40 万元； ③建设期间购买非专利技术 75 万元，摊销期 5 年； ④筹建期间的开办费 136 万元 (2)收尾零星工程支出的项目有： ①建筑安装工程支出 185 万元； ②设备、工器具投资 45 万元； ③建设单位管理费、勘察设计费等待摊投资 25 万元； ④其他支出 35 万元 (3)非经营性项目发生待核销基建支出 60 万元 (4)购置需安装设备 65 万元，其中待处理设备损失 8 万元 (5)货币资金 1560 万元 (6)应收有偿调出材料款 45 万元 (7)建设单位自有固定资产原值 8750 万元，累计折旧 2140 万元 反应在《资金平衡表》上的各类资金来源的资金余额为： (1)预算拨款 72350 万元； (2)自筹资金拨款 62639 万元； (3)商业银行贷款 145962 万元； (4)交付使用资金价值中，有 120 万元属利用投资借款形成的待冲基建支出；

续上表

<table>
<tr><td>工作任务</td><td>
(5)应付设备商设备款965万元,应付承包人工程款(原扣留的保留金未归还部分)8123万元尚未支付;
(6)未交税金158万元;未交基建收入24万元
2. 具体要求
(1)对项目进行分析后明确需要计算的款项;
(2)编制建设项目竣工财务决算表
3. 提交成果
竣工财务决算总表　　单位:万元
<table>
<tr><th>资 金 来 源</th><th>金 额</th><th>资 金 占 用</th><th>金 额</th></tr>
<tr><td>一、基建拨款</td><td></td><td>一、基本建设支出</td><td></td></tr>
<tr><td>1. 预算拨款</td><td></td><td>1. 交付使用资产</td><td></td></tr>
<tr><td>2. 基建基金拨款</td><td></td><td>2. 在建工程</td><td></td></tr>
<tr><td>3. 进口设备转账拨款</td><td></td><td>3. 待核销基建支出</td><td></td></tr>
<tr><td>4. 器材转账拨款</td><td></td><td>4. 非经营项目转出投资</td><td></td></tr>
<tr><td>5. 煤代油专用基金拨款</td><td></td><td>二、应收生产单位投资借款</td><td></td></tr>
<tr><td>6. 自筹资金拨款</td><td></td><td>三、拨付所属投资借款</td><td></td></tr>
<tr><td>7. 其他拨款</td><td></td><td>四、器材</td><td></td></tr>
<tr><td>二、项目资本</td><td></td><td>其中:待处理器材损失</td><td></td></tr>
<tr><td>1. 国家资本</td><td></td><td>五、货币资金</td><td></td></tr>
<tr><td>2. 法人资本</td><td></td><td>六、预付及应收款</td><td></td></tr>
<tr><td>3. 个人资本</td><td></td><td>七、有价证券</td><td></td></tr>
<tr><td>三、项目资本公积</td><td></td><td>八、固定资产</td><td></td></tr>
<tr><td>四、基建借款</td><td></td><td>固定资产 原价</td><td></td></tr>
<tr><td>五、上级拨入投资借款</td><td></td><td>减累计折旧</td><td></td></tr>
<tr><td>六、企业债券资金</td><td></td><td>固定资产净值</td><td></td></tr>
<tr><td>七、待冲基建支出</td><td></td><td>固定资产清理</td><td></td></tr>
<tr><td>八、应付款</td><td></td><td>待处理固定资产损失</td><td></td></tr>
<tr><td>九、未交款</td><td></td><td></td><td></td></tr>
<tr><td>1. 未交税金</td><td></td><td></td><td></td></tr>
<tr><td>2. 未交基建收入</td><td></td><td></td><td></td></tr>
<tr><td>3. 未交基建包干节余</td><td></td><td></td><td></td></tr>
<tr><td>4. 其他未交款</td><td></td><td></td><td></td></tr>
<tr><td>十、上级拨入资金</td><td></td><td></td><td></td></tr>
<tr><td>十一、留成收入</td><td></td><td></td><td></td></tr>
<tr><td>合计</td><td></td><td>合计</td><td></td></tr>
</table>
</td></tr>
</table>

一、建设项目竣工决算的概念及作用

(一)建设项目竣工决算的概念

竣工决算是以实物数量和货币指标为计量单位,综合反映竣工项目从筹建开始到项目竣工交付使用为止的全部建设费用、投资效果和财务情况的总结性文件，是竣工验收报告的重要组成部分。竣工决算是正确核定新增固定资产价值，考核分析投资效果，建立健全经济责任制的依据，是反映建设项目实际造价和投资效果的文件。通过竣工决算，既能够正确反映建设工程的实际造价和投资结果；又可以通过竣工决算与概算、预算的对比分析，考核投资控制的工作成效，为工程建设提供重要的技术经济方面的基础资料，提高未来工程建设的投资效益。

为了严格执行基本建设项目竣工验收制度，正确核定新增固定资产价值，考核投资效果，建立健全项目法人责任制，按照国家关于基本建设项目竣工验收的规定，所有的新建、扩建、改建和恢复项目竣工后都要编制竣工决算。根据建设项目规模的大小，可分为大、中型建设项目竣工决算和小型建设项目竣工决算两大类。必须指出，施工企业为了总结经验，提高自身经营管理水平，在单位工程（或单项工程）竣工后，往往也编制单位工程（或单项工程）竣工成本决算，用以核算工程实际成本、预算成本和成本降低额，作为实际成本分析，反映经营成果，总结经验和提高管理水平的手段。它与建设工程竣工决算在概念和内容方面都不一样。

竣工决算的编制，是以建设单位为主，在监理工程师和施工单位的配合下，共同完成的，它是建设工程所特有的多次性计价环节中的最后一次计价。根据《交通基本建设项目竣工决算报告编制办法》、《公路建设项目工程决算编制办法》等有关规定编制竣工决算，其编制原则、程序和方法，既不同于估算、概算和预算，也不同于招标控制价和投标报价。因为从估算到报价的多次造价的编制，都是在工程开工之前进行的，要按照一定的编制程序和方法，通过各种计算表格进行大量的分析和累计计算，并经过一定的审批程序，才能成立；而竣工决算则是在工程竣工之后，根据实际发生的工程量和大量的施工统计原始资料，以工程承包合同价为依据来编制的，其主要表现形式，是要进行大量的统计分析而不是计算来重新确定工程造价文件。为了做好竣工决算报告的编制，建设单位从项目筹建开始，即应明确专人负责，做好有关资料的收集、整理、积累、分析工作。项目完成时，应组织工程技术、计划、财务、物资、统计等有关人员共同完成竣工决算报告的编制工作。

（二）竣工决算的作用

竣工决算是从财务管理的角度出发，侧重于对资金的流向、大小和在时间上分布的分析，以现行的财税制度为依据，通过对资金的流动情况为重点进行分析，形成符合基本建设财务管理办法的科目体系，反映竣工工程从开始建设起至竣工为止的全部资金来源和运用情况，达成核定使用资产价值的目的。由于它侧重于对财务制度执行情况的反映，能够确定资金流动的真实性和合法性，竣工决算是建设各方考核工程经济活动成果的主要依据。它有以下几个方面的作用。

1. 竣工决算是国家对基本建设投资实行计划管理的重要手段

按照国家基本建设投资的规定，在批准基本建设项目计划任务书时，根据投资估算估计基本建设计划投资额。在确定基本建设项目设计方案时，按设计概算决定基本建设项目计划总投资最高数额。为了保证投资计划的实施，在施工图设计时编制施工图预算，确定单项工程或单位工程的计划价格，并且规定它不能超过相应的设计概算。施工企业要在施工图预算指标控制之下编制施工预算，确定施工计划成本。然而，在基本建设项目从筹建到竣工投产或交付使用的全过程中，各项费用的实际发生额，基本建设投资计划的实际执行情况，只能从建设单位编制的建设工程竣工决算中全面地反映出来。通过把竣工决算的各项费用数额与设计概算中的相应费用指标相比，可得出节约或超支的情况，通过分析节约或超支的原因，总结经验教训，加强投资计划管理以提高基本建设投资效果。

2. 竣工决算是竣工验收的主要依据

按照公路工程基本建设程序规定，当批准的设计文件规定的公路项目经负荷运转能够正常使用时，应该及时组织竣工验收工作，对建设项目进行全面考核。按工程的不同情况，由负责验收委员会或小组进行验收。

在竣工验收之前，建设单位向主管部门提出验收报告，其中主要组成部分是建设单位编制的竣工决算文件，作为验收委员会（或小组）的验收依据。验收人员要检查建设项目的实际建筑物、构筑物与设施的使用情况，同时审查竣工决算文件中的有关内容和指标，确定建设项目的验收结果。

3. 竣工决算是确定建设单位新增固定资产价值的依据

在竣工决算中详细地计算了建设项目所有的建筑工程费、安装工程费、设备费和其他费用等。新增资产包括新增固定资产、流动资产、无形资产、递延资产、其他资产等。要根据竣工决算编制要求编制交付使用财产总表和交付使用财产明细表，详细计算全部交付使用财产，要向管理或使用单位提交交付使用财产的具体名称、规格型号、数量、价值等的明细表办理交付使用资产交接手续的依据。

4. 竣工决算是基本建设成果和财务的综合反映

公路工程竣工决算包括了基本项目从筹建到建成投产（或使用）的全部费用。它除了用货币形式表示基本建设的实际成本和有关指标外，还包括建设工期、工程量和资产的实物量、技术经济指标以及是否遵守国家的财经纪律和投资计划的执行情况。它综合了工程的年度财务决算，全面地反映了基本建设的主要情况。

5. 竣工决算为建立交通基本建设工程技术经济档案、为工程定额修订提供资料

竣工决算反映了主要工程的全部数量和实际成本、工程造价以及从开始筹建至竣工为止全部资金的运用情况和工程建成后新增资产价值。大中型项目的竣工决算报告要报交通运输部，它是国家基本建设的技术经济档案，并为以后基本建设规划和项目投资安排提供参考。工程决算是建设项目竣工验收工作的重要组成部分，《公路建设项目工程决算编制办法》明确规定未编制工程决算的建设项目，不得组织竣工验收。

二、竣工决算的编制

（一）竣工决算的编制依据

根据财政部、原国家计委联合发布的《基本建设项目竣工决算编制办法》和原国家计委发布的《建设项目（工程）竣工验收办法》的要求，原交通部制定了《交通基本建设项目竣工决算报告编制办法》（交财发[2000]207 号）、《关于发布公路建设项目工程决算编制办法的通知》（交公路发[2004]507 号），规定要求：公路建设项目工程决算是建设项目竣工验收工作的重要组成部分，各级交通主管部门要加强对公路建设项目工程决算编制工作的指导，项目法人要做好项目建设过程中有关资料的收集、整理和分析工作，按照《公路建设项目工程决算编制办法》要求，组织编制工程决算文件。编制竣工决算根据下列资料进行编制。

（1）经交通主管部门批准的设计文件，以及批准的概（预）算或调整概（预）算文件。

（2）招标文件、标底（如果有）及与各有关单位签订的合同文件。

（3）建设过程中的有关支付凭证。

（4）竣工图纸。

（5）批复的设计变更相关资料。

(6)其他有关文件、资料、凭证等。

(二)竣工决算编制的程序和方法

公路工程建设单位应当按照原交通部规定的《交通基本建设项目竣工决算报告编制办法》(交财发[2000]207 号),对已完工的建设项目及时办理交工验收手续,编好交工验收报告和竣工决算。竣工决算报告分为大中型公路建设项目、独立的公路桥梁建设项目和其他小型建设项目 3 种。建设单位在编制竣工决算报告时要认真做好各项财务、物资、资产、债权债务、投资资金到位情况和报废工程清理工作,做到工完账清。对于列入竣工决算报告的基建投资包干节余、基本建设收入、基建节余资金等财务问题,建设单位应提出意见,妥善处理。建设项目完建时的收尾工程,可根据收尾工程的实际测算投资支出列入竣工决算报告。建设单位编制的竣工决算报告须提交竣工验收委员会审查。未经竣工验收委员会审查的竣工决算报告不能作为正式的竣工决算报告,不得上报。经竣工验收委员会审查并根据审查意见修改后的竣工决算报告作为资产移交、财务处理并结束有关待处理事宜的依据。

1. 竣工决算的编制步骤

(1)收集、整理和分析有关依据资料。在编制公路工程竣工决算文件前,必须准备一套完整齐全的资料。这是准确、迅速编制竣工决算的必要条件。在工程的竣工验收阶段,应注意收集资料,系统地整理所有的技术资料、工程结算的经济文件、施工图纸,审查施工过程中各项工程变更、索赔、价格调整、暂定金额等支付项目是否符合合同件规定,签证手续是否完备;审查各中期支付和最终支付是否与竣工图表资料、合同文件相符。

(2)清理各项账务、债务和结余物资。在收集、整理和分析有关资料中,要特别注意建设工程从筹建到竣工投产(或使用)的全部费用的各项账务、债权和债务的清理,做到工完账清。既要核对账目,又要查点库存实物的数量,做到账与物相等,账与账相符,对结余的各种材料、工器具和设备要逐项清点核实,妥善管理,并按规定及时处理,收回资金。对各种往来款项要及时进行全面清理,为编制竣工决算提供准确的数据和结果。

(3)填写竣工决算报表。按照公路工程决算表格中的内容,根据编制依据中的有关资料进行统计或计算各个项目的数量,并将其结果填到相应表格的栏目,完成所有报表的填写。它是编制建设工程竣工决算的主要工作。

(4)编写建设工程竣工决算说明书。按照公路工程竣工决算说明的要求,根据编制依据材料和填写在报表中的结果编写说明。

(5)上报主管部门审查编制竣工决算的程序。编写的文字说明和填写的表格经核对无误,装订成册,即为建设工程竣工决算文件,将其上报主管部门审查,并把其中财务成本部分送交开户银行签证。竣工决算在上报主管部门的同时,抄送有关设计单位。大中型建设项目的竣工决算还应抄送财政部、建设银行总行和省、市、自治区财政局和建设银行分行各一份。

2. 公路工程竣工决算报告的内容

竣工决算报告由以下 4 个部分组成:

(1)交通基本建设项目竣工决算报告封面内容包括以下 5 个方面:

①“主管部门”填写需上报竣工决算报告的主管部门或单位。

②“建设项目名称”填写批准前的项目初步设计文件中注明的项目名称。

③“建设项目类别”是指“大中型”或“小型”。

④“建设性质”是指建设项目属于新建、改建、扩建、续建等内容。

⑤“级别”是指中央级或地方级的建设项目。

(2)竣工工程平面示意图。竣工工程平面示意图可根据初步设计文件"路线地理位置图"、独立的公路桥梁桥位平面图绘制。

(3)竣工决算报告说明书。竣工决算报告说明书是竣工决算报告的重要组成部分,主要内容包括:工程项目概况及组织管理情况;工程建设过程和工程管理工作中的重大事件、经验教训;工程投资支出和财务管理工作的基本情况(包括主要会计事项处理原则,财产物资清理及债权债务清偿情况;基建结余资金、基建收入等的上交分配情况;主要技术经济指标的分析、计算情况等);工程遗留问题等。

(4)竣工决算表格。竣工决算报告表式分为决算审批表、工程概况专用表和财务通用表。竣工决算报告按照建设项目类型分公路建设项目、桥梁隧道建设项目、内河航运建设项目、港口(码头)建设项目和不能归入上述四类的其他建设项目等分别编报。编制竣工决算报告时,必须填制本类项目工程概况专用表和全套财务通用表。竣工决算表格包括以下内容:

①竣工决算审批表。

②工程概况专用表,分为:

a. 公路建设项目工程概况表;

b. 桥梁隧道建设项目工程概况表;

c. 内河航运建设项目工程概况表;

d. 港口(码头)建设项目工程概况表;

e. 其他建设项目工程概况表。

③财务通用表包括以下内容:

a. 建设项目竣工财务决算总表;

b. 资金来源情况表;

c. 待核销基建支出及转出投资明细表;

d. 工程造价和概算执行情况表;

e. 外资使用情况表;

f. 基本建设项目交付使用资产总表;

g. 基本建设项目交付使用资产明细表。

3. 竣工决算报告表的编制方法

竣工图表的编制方法,不像编制概预算那样,要进行各种资料的分析计算,主要是对建设工程的各种原始资料进行全面的审查与统计汇总,然后按照竣工决算表的内容与要求,将各种数据资料摘录填入;同时做好决算与概预算的对比分析,编制技术经济指标比较表。

(1)竣工决算审批表。中央级大中型基本建设项目,其项目竣工决算报告经省级交通主管部门或部属一级单位签署意见后报部备案。

(2)工程概况专用表。本表集中反映了已完工的建设项目的建设周期、完成的主要工程数量、主要材料消耗、占地拆迁面积、工程投资、新增资产和新增生产能力。编制本表时应根据可行性报告的批复、初步设计概算等文件确定的主要指标和实际完成情况进行填列。

表中各项内容的填列方法如下:

①建设时间开工和竣工日期按照实际开工和办理竣工验收的日期填列。如实际开工日期与批准的开工日期不符应作出说明。

②表中初步设计、调整概算的批准机关、日期、文号应按历次审批文件填列。

③表中有关项目的设计、概算、决算等指标,根据批准的设计文件和概算、决算等确定的数

字填写。

④表中“总投资”按批准的概算和调整概算数及累计实际投资数填列。

⑤表中“基建支出合计”是指建设项目从开工起至竣工止发生的全部基本建设支出，根据财政部门或主管部门历年批准的“基建投资表”中有关数字填列。

⑥表中所列工程主要特征、完成主要工程量、主要材料消耗量、主要技术经济指标等。根据主管部门批准的概算、建设单位统计资料和施工企业提供的有关成本核算资料等分别填列。

⑦“主要收尾工程”填写工程内容和名称、预计投资额及完成时间等。如果收尾工程内容较多，可增设“收尾工程项目明细表”。这部分工程的实际成本，可根据具体情况进行估算，并作说明，完工以后不再调整竣工决算，但应将收尾工程执行结果按规定程序补报有关资料。

⑧“工程质量评定”填列经工程质量监督部门检测评定的单项工程质量评定及工程综合评价结果。

(3)财务通用表。财务通用表反映竣工工程从开始建设起至竣工时为止资金来源、支出、节余等全部资金的运用情况，作为考核和分析基本建设拨款和投资效果的依据。

表中各项内容的填列方法如下：

①基本建设项目竣工财务决算总表。表中有关“交付使用资产”、“基建拨款”、“项目资本”、“基建借款”等项目，填列自开工建设至竣工止的累计数，上述指标根据历年批复的年度基本建设财务决算和竣工年度的基本建设财务决算中资金平衡表相应项目的数字进行汇总填列(包括收尾工程的估列数)；表中其余各项目反映办理竣工验收时的结余数，根据竣工年度财务决算中资金平衡表的有关项目期末数填表；资金占用总额应等于资金来源总额；补充资料的“基建投资借款期末余额”反映竣工时尚未偿还的基建投资借款数，应根据竣工年度资金平衡表内的“基建投资借款”项目期末数填列、“应收生产单位投资借款期末数”，应根据竣工年度资金平衡表内的“应收生产单位投资借款”项目的期末数填列、“基建结余资金”反映竣工时的结余资金，应根据竣工财务决算总表中有关项目计算填列；基建结余资金的计算。基建结余资金 = 基建拨款 + 项目资本 + 项目资本公积 + 基建投资借款 + 企业债券资金 + 待冲基建支出 - 基本建设支出 - 应收生产单位投资借款。

②资金来源情况表。本表反映建设项目分年度的投资计划与资金拨付到位情况，表中有关基建拨款、项目资本、基建投资借款等资金来源内容，根据历年批复的年度基本建设财务决算和竣工年度的基本建设财务决算中资金平衡表相应项目的数字填列(包括收尾工程的估列数)。

③待核销基建支出及转出投资明细表。“待核销基建支出”反映非经营性项目发生的江河清障、航道清淤、补助群众造林、水土保持、取消项目的可行性研究费以及项目报废等不能形成资产部分的投资支出；“转出投资”反映非经营性项目为项目配套而建成的、产权不归属本单位的专用设施的实际成本，按照规定的内容分项逐笔填列。

④工程造价和概算执行情况表。本表反映工程实际建设成本和总造价，以及概算投资节余和概算投资包干部分节余的情况，应按照概算项目或单项工程(费用项目)填列；待摊投资按照某一单项工程投资额占全部投资的比例分摊到单项工程上去。不计入固定资产价值的支出不分摊待摊投资。

⑤外资使用情况表。本表反映建设项目外资使用情况，按照使用外资支出费用项目填列。

应说明批准初步设计时的汇率、记账汇率、竣工时的汇率以及外资贷款的转贷金额和转贷单位等情况。各有关表格中，外币折合人民币时，应以项目竣工时的汇率为准。

⑥交付使用资产总表和交付使用资产明细表。交付使用资产总表中各栏数字应根据交付使用资产明细表中相应项目的数字汇总填列。交付使用资产明细表作为单位管理项目资产使用,可不纳入上报的竣工决算报告,其具体格式各单位可根据情况进行修改;交付使用资产总表中固定资产、流动资产、无形资产和递延资产各栏的合计数,应分别与竣工财务决算表交付使用资产的相应数字相符。

三、公路建设项目工程决算

(一)公路建设项目工程决算的目的和作用

公路建设项目工程决算,作为建设项目完成后从工程投资控制角度形成的成果,是工程估、概、预、决算管理环节中的重要一环,同时满足不同管理部门对工程造价管理信息的需求。政府主管部门,作为投资宏观控制的主体,需从中得到的是造价管理的最终结果,即控制目标的实现程度;审计监督部门的工作重点是对资金的流向及使用的合法性的判断,但需以其使用的必要性及形成的实物工程量为基础;造价管理部门,作为多次计价的最后一次确定造价,需要了解的重点是项目过程管理计价的必要性、合理性,并为造价资料的积累提取信息;建设单位则需从中总结管理经验,提高管理水平。通过工程决算的编制,能够真实地反映项目费用形成,考核各项费用支出的必要性和合理性,与批准的概(预)算对比反映概(预)算执行情况,从而达到规范管理,堵塞漏洞的目的;使竣工财务决算的编制有一个良好的基础;同时为进一步修订计价依据和建立造价数据库积累造价资料。

(二)工程决算与竣工决算(财务决算)的关系

工程决算和竣工决算是从不同的侧面对建设单位在项目管理过程中费用支出情况的反映,是对项目建设成果的反映。但两者之间存在着一定的差异。

工程决算是从工程管理的角度出发,侧重于工程实体形成过程中"量"、"价"、"费"的分析,以建安工程费用为重点,以签订的合同为基础,以实施工程量、合同单价及合同相关条款为核算依据,同时反映工程管理过程中量的变化引起的费用变化和非量变化引起的费用变化,最终形成以建设项目的费用构成为表现形式并反映项目分部、分项工程的工程量大小以及综合单价的高低。在编制过程中侧重于对计价依据执行情况的考核,能够确定费用支出的必要性和合理性,因此它不仅是对项目实际造价的反映,同时也是规范工程管理过程、提高管理水平的一个重要手段,并且完善了以"量"、"价"、"费"为主线的估、概、预、决算体系。

竣工决算则是从财务管理的角度出发,侧重于对资金的流向、大小和在时间上分布的分析,以现行的财税制度为依据,通过对资金的流动情况为重点进行分析,形成符合基本建设财务管理办法的科目体系,来反映竣工工程从开始建设起至竣工为止的全部资金来源和运用情况,达到核定使用资产价值的目的。由于它侧重于对财务制度执行情况的反映,能够确定资金流动的真实性和合法性,是办理资产交付使用手续的依据。

作为工程建设过程中缺一不可的两个管理体系——工程管理和财务管理,是紧密联系、相互制约的,那么同为对管理成果的直接反映,工程决算和竣工决算也是相辅相成的。工程决算是在基础数据表所反映的内容的基础上对工程管理过程的监督,在一定程度上满足了工程管理人员对有关造价信息的需求,也是编制竣工决算的基础和依据;而竣工决算是通过对财务管理过程中日常费用支出的监督检查,达到规范管理的目的,同时也是对工程决算的归纳和总结。

(三)公路建设项目工程决算编制办法

为加强公路建设项目投资管理,严格控制建设成本,提高投资效益,根据国家有关法律、法规,结合公路建设实际,原交通部制定了《公路建设项目工程决算编制办法》(交公路发[2004]507 号)。根据资金来源和建设项目分类,其适用范围是"政府或国有经济组织投资的公路工程新建和改建项目"。

公路建设项目工程决算(以下简称工程决算)是指项目实际完成的工程量、采用的单价和费用支出,以及与批准的概(预)算对比情况。

工程决算是建设项目竣工验收工作的重要组成部分。未编制工程决算的建设项目,不得组织竣工验收。

建设项目法人应加强建设项目投资管理工作,配备具有相应资格的公路工程造价人员,做好工程决算资料的收集、整理和分析工作,工程决算文件的编制应真实、准确和完整。

1. 工程决算编制依据

(1)经交通主管部门批准的设计文件,以及批准的概(预)算或调整概(预)算文件。

(2)招标文件、标底(如果有)及与各有关单位签订的合同文件。

(3)建设过程中的文件及有关支付凭证。

(4)竣工图纸。

(5)其他有关文件、资料、凭证等。

2. 工程决算编制要求

(1)工程决算总费用由建筑安装工程费,设备、工具及器具购置费,工程建设其他费用 3 部分构成。对于概(预)算编制办法规定的项目及批准概(预)算文件中未列明且不能列入第一、二部分的费用列入第三部分。

(2)工程决算通过工程决算表进行计算。

(3)工程决算文件由项目法人在交工验收后负责组织编制,竣工验收前编制完成,并将工程决算文件及工程决算数据软盘各 1 份上报交通主管部门。同时抄送工程造价管理部门。

(4)工程决算文件应简明扼要、字迹清晰、数据真实、计算正确、符合规定。

3. 工程决算文件

工程决算文件包括工程决算编制说明和工程决算表。

(1)工程决算编制说明应包括以下 9 个方面内容:

①工程决算概况。

②工程概(预)算执行情况说明,其中应说明招标方式、结果及重大设计变更情况。

③设备、工具、器具购置情况的说明。

④工程建设其他费用使用情况的说明(包括征地拆迁费、建设单位管理费、监理费等)。

⑤预留费用使用情况的说明。

⑥工程决算编制中有关问题处理的说明。

⑦造价控制的经验与教训总结。

⑧工程遗留问题。

⑨其他需要说明的事项。

(2)工程决算表包括以下 9 个方面内容:

①建设项目概况表(01 表)。

②投资控制情况比较表(02 表)。

③工程数量情况比较表(03 表)。

④概(预)算分析表(04 表)。

⑤标底与合同费用分析表(05 表)。

⑥项目总决算(分析)表(06 表)。

⑦建筑安装工程决算汇总表(07 表)。

⑧设备、工具及器具购置费用支出汇总表(08 表)。

⑨工程建设其他费用支出汇总表(09 表)。

4. 工程决算数据软盘

工程决算数据软盘包括工程决算文件盒基础数据表。基础数据表包括以下 10 个方面内容:

(1)合同段工程决算表(10 表)。

(2)工程合同登记表(11 表)。

(3)变更设计登记表(12 表)。

(4)变更引起调整金额登记表(13 表)。

(5)工程项目调价登记表(14 表)。

(6)工程项目索赔登记表(15 表)。

(7)计日工支出金额登记表(16 表)。

(8)收尾工程登记表(17 表)。

(9)报废工程登记表(18 表)。

(10)工程支付情况登记表(19 表)。

第二节　新增资产价值的确定

一、新增资产的分类

按照新的财务制度和企业会计准则,新增资产按资产性质可分为固定资产、流动资产、无形资产、递延资产和其他资产等五大类。

1. 固定资产

固定资产是指使用期限超过 1 年,单位价值在 1000 元、1500 元或 2000 元以上,并且在使用过程中保持原有实物形态的资产。

2. 流动资产

流动资产是指可以在 1 年或者超过 1 年的营业周期内变现或者耗用的资产。流动资产按资产的占用形态可分为现金、存货、银行存款、短期投资、应收账款及预付账款。

3. 无形资产

无形资产是指特定主体所控制的,不具有实物形态,对生产经营长期发挥作用且能带来经济利益的资源。主要有专利权、非专利技术、商标权、商誉。

4. 递延资产

递延资产是指不能全部计人当年损益,应当在以后年度分期摊销的各种费用,包括开办费、租人固定资产改良支出等。

5. 其他资产

其他资产是指具有专门用途,但不参加生产经营的经国家批准的特种物资。银行冻结存款和冻结物资、涉及诉讼的财产等。

二、新增资产价值的确定方法

1. 新增固定资产价值的确定

新增固定资产价值是以独立发挥生产能力的单项工程为对象的。单项工程建成经有关部门验收鉴定合格,正式移交生产或使用,即应计算新增固定资产价值。一次交付生产或使用的工程一次计算新增固定资产价值,分期分批交付生产或使用的工程,应分期分批计算新增固定资产价值。在计算时应注意以下 6 种情况。

(1)对于为了提高产品质量、改善劳动条件、节约材料消耗、保护环境而建设的附属辅助工程,只要全部建成,正式验收交付使用后就要计入新增固定资产价值。

(2)对于单项工程中不构成生产系统,但能独立发挥效益的非生产性项目,如住宅、食堂、医务所、托儿所、生活服务网点等,在建成并交付使用后,也要计算新增固定资产价值。

(3)凡购置达到固定资产标准不需安装的设备、工具、器具,应在交付使用后计入新增固定资产价值。

(4)属于新增固定资产价值的其他投资,应随同受益工程交付使用的同时一并计入。

(5)交付使用财产的成本,应按下列内容计算:

①房屋、建筑物、管道、线路等固定资产的成本包括建筑工程成本和应分摊的待摊投资。

②动力设备和生产设备等固定资产的成本包括需要安装设备的采购成本、安装工程成本、设备基础支柱等建筑工程成本或砌筑锅炉及各种特殊炉的建筑工程成本、应分摊的待摊投资。

③运输设备及其他不需要安装的设备、工具、器具、家具等固定资产一般仅计算采购成本,不计分摊的“待摊投资”。

(6)共同费用的分摊方法。新增固定资产的其他费用,如果是属于整个建设项目或两个以上单项工程的,在计算新增固定资产价值时,应在各单项工程中按比例分摊。分摊时,什么费用应由什么工程负担应按具体规定进行。一般情况下,建设项目管理费按建筑工程、安装工程、需安装设备价值总额按比例分摊,而土地征用费、勘察设计费等费用则按建筑工程造价分摊。

【案例 6-1】 某公路建设项目建筑安装工程投资中,桥梁工程投资 4258 万元,路线及其防护、排水工程等投资为 19288 万元,需要安装设备价值为 1565 万元。待摊投资为征地、迁移补偿等费用为 3250 万元,建设单位管理费 895 万元,试计算路线工程、桥梁工程、需要安装设备各自应分摊的待摊投资。

解:

(1)计算分摊率:

对建设单位管理费分摊的分摊率 = [895 ÷ (4258 + 19288 + 1565)] × 100% = 3.5642%

对征地、迁移补偿等费用分摊的分摊率 = [3250 ÷ (4258 + 19288)] × 100% = 13.8028%

(2)分摊额的计算:

桥梁工程分摊额 = 4258 × (3.5642% + 13.8028%) = 739.48 万元

路线工程分摊额 = 19288 × (3.5642% + 13.8028%) = 3349.74 万元

需要安装设备分摊额 = 1565 × 3.5642% = 55.78 万元

2. 新增流动资产价值的确定

流动资产是指可以在 1 年内或者超过 1 年的一个营业周期内变现或者运用的资产。新增流动资产是指新增加的在 1 年内或者超过 1 年的一个营业周期内变现或者运用的资产,包括现金及各种存款、存货、应收及预付款等。在确定流动资产价值时,按下列原则处理。

(1)货币性资金。货币性资金是指现金、各种银行存款及其他货币资金。

(2)应收及预付款项。应收账款是指企业因销售商品、提供劳务等应向购货单位或受益单位收取的款项;预付款项是指企业按照购货合同预付给供货单位的购货定金或部分货款。应收及预付款项包括应收票据、应收款项、其他应收款、预付货款和待摊费用。一般情况下,应收及预付款项按企业销售商品、产品或提供劳务时的成交金额入账核算。

(3)短期投资包括股票、债券、基金。股票和债券根据是否可以上市流通分别采用市场法和收益法确定其价值。

(4)存货。存货是指企业的库存材料、在产品、产成品等。各种存货应当按照取得时的实际成本计价。存货的形成,主要有外购和自制两个途径。外购的存货,按照买价加运输费、装卸费、保险费、途中合理损耗、入库前加工、整理及挑选费用以及缴纳的税金等计价;自制的存货,按照制造过程中的各项实际支出计价。

3. 新增无形资产价值的确定

无形资产是指特定主体所控制的,不具有实物形态,对生产经营长期发挥作用且能够带来经济利益的资源。新增无形资产是指企业长期使用但没有实物形态的资产,包括专利权、商标权、著作权、土地使用权、非专利技术、商誉等。无形资产的计价,原则上应按取得时的实际成本费用计价;企业取得无形资产的途径不同,所发生的支出也不一样,无形资产的计价也不相同。按现行财务制度,无形资产价值的计价原则和计价方式如下:

(1)无形资产的计价原则。投资者按无形资产作为资本金或者合作条件投入时,按评估确认或合同协议约定的金额计价。

①购入的无形资产,按照实际支付的价款计价。

②企业自创并依法申请取得的,按开发过程中的实际支出计价。

③企业接受捐赠的无形资产,按照发票账单所持金额或者同类无形资产市价作价。

④无形资产计价入账后,应在其有效使用期内分期摊销。

(2)无形资产的计价方法如下:

①专利权的计价。

②非专利技术的计价。

③商标权的计价。

④土地使用权的计价。

4. 递延资产和其他资产价值的确定

(1)递延资产价值的确定:

①开办费是指在筹集期间发生的费用,不能计入固定资产或无形资产价值的费用,主要包括筹建期间人员工资、办公费、员工培训费、差旅费、印刷费、注册登记费以及不计入固定资产和无形资产购建成本的汇兑损益、利息支出等。根据现行财务制度规定,企业筹建期间发生的费用,应于开始生产经营起一次计入开始生产经营当期的损益。企业筹建期间开办费的价值可按其账面价值确定。

②以经营租赁方式租入的固定资产改良工程支出的计价，应在租赁有限期限内摊入制造费用或管理费用。

(2)其他资产。其他资产包括特准储备物资等，按实际入账价值核算。

复习思考题

简答题

1. 工程结算的方式有哪些？

2. 如何进行施工中的工程结算？

3. 什么叫竣工决算？

4. 编制竣工决算的作用有哪些？

5. 简述竣工结算报告的内容和编制办法。

附录一

青海省公路工程基本建设项目概算、预算编制办法补充规定

一、本补充规定是依据《公路工程基本建设项目概算、预算编制办法》JTG B06—2007 中华人民共和国交通部 2007 年 10 月 19 日发布(简称 2007 编办)结合青海省实际情况制定。

二、本补充规定只适用于青海省公路工程基本建设新改建项目概预算的编制和管理。

三、本补充规定由青海省交通建设工程造价管理站负责解释。

四、本补充规定的具体内容:

(一)直接工程费

1. 人工费:生产工人每工日人工费依照《2007 编办》规定的公式和内容计算后。青海省各地区每工日人工费标准见附表 1-1。

青海省各地区每工日人工费标准　　附表 1-1

序　号	市、州、县名称	日工资标准(元)
1	西宁市区、大通县、湟中县、湟源县、乐都县、民和县、平安县、互助县、循化县	65
2	化隆县、贵德县、共和县、尖扎县、同仁县、海晏县、门源县	70
3	同德县、贵南县、兴海县、祁连县、刚察县、德令哈市、乌兰县、都兰县	75
4	泽库县、河南县、天峻县、大柴旦行委、格尔木市、冷湖行委	80
5	茫崖行委、玛沁县、班玛县、久治县、甘德县、达日县、玛多县、杂多县、称多县、治多县、囊谦县、玉树县、曲麻莱县	85
6	唐古拉山镇	89

根据《2007 编办》规定,各地区公路工程生产工人每工日人工费标准应根据青海省人民政府公布执行的全省最低工资标准的变化情况及时调整。

人工费单价仅作为编制概、预算的依据,不作为施工企业实发工资的依据。

2. 材料费:外购材料的原价、运价执行青海省交通建设工程造价管理站每季度“青海公路工程造价管理信息”发布的指导价。

3. 机械使用费:机械台班单价计算时,考虑高寒边远地区维修工资、配件材料等价差的影响因素,第一类费用即不变费用采用 1.1 的系数进行调整。

(二)其他工程费

1. 沿海地区工程施工增加费不计。

2. 工地转移费计算时,转移距离均按西宁至工地的里程计算。

(三)间接费

1. 规费:企业应为职工缴纳的费用:即养老保险、失业保险、医疗保险、工伤保险、生育保险、住房公积金。根据青海省相关法律、法规的规定分别为:20%、2%、10%、1%、1%、11%合计为 45%。“五险一金”根据相关法律、法规、规章的变化及时调整。

2. 主副食运费补贴计算时,其综合里程计算当中的粮食、蔬菜、燃料运距从离工地最近的州、地、市、县计算,水采用全线的平均运距计算。

(四)设备购置费、工器具及生产家具购置费

根据项目养护管理的实际需要，列出计划购置设备工器具及生产家具的清单（包括设备的规格、型号、数量）。

（五）二级以下公路养护工区房费

二级及以下公路养护工区房按每30km 1处，主建筑面积每处600m^{2}计列。

（六）设计文件审查费

设计文件审查费执行《2007编办》费率，但需按项目执行情况支付费用，其中预可、工可研阶段为20%，初步设计阶段为30%，技术和施工图设计阶段为45%，变更设计和调概阶段为5%。

（七）公路交工前养护费

公路交工前养护费的平均养护月数为6个月。

（八）其他事项

1. 本规定未涉及的内容均按《2007编办》执行。

2. 概算、预算均由有资格的设计、工程（造价）咨询单位负责编制，编制、审核人员必须持有公路工程造价人员执业资格证书，并加盖执业（从业）资格印章。

3. 设计单位交付设计文件时，必须同时交付概算、预算编制基础数据电子版。

4. 在编制公路工程建设项目概算、预算时，凡与本规定相抵触的均以本规定为准。

五、本补充规定于2008年7月1日起执行，原《青海省公路基本建设工程概算、预算编制办法补充规定》（青交计字[1998]122号）、"关于《青海省公路基本建设工程概算、预算编制办法补充规定》部分内容修改的通知"（青交公[2001]421号）、《关于调整青海省公路工程概（预）算人工工资标准的通知》（青交公[2004]581号）、"关于执行交通部《关于完善公路基本建设工程概算、预算编制办法有关内容的通知》的通知"（青交公[2006]11号）4个文件同时废止。

附录二

青海省公路工程建设项目实施阶段有关问题的规定

为合理确定和有效控制全省公路工程建设项目投资，结合《青海省公路工程基本建设项目概算、预算编制办法补充规定》(简称“补充规定”)，对青海省公路工程建设项目实施阶段有关问题规定如下：

一、基本建设项目实施阶段有关问题规定

(一)直接工程费

1. 人工费

生产工人人工日工资标准，见附表2-1。

附表2-1

序 号	市、州、县名称	日工资标准(元)
1	西宁市区、大通县、湟中县、湟源县、乐都县、民和县、平安县、互助县、循化县	39
2	化隆县、贵德县、共和县、尖扎县、同仁县、海晏县、门源县	42
3	同德县、贵南县、兴海县、祁连县、刚察县、德令哈市、乌兰县、都兰县	45
4	泽库县、河南县、天峻县、大柴旦行委、格尔木市、冷湖行委	48
5	茫崖行委、玛沁县、班玛县、久治县、甘德县、达日县、玛多县、杂多县、称多县、治多县、囊谦县、玉树县、曲麻莱县	51
6	唐古拉山镇	54

2. 材料费

外购材料的原价、运价执行青海省交通建设工程造价管理站每季度《青海公路工程造价管理信息》发布的指导价。自采材料原价及运价：片石采用70%的开采、30%的捡清计算原价，其他材料原价均执行“补充规定”的相关规定，运价按社会运价计算，执行青海省交通建设工程造价管理站每季度《青海公路工程造价管理信息》发布的指导价。

(二)间接费

间接费中的规费按28%计列。

二、公路养护大中修及农村公路实施有关问题规定

(一)直接工程费

1. 人工费

(1)公路养护大中修工程建设项目生产工人人工日工资标准，见附表2-2。

附表2-2

序 号	市、州、县名称	日工资标准(元)
1	西宁市区、大通县、湟中县、湟源县、乐都县、民和县、平安县、互助县、循化县	33
2	化隆县、贵德县、共和县、尖扎县、同仁县、海晏县、门源县	35
3	同德县、贵南县、兴海县、祁连县、刚察县、德令哈市、乌兰县、都兰县	38
4	泽库县、河南县、天峻县、大柴旦行委、格尔木市、冷湖行委	40
5	茫崖行委、玛沁县、班玛县、久治县、甘德县、达日县、玛多县、杂多县、称多县、治多县、囊谦县、玉树县、曲麻莱县	43
6	唐古拉山镇	45

(2)农村公路工程建设项目人工日工资标准,见附表2-3。

附表2-3

序　号	市、州、县名称	日工资标准(元)
1	西宁市区、大通县、湟中县、湟源县、乐都县、民和县、平安县、互助县、循化县	27
2	化隆县、贵德县、共和县、尖扎县、同仁县、海晏县、门源县	28
3	同德县、贵南县、兴海县、祁连县、刚察县、德令哈市、乌兰县、都兰县	30
4	泽库县、河南县、天峻县、大柴旦行委、格尔木市、冷湖行委	32
5	茫崖行委、玛沁县、班玛县、久治县、甘德县、达日县、玛多县、杂多县、称多县、治多县、囊谦县、玉树县、曲麻莱县	34
6	唐古拉山镇	36

2. 材料费

外购材料的原价、运价执行青海省交通建设工程造价管理站每季度《青海公路工程造价管理信息》发布的指导价。自采材料原价及运价:自采材料的原价全部采用自采加工,其中片石采用70%开采,30%拣清计算原价,运价按社会运价计算,执行青海省交通建设工程造价管理站每季度《青海公路工程造价管理信息》发布的指导价。

(二)间接费

间接费中的规费按28%计列。

(三)利润

利润按2%计列。

(四)设备、工具、器具及家具购置费

路线工程按3000元/km计列,小桥按3000元/座计列,大中桥按50000元/座计列,并由省公路局统一调解使用。

(五)土地征用及拆迁补偿费

土地征用及拆迁补偿由地方自筹解决,不列入概算。

(六)建设项目管理费

1. 建设单位(业主)管理费

建设单位管理费按1.8%计列,并由省公路局统一调解使用。

2. 工程质量监督费

工程质量监督费按0.08%计列,并由省公路局统一调解使用。

3. 工程监理费

工程监理费按1.6%计列。

4. 工程定额测定费

工程定额测定费按0.06%计列,并由省公路局统一调解使用。

5. 设计文件审查费

设计文件审查费按0.05%计列,并由省公路局统一调解使用。

6. 竣(交)工验收试验检测费

路线工程按4000元/km计列,小桥按8000元/座计列,中桥按15000元/座计列,大桥按30000元/座计列,并由省公路局统一调解使用。

(七)建设项目前期工作费

建设项目前期工作费依据相关规定计列。

（八）专项评价（估）费

专项评价（估）费不计。

（九）联合试运转费

联合试运转费不计。

（十）生产人员培训费

生产人员培训费不计。

（十一）预备费

预备费按 1.5% 计列，并由省公路局统一调解使用。

三、其他事项

1. 本规定未涉及的内容均执行“补充规定”。

2. 概算、预算均由有资格的设计、工程（造价）咨询单位负责编制，编制、审核人员必须持有公路工程造价人员执业资格证书，并加盖执业（从业）资格印章。

3. 设计单位交付设计文件时，必须同时交付概算、预算编制基础数据电子版。

4. 在编制公路工程建设项目实施阶段概算、预算时，凡与规定相抵触的均以本规定为准。

四、本规定于 2008 年 8 月 1 日起执行，原《青海省地方道路（养护大中修）工程概算、预算编制办法》（青交计字［1998］121 号）、《我省公路工程实施阶段控制工程造价会议纪要》（2003 年 4 月 2 日）、《关于调整青海省公路工程实施阶段概（预）算及养护大中修人工工资标准的通知》（青交公［2004］580 号）3 个文件同时废止。

附录三

全国冬季施工气温区划分表

附表 3-1

<table>
<tr><th>省、自治区、直辖市</th><th>地区、市、自治州、盟(县)</th><th colspan="2">气 温 区</th></tr>
<tr><td>北京</td><td>全境</td><td>冬二</td><td>Ⅰ</td></tr>
<tr><td>天津</td><td>全境</td><td>冬二</td><td>Ⅰ</td></tr>
<tr><td rowspan="5">河北</td><td>石家庄、邢台、邯郸、衡水市(冀州市、枣强县、故城县)</td><td>冬一</td><td>Ⅱ</td></tr>
<tr><td>廊房、保定(涞源县及以北除外)、衡水(冀州市、枣强县、故城县除外)、沧州市</td><td rowspan="2">冬二</td><td>Ⅰ</td></tr>
<tr><td>唐山、秦皇岛市</td><td>Ⅱ</td></tr>
<tr><td>承德(围场县除外)、张家口(沽源县、张北县、尚义县、康保县除外)、保定市(涞源县及以北)</td><td colspan="2">冬三</td></tr>
<tr><td>承德(围场县)、张家口市(沽源县、张北县、尚义县、康保县)</td><td colspan="2">冬四</td></tr>
<tr><td rowspan="5">山西</td><td>运城市(万荣县、夏县、绛县、新绛县、稷山县、闻喜县除外)</td><td>冬一</td><td>Ⅱ</td></tr>
<tr><td>运城(万荣县、夏县、绛县、新绛县、稷山县、闻喜县)、临汾(尧都区、侯马市、曲沃县、翼城县、襄汾县、洪洞县)、阳泉(盂县除外)、长治(黎城县)、晋城市(城区、泽州县、沁水县、阳城县)</td><td rowspan="2">冬二</td><td>Ⅰ</td></tr>
<tr><td>太原(娄烦县除外)、阳泉(盂县)、长治(黎城县除外)、晋城(城区、泽州县、沁水县、阳城县除外)、晋中(寿阳县、和顺县、左权县除外)、临汾(尧都区、侯马市、曲沃县、翼城县、襄汾县、洪洞县除外)、吕梁市(孝义市、汾阳市、文水县、交城县、柳林县、石楼县、交口县、中阳县)</td><td>Ⅱ</td></tr>
<tr><td>太原(娄烦县)、大同(左云县除外)、朔州(右玉县除外)、晋中(寿阳县、和顺县、左权县)、忻州、吕梁市(离石区、临县、岚县、方山县、兴县)</td><td colspan="2">冬三</td></tr>
<tr><td>大同(左云县)、朔州市(右玉县)</td><td colspan="2">冬四</td></tr>
<tr><td rowspan="5">内蒙古</td><td>乌海市,阿拉善盟(阿拉善左旗、阿拉善右旗)</td><td>冬二</td><td>Ⅰ</td></tr>
<tr><td>呼和浩特(武川县除外)、包头(固阳县除外)、赤峰、鄂尔多斯、巴彦淖尔、乌兰察布市(察哈尔右翼中旗除外),阿拉善盟(额济纳旗)</td><td colspan="2">冬三</td></tr>
<tr><td>呼和浩特(武川县)、包头(固阳县)、通辽、乌兰察布市(察哈尔右翼中旗),锡林郭勒(苏尼特右旗、多伦县)、兴安盟(阿尔山市除外)</td><td colspan="2">冬四</td></tr>
<tr><td>呼伦贝尔市(海拉尔区、新巴尔虎右旗、阿荣旗),兴安(阿尔山市)、锡林郭勒盟(冬四区以外各地)</td><td colspan="2">冬五</td></tr>
<tr><td>呼伦贝尔市(冬五区以外各地)</td><td colspan="2">冬六</td></tr>
<tr><td rowspan="3">辽宁</td><td>大连(瓦房店市、普兰店市、庄河市除外)、葫芦岛市(绥中县)</td><td>冬二</td><td>Ⅰ</td></tr>
<tr><td>沈阳(康平县、法库县除外)、大连(瓦房店市、普兰店市、庄河市)、鞍山、本溪(桓仁县除外)、丹东、锦州、阜新、营口、辽阳、朝阳(建平县除外)、葫芦岛市(绥中县除外)、盘锦市</td><td colspan="2">冬三</td></tr>
<tr><td>沈阳(康平县、法库县)、抚顺、本溪(桓仁县)、朝阳(建平县)、铁岭市</td><td colspan="2">冬四</td></tr>
</table>

续上表

省、自治区、直辖市	地区、市、自治州、盟(县)	气温区	
吉林	长春(榆树市除外)、四平、通化(辉南县除外)、辽源、白山(靖宇县、抚松县、长白县除外)、松原(长岭县)、白城市(通榆县),延边自治州(敦化市、汪清县、安图县除外)	冬四	
	长春(榆树市)、吉林、通化(辉南县)、白山(靖宇县、抚松县、长白县)、白城(通榆县除外)、松原市(长岭县除外),延边自治州(敦化市、汪清县、安图县)	冬五	
黑龙江	牡丹江市(绥芬河市、东宁县)	冬四	
	哈尔滨(依兰县除外)、齐齐哈尔(讷河市、依安县、富裕县、克山县、克东县、拜泉县除外)、绥化(安达市、肇东市、兰西县)、牡丹江(绥芬河市、东宁县除外)、双鸭山(宝清县)、佳木斯(桦南县)、鸡西、七台河、大庆市	冬五	
	哈尔滨(依兰县)、佳木斯(桦南县除外)、双鸭山(宝清县除外)、绥化(安达市、肇东市、兰西县除外)、齐齐哈尔(讷河市、依安县、富裕县、克山县、克东县、拜泉县)、黑河、鹤岗、伊春市,大兴安岭地区	冬六	
上海	全境	准二	
江苏	徐州、连云港市	冬一	Ⅰ
	南京、无锡、常州、淮安、盐城、宿迁、扬州、泰州、南通、镇江、苏州市	准二	
浙江	杭州、嘉兴、绍兴、宁波、湖州、衢州、舟山、金华、温州、台州、丽水地区	准二	
安徽	亳州市	冬一	Ⅰ
	阜阳、蚌埠、淮南、滁州、合肥、六安、马鞍山、巢湖、芜湖、铜陵、池州、宣城、黄山市	准一	
	淮北、宿州市	准二	
福建	宁德(寿宁县、周宁县、屏南县)、三明市	准一	
江西	南昌、萍乡、景德镇、九江、新余、上饶、抚州、宜春市	准一	
山东	全境	冬一	Ⅰ
河南	安阳、商丘、周口(西华县、淮阳县、鹿邑县、扶沟县、太康县)、新乡、三门峡、洛阳、郑州、开封、鹤壁、焦作、济源、濮阳、许昌市	冬一	Ⅰ
	驻马店、信阳、南阳、周口(西华县、淮阳县、鹿邑县、扶沟县、太康县除外)、平顶山、漯河市	准二	
湖北	武汉、黄石、荆州、荆门、鄂州、宜昌、咸宁、黄冈、天门、潜江、仙桃市,恩施自治州	准一	
	孝感、十堰、襄樊、随州市,神农架林区	准二	
湖南	全境	准一	
四川	阿坝(黑水县)、甘孜自治州(新龙县、道浮县、泸定县)	冬一	Ⅱ
	甘孜自治州(甘孜县、康定县、白玉县、炉霍县)	冬二	Ⅰ
	阿坝(壤塘县、红原县、松潘县)、甘孜自治州(德格县)		Ⅱ
	阿坝(阿坝县、若尔盖县、九寨沟县)、甘孜自治州(石渠县、色达县)	冬三	
	广元市(青川县),阿坝(汶川县、小金县、茂县、理县)、甘孜(巴塘县、雅江县、得荣县、九龙县、理塘县、乡城县、稻城县)、凉山自治区州(盐源县、木里县)	准一	
	阿坝(马尔康县、金川县)、甘孜自治州(丹巴县)	准二	

续上表

<table>
<tr><th>省、自治区、直辖市</th><th>地区、市、自治州、盟(县)</th><th colspan="2">气 温 区</th></tr>
<tr><td rowspan="2">贵州</td><td>贵阳、遵义(赤水市除外)、安顺市,黔东南、黔南、黔西南自治州</td><td colspan="2">准一</td></tr>
<tr><td>六盘水市,毕节地区</td><td colspan="2">准二</td></tr>
<tr><td rowspan="2">云南</td><td>迪庆自治州(德钦县、香格里拉县)</td><td>冬一</td><td>Ⅱ</td></tr>
<tr><td>曲靖(宣威市、会泽县)、丽江(玉龙县、宁蒗县)、昭通市(昭阳区、大关县、威信县、彝良县、镇雄县、鲁甸县),迪庆(维西县)、怒江(兰坪县)、大理自治州(剑川县)</td><td colspan="2">准一</td></tr>
<tr><td rowspan="6">西藏</td><td>拉萨市(当雄县除外),日喀则(拉孜县)、山南(浪卡子县、措那县、隆子县除外)、昌都(芒康县、左贡县、类乌齐县、丁青县、洛隆县除外)、林芝地区</td><td rowspan="2">冬一</td><td>Ⅰ</td></tr>
<tr><td>山南(隆子县)、日喀则地区(定日县、聂拉木县、亚东县、拉孜县除外)</td><td>Ⅱ</td></tr>
<tr><td>昌都地区(洛隆县)</td><td rowspan="2">冬二</td><td>Ⅰ</td></tr>
<tr><td>昌都(芒康县、左贡县、类乌齐县、丁青县)、山南(浪卡子县)、日喀则(定日县、聂拉木县)、阿里地区(普兰县)</td><td>Ⅱ</td></tr>
<tr><td>拉萨市(当雄县),那曲(安多县除外)、山南(错那县)、日喀则(亚东县)、阿里地区(普兰县除外)</td><td colspan="2">冬三</td></tr>
<tr><td>那曲地区(安多县)</td><td colspan="2">冬四</td></tr>
<tr><td rowspan="5">陕西</td><td>西安、宝鸡、渭南、咸阳(彬县、旬邑县、长武县除外)、汉中(留坝县、佛坪县)、铜川市(耀州区)</td><td rowspan="2">冬一</td><td>Ⅰ</td></tr>
<tr><td>铜川(印台区、王益区)、咸阳市(彬县、旬邑县、长武县)</td><td>Ⅱ</td></tr>
<tr><td>延安(吴起县除外)、榆林(清涧县)、铜川市(宜君县)</td><td>冬二</td><td>Ⅱ</td></tr>
<tr><td>延安(吴起县)、榆林(清涧县除外)</td><td colspan="2">冬三</td></tr>
<tr><td>商洛、安康、汉中市(留坝县、佛坪县除外)</td><td colspan="2">准二</td></tr>
<tr><td rowspan="5">甘肃</td><td>陇南市(两当县、徽县)</td><td>冬一</td><td>Ⅱ</td></tr>
<tr><td>兰州、天水、白银(会宁县、靖远县)、定西、平凉、庆阳、陇南市(西和县、礼县、宕昌县),临夏、甘南自治州(舟曲县)</td><td>冬二</td><td>Ⅱ</td></tr>
<tr><td>嘉峪关、金昌、白银(白银区、平川区、景泰县)、酒泉、张掖、武威市,甘南自治州(舟曲县除外)</td><td colspan="2">冬三</td></tr>
<tr><td>陇南市(武都区、文县)</td><td colspan="2">准一</td></tr>
<tr><td>陇南市(成县、康县)</td><td colspan="2">准二</td></tr>
<tr><td rowspan="4">青海</td><td>海东地区(民和县)</td><td>冬二</td><td>Ⅱ</td></tr>
<tr><td>西宁市,海东地区(民和县除外),黄南(泽库县除外)、海南、果洛(班玛县、达日县、久治县)、玉树(囊谦县、杂多县、称多县、玉树县)、海西自治州(德令哈市、格尔木市、都兰县、乌兰县)</td><td colspan="2">冬三</td></tr>
<tr><td>海北(野牛沟、托勒除外)、黄南(泽库县)、果洛(班玛县、甘德县、玛多县)、玉树(曲麻莱县、治多县)、海西自治州(冷湖、茫崖、大柴旦、天峻县)</td><td colspan="2">冬四</td></tr>
<tr><td>海北(野牛沟、托勒)、玉树(清水河)、海西自治州(唐古拉山区)</td><td colspan="2">冬五</td></tr>
<tr><td>宁夏</td><td>全境</td><td>冬二</td><td>Ⅱ</td></tr>
</table>

续上表

<table>
<tr><th>省、自治区、直辖市</th><th>地区、市、自治州、盟(县)</th><th colspan="2">气 温 区</th></tr>
<tr><td rowspan="6">新疆</td><td>阿拉尔市,喀什(喀什市、伽师县、巴楚县、英吉沙县、麦盖提县、莎车县、叶城县、泽普县)、哈密(哈密市泌城镇)、阿克苏(沙雅县、阿瓦提县)、和田地区,伊犁(伊宁市、新源县、霍城县霍尔果斯镇)、巴音郭楞(库尔勒市、若羌县、且末县、尉犁县铁干里可)、克孜勒苏自治州(阿图什市、阿克陶县)</td><td rowspan="2">冬二</td><td>Ⅰ</td></tr>
<tr><td>喀什地区(岳普湖县)</td><td>Ⅱ</td></tr>
<tr><td>乌鲁木齐市(牧业气象试验站、达板城区、乌鲁木齐县小渠子乡),塔城(乌苏市、沙湾县、额敏县除外)、阿克苏(沙雅县、阿瓦提县除外)、哈密(哈密市十三间房、哈密市红柳河、伊吾县淖毛湖)、喀什(塔什库尔干县)、吐鲁番地区,克孜勒苏(乌恰县、阿合奇县)、巴音郭楞(和静县、焉耆县、和硕县、轮台县、尉犁县、且末县塔中)、伊犁自治州(伊宁市、霍城县、察布查尔县、尼勒克县、巩留县、昭苏县、特克斯县)</td><td colspan="2">冬三</td></tr>
<tr><td>乌鲁木齐市(冬三区以外各地),塔城(额敏县、乌苏县)、阿勒泰(阿勒泰市、哈巴河县、吉木乃县)、哈密地区(巴里坤县),昌吉(昌吉市、米泉市、木垒县、奇台县北塔山镇、阜康市天池)、博尔塔拉(温泉县、精河县、阿拉山口口岸)、克孜勒苏自治州(乌恰县吐尔尕特口岸)</td><td colspan="2">冬四</td></tr>
<tr><td>克拉玛依、石河子市,塔城(水湾县)、阿勒泰地区(布尔津县、福海县、富蕴县、青河县),博尔塔拉(博乐市)、昌吉(阜康市、玛纳斯县、呼图壁县、吉木萨尔县、奇台县、米泉市蔡家湖)、巴音郭楞自治州(和静县巴音布鲁克乡)</td><td colspan="2">冬五</td></tr>
</table>

注:表中行政区划以2006年地图出版社出版的《中华人民共和国行政区划简册》为准。为避免繁冗,各民族自治区州名称予以简化,如青海省的“海西蒙古族自治州”简化为“海西自治州”。

附录四

全国雨季施工雨量区及雨季期划分表

附表 4-1

<table>
<tr><th>省、自治区、直辖市</th><th>地区、市、自治州、盟(县)</th><th>雨量区</th><th>雨季区(月数)</th></tr>
<tr><td>北京</td><td>全境</td><td>Ⅱ</td><td>2</td></tr>
<tr><td>天津</td><td>全境</td><td>Ⅰ</td><td>2</td></tr>
<tr><td rowspan="2">河北</td><td>张家口、承德市(围场县)</td><td>Ⅰ</td><td>1.5</td></tr>
<tr><td>承德(围场县除外)、保定、沧州、石家庄、廊坊、邢台、衡水、邯郸、唐山、秦皇岛市</td><td>Ⅱ</td><td>2</td></tr>
<tr><td>山西</td><td>全境</td><td>Ⅰ</td><td>1.5</td></tr>
<tr><td rowspan="2">内蒙古</td><td>呼和浩特、通辽、呼伦贝尔(海拉尔区、满洲里市、陈巴尔虎旗、鄂温克旗)、鄂尔多斯(东胜区、准格尔旗、伊金霍洛旗、达拉特旗、乌审旗)、赤峰、包头、乌兰察布市(集宁区、化德县、商都县、兴和县、四子王旗、察哈尔右翼中旗、察哈尔右翼后旗、卓资县及以南),锡林郭勒盟(锡林浩特市、多伦县、太仆寺旗、西乌珠穆沁旗、正蓝旗、正镶白旗)</td><td rowspan="2">Ⅰ</td><td>1</td></tr>
<tr><td>呼伦贝尔市(牙克石市、额尔古纳市、鄂伦春旗、扎兰屯市及以东)、兴安盟</td><td>2</td></tr>
<tr><td rowspan="8">辽宁</td><td>大连(长海县、瓦房店市、普兰店市、庄河市除外)、朝阳市(建平县)</td><td rowspan="4">Ⅰ</td><td>2</td></tr>
<tr><td>沈阳(康平县)、大连(长海县)、锦州(北宁市除外)、营口(盖州市)、朝阳市(凌原市、建平县除外)</td><td>2.5</td></tr>
<tr><td>沈阳(康平县、辽中县除外)、大连(瓦房店市)、鞍山(海城市、台安县、岫岩县除外)、锦州(北宁市)、阜新、朝阳(凌原市)、盘锦、葫芦岛(建昌县)、铁岭市</td><td>3</td></tr>
<tr><td>抚顺(新宾县)、辽阳市</td><td>3.5</td></tr>
<tr><td>沈阳(辽中县)、鞍山(海城市、台安县)、营口(盖州市除外)、葫芦岛市(兴城市)</td><td rowspan="4">Ⅱ</td><td>2.5</td></tr>
<tr><td>大连(普兰店市)、葫芦岛市(兴城市、建昌县除外)</td><td>3</td></tr>
<tr><td>大连(庄河市)、鞍山(岫岩县)、抚顺(新宾县除外)、丹东(凤城市、宽甸县除外)、本溪市</td><td>3.5</td></tr>
<tr><td>丹东市(凤城市、宽甸县)</td><td>4</td></tr>
<tr><td rowspan="3">吉林</td><td>辽源、四平(双辽市)、白城、松原市</td><td>Ⅰ</td><td>2</td></tr>
<tr><td>吉林、长春、四平(双辽市除外)、白山市,延边自治州</td><td rowspan="2">Ⅱ</td><td>2</td></tr>
<tr><td>通化市</td><td>3</td></tr>
<tr><td rowspan="2">黑龙江</td><td>哈尔滨(市区、呼兰区、五常市、阿城市、双城市)、佳木斯(抚远县)、双鸭山(市区、集贤县除外)、齐齐哈尔(拜泉县、克东县除外)、黑河(五大连池市、嫩江县)、绥化(北林区、海伦市、望奎县、绥棱县、庆安县除外)、牡丹江、大庆、鸡西、七台河市,大兴安岭地区(呼玛县除外)</td><td>Ⅰ</td><td>2</td></tr>
<tr><td>哈尔滨(市区、呼兰区、五常市、阿城市、双城市除外)、佳木斯(抚远县除外)、双鸭山(市区、集贤县)、齐齐哈尔(拜泉县、克东县)、黑河(五大连池市、嫩江县除外)、绥化(北林区、海伦市、望奎县、绥棱县、庆安县)、鹤岗、伊春市,大兴安岭地区(呼玛县)</td><td>Ⅱ</td><td>2</td></tr>
<tr><td>上海</td><td>全境</td><td>Ⅱ</td><td>4</td></tr>
</table>

续上表

省、自治区、直辖市	地区、市、自治州、盟（县）	雨量区	雨季区（月数）
江苏	徐州市、连云港	Ⅱ	2
	盐城市		3
	南京、镇江、淮安、南通、宿迁、扬州、常州、泰市		4
	无锡、苏州市		4.5
浙江	舟山市	Ⅱ	4
	嘉兴、湖州市		4.5
	宁波、绍兴市		6
	杭州、金华、温州、衢州、台州、丽水市		7
安徽	亳州、淮北、宿州、蚌埠、淮南、六安、合肥市	Ⅱ	1
	阜阳市		2
	滁州、巢湖、马鞍山、芜湖、铜陵、宣城市		3
	池州市		4
	安庆、黄山市		5
福建	泉州市（惠安县崇武）	Ⅰ	4
	福州（平潭县）、泉州（晋江市）、厦门（同安区除外）、漳州市（东山县）	Ⅱ	5
	三明（永安市）、福州（市区、长乐市）、莆田市（仙游县除外）		6
	南平（顺昌县除外）、宁德（福鼎市、霞浦县）、三明（永安市、尤溪县、大田县除外）、福州（市区、长乐市、平潭县除外）、龙岩（长汀县、连城县）、泉州（晋江市、惠安县崇武、德化县除外）、莆田（游仙县）、厦门（同安区）、漳州市（东山县除外）		7
	南平（顺昌县）、宁德（福鼎市、霞浦县除外）、三明（尤溪县、大田县）、龙岩（长汀县、连城县除外）、泉州市（德化县）		8
江西	南昌、九江、吉安市	Ⅱ	6
	萍乡、景德镇、新余、鹰潭、上饶、抚州、宜春、赣州市		7
山东	济南、潍坊、聊城市	Ⅰ	3
	淄博、东营、烟台、济宁、威海、德州、滨州市		4
	枣庄、泰安、莱芜、临沂、菏泽市		5
	青岛市	Ⅱ	3
	日照市		4
河南	郑州、许昌、洛阳、济源、新乡、焦作、三门峡、开封、濮阳、鹤壁市	Ⅰ	2
	周口、驻马店、漯河、平顶山、安阳、商丘市		3
	南阳市		4
	信阳市	Ⅱ	2
湖北	十堰、襄樊、随州市，神农架林区	Ⅰ	3
	宜昌（秭归县、远安县、兴山县）、荆门市（钟祥市、京山县）	Ⅱ	2
	武汉、黄石、荆州、孝感、黄岗、咸宁、荆门（钟祥市、京山县除外）、天门、潜江、仙桃、鄂州、宜昌市（秭归县、远安县、兴山县除外），恩施自治州		6

续上表

省、自治区、直辖市	地区、市、自治州、盟（县）	雨量区	雨季区（月数）
湖南	全境	Ⅱ	6
广东	茂名、中山、汕头、潮州市	Ⅰ	5
	广州、江门、肇庆、顺德、湛江、东莞市		6
	珠海市	Ⅱ	5
	深圳、阳江、汕尾、佛山、河源、梅州、揭阳、惠州、云浮、韶关市		6
	清远市		7
广西	百色、河池、南宁、崇左市	Ⅱ	5
	桂林、玉林、梧州、北海、贵港、钦州、防城港、贺州、柳州、来宾市		6
海南	全境	Ⅱ	6
重庆	全境	Ⅱ	4
四川	甘孜自治州（巴塘县）	Ⅰ	1
	阿坝（若尔盖县）、甘孜自治州（石渠县）		2
	乐山（峨边县）、雅安市（汉源县），甘孜自治州（甘孜县、色达县）		3
	雅安（石棉县）、绵阳（干武县）、泸州（古蔺县）、遂宁市，阿坝（若尔盖县、汶川县除外）、甘孜自治州（巴塘县、石渠县、甘孜县、色达县、九龙县、得荣县除外）		4
	南充（高坪市）、资阳市（安岳县）	Ⅱ	5
	宜宾市（高县），凉山自治州（雷波县）		3
	成都、乐山（峨边县、马边县除外）、德阳、南充（南部县）、绵阳（平武县除外）、资阳（安岳县除外）、广元、自贡、攀枝花、眉山市，凉山（雷波县除外）、甘孜自治州（九龙县）		4
	乐山（马边县）、南充（高坪区、南部县除外）、雅安（汉源县、石棉县除外）、广安（邻水县除外）、巴中、宜宾（高县除外）、泸州（古蔺县除外）、内江市		5
	广安（邻水县）、达州市		6
贵州	贵阳、遵义市，毕节地区	Ⅱ	4
	安顺市，铜仁地区，黔东南自治州		5
	黔西南自治州		6
	黔南自治州		7
云南	昆明（市区、嵩明县除外）、玉溪、曲靖（富源县、师宗县、罗平县除外）、丽江（宁蒗县、永胜县）、思茅（墨江县）、昭通市，怒江（兰坪县、泸水县六库镇）、大理（大理市、漾濞县除外）、红河（个旧市、开远市、蒙自县、红河县、石屏县、建水县、弥勒县、泸西县）、迪庆、楚雄自治州	Ⅰ	5
	保山（腾冲县、龙陵县除外）、临沧市（凤庆县、云县、永德县、镇康县），怒江（福贡县、泸水县）、红河自治州（元阳县）		6
	昆明（市区、嵩明县）、曲靖（富源县、师宗县、罗平县）、丽江（古城区、华坪县）、思茅市（翠云区、景东县、镇沅县、普洱县、景谷县），大理（大理市、漾濞县）、文山自治州	Ⅱ	5
	保山（腾冲县、龙陵县）、临沧（临祥区、双江县、耿马县、沧源县）、思茅市（西盟县、澜沧县、孟连县、江城县），怒江（贡山县）、德宏，红河（绿春县、金平县、屏边县、河口县），西双版纳自治州		6

续上表

<table>
<tr><th>省、自治区、直辖市</th><th>地区、市、自治州、盟(县)</th><th>雨量区</th><th>雨季区(月数)</th></tr>
<tr><td rowspan="7">西藏</td><td>那曲(索县除外)、山南(加查县除外)、日喀则(定日县)、阿里地区</td><td rowspan="5">Ⅰ</td><td>1</td></tr>
<tr><td>拉萨市,那曲(索县)、昌都(类乌齐县、丁青县、芒康县除外)、日喀则(拉孜县)、林芝地区(察隅县)</td><td>2</td></tr>
<tr><td>昌都(类乌齐县)、林芝地区(米林县)</td><td>3</td></tr>
<tr><td>昌都(丁青县)、林芝地区(米林县、波密县、察隅县除外)</td><td>4</td></tr>
<tr><td>林芝地区(波密县)</td><td>5</td></tr>
<tr><td>山南(加查县)、日喀则地区(定日县、拉孜县除外)</td><td rowspan="2"></td><td>1</td></tr>
<tr><td>昌都地区(芒康县)</td><td>2</td></tr>
<tr><td rowspan="3">陕西</td><td>榆林、延安市</td><td rowspan="3">Ⅰ</td><td>1.5</td></tr>
<tr><td>铜川、西安、宝鸡、咸阳、渭南市,杨凌区</td><td>2</td></tr>
<tr><td>商洛、安康、汉中市</td><td>3</td></tr>
<tr><td rowspan="5">甘肃</td><td>天水(甘谷县、武山县)、陇南市(武都区、文县、礼县),临夏(康乐县、广河县、永靖县)、甘南自治州(夏河县)</td><td rowspan="5">Ⅰ</td><td>1</td></tr>
<tr><td>天水(北道区、秦城区)、定西(渭源县)、庆阳(西峰区)、陇南市(西和县),临夏(临夏市)、甘南自治州(临潭县、卓尼县)</td><td>1.5</td></tr>
<tr><td>天水(秦安县)、定西(临洮县、岷县)、平凉(崆峒区)、庆阳(华池县、宁县、环县)、陇南市(宕昌县),临夏(临夏县、东乡县、积石山县)、甘南自治州(合作市)</td><td>2</td></tr>
<tr><td>天水(张家川县)、平凉(静宁县、庄浪县)、庆阳(镇原县)、陇南市(两当县),临夏(和政县)、甘南自治州(玛曲县)</td><td>2.5</td></tr>
<tr><td>天水(清水县)、平凉(泾川县、灵台县、华亭县、崇信县)、庆阳(西峰区、合水县、正宁县)、陇南市(徽县、成县、康县),甘南自治州(碌曲县、迭部县)</td><td>3</td></tr>
<tr><td rowspan="2">青海</td><td>西宁市(湟源县),海东地区(平安县、乐都县、民和县、化隆县),海北(海晏县、祁连县、刚察县、托勒)、海南(同德县、贵南县)、黄南(泽库县、同仁县)、海西自治区(天峻县)</td><td rowspan="2">Ⅰ</td><td>1</td></tr>
<tr><td>西宁市(湟源县除外),海东地区(互助县),海北(门源县)、果洛(达日县、久治县、班玛县)、玉树自治州(称多县、杂多县、囊谦县、玉树县),河南自治县</td><td>1.5</td></tr>
<tr><td>宁夏</td><td>固原地区(隆德县、泾源县)</td><td>Ⅰ</td><td>2</td></tr>
<tr><td>新疆</td><td>乌鲁木齐市(小渠子乡、牧业气象试验站、大西沟乡),昌吉地区(阜康市天池),克孜勒苏(吐尔尕特、托云、巴音库鲁提)、伊犁自治州(昭苏县、霍城县二台、松树头)</td><td>Ⅰ</td><td>1</td></tr>
<tr><td>台湾</td><td>(资料暂缺)</td><td></td><td></td></tr>
</table>

注:1. 表中未列的地区除西藏林芝地区墨脱县因无资料未划分外,其余地区均因降雨天数或平均日降雨量未达到计算雨季施工增加费的标准,故未划雨量区及雨季期。

2. 行政区划依据资料及自治州、市的名称列法同冬季施工气温区划分说明。

附录五

全国风沙地区公路施工区划表

附表 5-1

区划	沙漠(地)名称	地理位置	自然特征
风沙一区	呼伦贝尔沙地、嫩江沙地	呼伦贝尔沙地位于内蒙古呼伦贝尔平原,嫩江沙地位于东北平原西北部嫩江下游	属半干旱、半湿润严寒区,年降水量 280~400mm,年蒸发量 1400~1900mm,干燥度 1.2~1.5
	科尔沁沙地	散布于东北平原西辽河中、下游主干及支流沿岸的冲积平原上	属半湿润湿冷地区,年降水量 300~450mm,年蒸发量 1700~2400mm,干燥度 1.2~2.0
	浑善达克沙地	位于内蒙古锡林郭勒盟南部和昭乌达盟西北部	属半湿润温冷区,年降水量 100~400mm,年蒸发量 2200~2700mm,干燥度 1.2~2.0,年平均风速 3.5~5m/s,年大风日数 50~80d
	毛乌素沙地	位于内蒙古鄂尔多斯中南部和陕西北部	属半干旱温热区,年降水量东部 400~440mm,西部仅 250~320mm,年蒸发量 2100~2600mm,干燥度 1.6~2.0
	库布齐沙漠	位于内蒙古鄂尔多斯北部,黄河河套平原以南	属半干旱温热区,年降水量 150~400mm,年蒸发量 2100~2700mm,干燥度 2.0~4.0,年平均风速 3~4m/s
风沙二区	乌兰布和沙漠	位于内蒙古阿拉善东北部,黄河套平原西南部	属干旱温热区,年降水量 100~145mm,年蒸发量 2400~2900mm,干燥度 8.0~16.0,地下水相当丰富,埋深一般为 1.5~3m
	腾格里沙漠	位于内蒙古阿拉善东南部及甘肃武威部分地区	属干旱温热区,沙丘、湖盆、山地、残丘及平原交错分布,年降水量 116~148mm,年蒸发量 3000~3600mm,干燥度 4.0~12.0
	巴丹吉林沙漠	位于内蒙古阿拉善西南边缘及甘肃酒泉部分地区	属干旱温热区,沙山高大密集,形态复杂,起伏悬殊,一般高 200~300m,最高可达 420m,年降水量 40~80mm,年蒸发量 1720~3320mm,干燥度 7.0~16.0
	柴达木沙漠	位于青海柴达木盆地	属干旱寒冷区,风蚀地、沙丘、戈壁、盐湖和盐土平原相互交错分布,盆地东部年均气温 2~4℃,西部为 1.5~2.5℃,年降水量东部为 50~170mm,西部为 10~25mm,年蒸发量 2500~3000mm,干燥度 16.0~32.0
	古尔班通古特沙漠	位于新疆北部准噶尔盆地	属干旱温冷区,其中固定、半固定沙丘面积占沙漠面积的 97%,年降水量 70~150mm,年蒸发量 1700~2200mm,干燥度 2.0~10.0
风沙三区	塔克拉玛干沙漠	位于新疆南部塔里木盆地	属极干旱炎热区,年降水量东部 20mm 左右,南部 30mm 左右,西部 40mm 左右,北部 50mm 以上,年蒸发量在 1500~3700mm,中部达高限,干燥度 >32.0
	库姆达格沙漠	位于新疆东部、甘肃西部,罗布泊低地南部和阿尔金山北部	属极干旱炎热区,全部为流动沙丘,风蚀严重,年降水量 10~20mm,年蒸发量在 2800~3000mm,干燥度 >32.0,8 级以上大风天数在 100d 以上

参 考 文 献

[1] 中华人民共和国行业标准. JTG/T B06-02—2007　公路工程预算定额[S]. 北京:人民交通出版社,2007.

[2] 中华人民共和国行业标准. JTG/T B06-01—2007　公路工程概算定额[S]. 北京:人民交通出版社,2007.

[3] 中华人民共和国交通运输部. JTG M20—2011　公路基本建设项目投资估算编制办法[S]. 北京:人民交通出版社,2007.

[4] 中华人民共和国行业标准. JTG B06—2007　公路工程基本建设项目概算预算编制办法[S]. 北京:人民交通出版社,2007.

[5] 中华人民共和国交通运输部. 交通基本建设项目竣工决算报告编制办法[M]. 北京:人民交通出版社,2000.

[6] 中华人民共和国交通运输部. 公路工程标准施工招标文件(2009 年版)[M]. 北京:人民交通出版社,2000.

[7] 交通运输部公路工程定额站. 全国公路工程造价人员资格考试培训教材[M]. 北京:人民交通出版社,2012.

[8] 刘正发,胡嘉. 公路工程造价[M]. 北京:人民交通出版社,2010.

[9] 俞素平,丁永灿. 公路工程造价与招投标[M]. 北京:人民交通出版社,2011.